특별건축구역의

특별한 건축, 도시를 바꾸다

윤혁경 + ANU

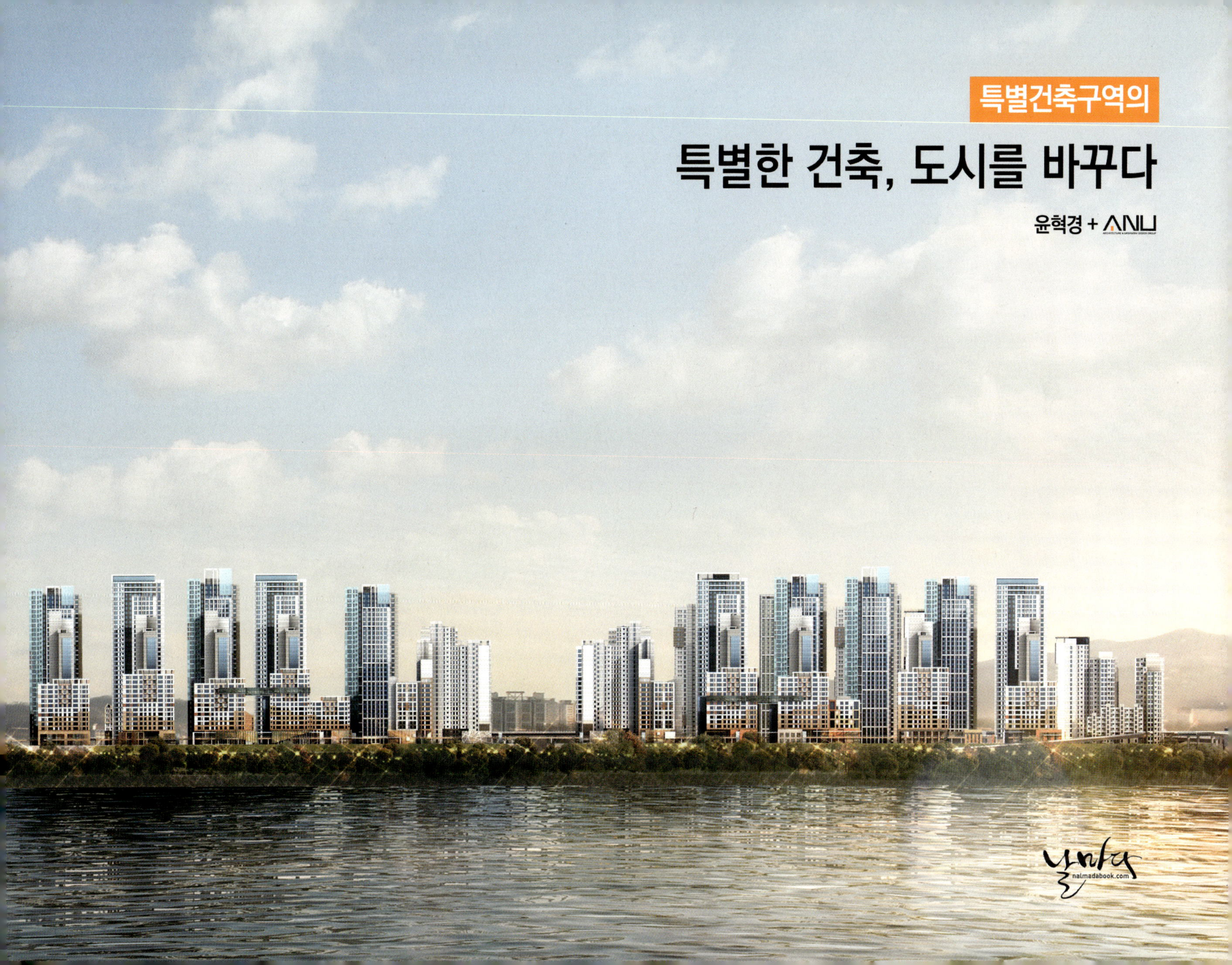

날마다
nalmadabook.com

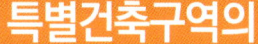

ARCHITECTURE EXPERIMENT

MULTIPURPOSE BOOK
2018

COPYRIGHT(c) 2016 ANUDG. ALL RIGHTS RESERVED.

특별건축구역의 특별한 건축, 도시를 바꾸다

TABLE OF CONTENTS

반포 1·2·4 단지 특별건축구역에 대한 회상 · 4

제1장
1. 특별건축구역에 대한 설계의도 · 12
2. 특별건축구역에 대한 이해 · 34
3. 한강변관리기본계획의 이해 · 66

제2장
1. 아크로리버파크 반포 · 80
2. 신반포 3차 · 경남아파드 주택재건축 정비사업 · 136
3. 반포주공 1단지(1,2,4주구) 주택재건축 정비사업 · 184

제3장
건축 도시 전문가 좌담회 · 240

못 다한 말 · 252
AUN 소개 · 262

반포 1·2·4단지
특별건축구역에 대한 회상

반포1·2·4단지 특별건축구역에 대한 회상
Remembering the Special Building Zone in Banpo 1·2·4 Complexes

건국대학교 건축대학 명예교수 강병근
Kang Byung Geun, Professor Emeritus, Konkuk University

There is a Greek saying, 'ta pathemata mathemata', which means that 'my sufferings, though painful, have proved to be lessons. It is a reminder of 'Enlightenment through pain'. Most architects make a habit of recalling a stereotypical idea that the first intention was the most ideal when they fail to proceed with the project to the original concept.

It is as good as the belief that 'the lost child was the best.' It would be a hasty conclusion even without bring up and teaching.

Architects have another responsibility to find a more persuasive alternative after reviewing the process and finding out what to learn from the enemy.

Starting from this idea, I have reviewed the planing of Banpo 1·2·4 complexes.

'우리를 괴롭히는 것은 우리를 가르친다(ta pathemata mathemata)'라는 그리스 격언이 있습니다. '고통을 통한 깨달음'을 일깨워주는 말입니다.

건축가들이 애초 구상안대로 일이 진행되지 못했을 때 가장 많이 회상하는 것이 첫 의도가 가장 이상적이었다는 고정관념입니다. '잃어버린 자식이 가장 훌륭했다'고 믿는 것과 같습니다. 기르고 가르쳐 보지도 않은 채 내린 섣부른 결론입니다. 과정을 되짚어 보고 '적에게 배울 점'을 찾아내어 더 설득력을 갖춘 대안을 찾아 나가야 하는 것이 건축가의 또 다른 책무입니다.

이런 생각에서 출발하여 반포 1·2·4단지를 되짚어 보았습니다.

Perspective of urban planning

Banpo District is a new city that was designed and built as the first apartment only complex in Korea. A satellite city whose residents had to commute to their offices outside was created with education and commercial facilities linked by roads constructed in suburban area which had no infrastructure to support everyday life.

Now it has evolved into a city consisted of mainly residences with the best educational and commercial facilities in Seoul, capital city of Korea. The focus of this project was to create a new city and future residential culture by reorganizing it into a new 'urban dwelling' after half a century.

Therefore, architects of today are in charge of finding out what kind of 'city and architecture' would be better for the future generations beyond the economic point of view.

It is a very difficult task to create a new future city solely consisted of over 5,000 households on a long site along the 1.2km riverside of Han River.

Therefore, in order to support the work of architects, Seoul Metropolitan Government provided administrative support by dispatching a master planner and designating it as Special Building Zone.

At the same time, I, the 'master planner' of Seoul Metropolitan City's Seoul Riverfront Vision 2030, was establishing Riverside Management Plan for the 42km long and 500m~1km wide riverside of Han River, and this naturally gave me an opportunity to verify 'Hangang Riverside Management standards' in practice.

I summarized the intention of the plan for the Banpo 1·2·4 complexes as the 'master planner' of the two projects.

도시건축계획의 관점에서

반포지구는 우리나라 최초의 전용아파트단지로 기획되어 만들어진 새로운 도시입니다. 일상생활을 지원할 수 있는 기반시설이 하나도 없는 도시 외 지역에 도로를 내고 교육, 상업시설을 만들어 직주(職住)가 분리된 위성도시를 만들었습니다.

이제는 대한민국 수도 서울의 최상 교육, 상업시설이 갖추어진 거주 중심도시로 발전하였습니다. 이를 반세기 이후에 새로운 '도심 주거'로 재편하여 새로운 도시와 미래 주거문화를 만들어주는 것이 과제의 핵심이었습니다.

그래서 경제적 관점을 넘어 이 시대가 요구하는 미래 세대를 위한 보다 나은 '도시와 건축'이 어떤 것인지를 찾아 주어야 할 의무가 건축가에게 주어진 것입니다.

한강 변 1.2km에 맞대어 이어져 있는 긴 대지 위에 5천 세대가 훨쩍 넘는 공동 주거만으로 새로운 미래 도시를 만든다는 것은 매우 어려운 과제입니다.

그래서 서울시에서는 건축가를 지원하기 위하여 '총괄계획가(MP)' 파견과 '특별계획구역' 지정으로 행정지원을 하였습니다.

같은 시기에 서울시 「한강변 관리 기본계획」 '총괄계획가'로 한강변 수변 폭 500m~1km, 길이 약 42km에 이르는 강 양쪽 변의 수변 관리 기본계획을 수립하고 있어서 자연스럽게 '한강변 관리기준'을 실제 현장에 적용해 실증적인 검증까지 마칠 수 있었습니다. 두 과제의 '총괄계획가'로서 반포 1·2·4단지의 계획 의도를 종합하여 정리하였다.

[Expectation for Special Building Zone and the reality]

As an architect, I believe that designation of Special Building Zone which exempts the area from regulations and permissions should apply a special solution that can not be replaced by ordinary design when it is proved that the project inevitably has to put priority to public interest by providing.

This opportunity is given to all, but it should be applied when it is recognized that 'public interest' is preferred over 'individual benefit'.
Here, I think, except the minimum legal restrictions such as building-to-land ratio, floor area ratio, and sunshine standard, the regulation has to allow to make 'free' alternatives which can meet the three standards.
However, against my expectation, this was dealt with as an area which

First, exceeds over a certain size;
Second, is designated as 'Special Building Zone' by 'Landscape or similar Committee';
Third, has a concrete landscape plan according to the conformity assessment of the pre-determined check list about the requirements.
Therefore, it was a pity that the application of this system could just 'adjust the distance between apartment buildings'.
We can create the landscape of harmonious height and shape with the surroundings and decide how to combine residential space and non-residential only when it is allowed to change freely the number of floors, and the length and depth of the building cluster unit while the building density is kept the same as the original intention of the system.
In particular, considering that the purpose of the Special Building Zone system is to 'give priority to the public interest', I hope that
First, it should be decided 'which' has higher priority than the public interest in the region
Second, the system will be improved and operated by determining the final 'decision of permission' and 'acceptable level' through understanding what will be sacrificed for the public interest and measuring their ratio.

[특별계획구역에 대한 기대와 현실]

건축가로서 특별계획구역의 지정 취지는 법에서 정하거나 허용된 것을 떠나 첫째, 일반계획으로 풀 수 없는 특별 해(解)를 구하되 둘째, 공공의 이익(?)이 우선되어야 할 필연성이 셋째, 입승뇐 경우(?)에만 직용되어야 한다는 소신이 있습니다.
누구에게나 주어지는 기회이지만 '개인의 이익'보다는 '공공의 이익'이 더 우선된다고 인정되는 경우에 적용되어야 합니다. 이 경우 특별해(解)를 구할 수 있도록 법적 최소한의 규제(예, 건폐율과 용적률, 일조율 등)만 두고 나머지는 '자유롭게' 대안을 만들되 앞선 3가지 조건을 충족시켜야 하는 것으로 '허용'되는 것으로 운용해야 한다고 생각합니다.

그러나 현실은 이러한 애초 기대와는 달리 이곳은
첫째, 일정규모 이상으로서
둘째, '경관(혹은 관련)위원회'에서 '특별계획구역'으로 구역지정이 된 경우에 해당하고
셋째, 미리 정해놓은 체크 리스트의 요구조건 적합성 유무로 경관계획이 결정된 것으로 운용되었습니다. 때문에 '인동간격'을 다소 '조정'하는 선에서 이 제도가 운용되는 안타까움이 있었습니다. 애초 제도 운용의 의도대로 같은 건축 밀도 안에서의 층수와 군집(群集)단위의 길이와 폭 등에 자유로움이 주어져야 주변과 조화로운 높이와 형태를 만들어낼 수 있고, 주거와 비(非)주거의 혼용 위치를 정할 수 있습니다.
특히 '특별계획구역제도'의 운용목적이 '공공의 이익이 개인의 이익을 우선할 경우'라는 점을 고려하여
첫째, 해당 지역에서 '무엇'이 공공의 이익에 우선되는지의 우선순위를 선정하고
둘째, 공공의 이익을 위해 희생되는 것이 무엇이고 그 비중이 공공이익 대비 어느 정도 수준인지를 측정하여 최종 '허용 유무'와 '허용수위'를 판단하는 방법으로 제도가 개선되고 운용되기를 기대합니다.

[Points of architectural and urban planning]

The biggest goals of this project to improve the modern city in terms of urban architecture were First, how to 'communicate and share' Second, how to realize 'post-residential shift of apartment complex' and 'blurring its boundary'. Therefore, it was necessary to suggest alternatives to achieve these two tasks at the same time and to satisfy another demands from the viewpoint of 'Seoul Riverfront Vision 2030.'

First, 'communication' and 'post-residential shift' through 'shared space' and 'sharable function'

First, architects were asked to seek the way of communication by dividing the objects of 'whom to communicate with?' into three groups at large and make subdivision into communication
① between the area with the city
② between surrounding area and the complex or the place
③ among the complexes

Second, the issue of 'how to communicate and realize post-residential shift?'
① It was expected that to secure a bridgehead and to make a link to connect them would bring 'mutual penetration effect' of the residence into the city and the function of city into the residence by concentrating 'public contribution' on a residential area of about 1.2km 'private land' which has blocked access to the Han River.
② For communication between the surrounding area and the complex, it is required to 'break down the border between the city and the complex and create a city space' by first collecting 'park and community facilities' in the complex and placing and 'connecting' them 'along the circulation'.
③ For the mutual communication within the complex, 'Metasequoia road' which can give 'identity' of the place is made to 'function as a community street' by giving a sense of kinship to a large residential estate for over 5,000 households
④ It is expected that this would make the first example which can 'communicate with the city' by dividing the residential group into 4 to 8 blocks and forming a shareable 'living community' for each block unit, which can lead communication between from small units to large ones.

[도시건축계획의 주안점]

도시건축에서 현대도시의 가장 큰 개선점으로 첫째, 어떻게 '소통(공유)'할 것인가?'와 둘째, '공동주택단지의 탈(脫)주거지화'와 '경계 허물기'를 어떻게 실현할 것인가가 이 과제의 가장 큰 도전 목표였습니다. 그래서 이 2가지 과제를 동시에 해소하고 또 다른 과제인 「한강변 관리 기본계획」관점에서의 요구를 수용하기 위한 대안을 제시해야 할 필요가 있었습니다. 먼저 '공유 공간'과 '공유할 수 있는 기능'을 통한 '소통'과 '탈(脫)주거지화'는

첫째, '누구와 소통할 것인가?' 는 소통대상을
① 도시와의 해당 지역과의 소통
② 주변 지역과 단지(해당 장소)와의 소통
③ 단지(장소) 내 상호 간의 소통으로 크게 3단위로 나누어 이를 다시 세분화하여 소통의 방법을 모색하도록 설계자에게 요청하였습니다.

둘째, '어떻게 소통하고 탈(脫)주거지화 할 것인가?' 는
① 도시와의 해당 지역과의 소통을 위하여 한강으로의 접근을 가로막고 있는 약 1.2km의 '사유지'인 공동주택지에 '공공기여'를 집중하여 공공용지를 교두보로 확보하고 이를 연결하는 고리를 만들면 거주 기능이 도시로, 도시기능이 주거로 '상호 침투하는 효과'를 가져올 것이라는 기대였습니다.
② 주변 지역과 단지(해당 장소)와의 소통은 우선 단지 안에 있던 '공원과 주민 공동시설'을 모두 '주변부'와 도시를 이어주는 '동선 좌우로 이전 배치'하여 '모으고', '이어서' 주거로 단절된 도시와 단지의 '경계를 허물어 도시 공간으로 조성'되도록 요청하였고
③ 단지(장소) 내 상호 간의 소통을 위해서는 장소의 '정체성'을 부여할 수 있는 '메타스퀘어 가로수 길'을 살려 5천 세대 이상이 거주하는 대규모 거주시설의 동질감을 부여하여 '생활 가로로 기능'하도록 하고
④ 4~8개 블록으로 거주 집단을 세분화하여 각 블록 단위의 공유 가능한 '생활 공동체'가 형성되어 소단위의 소통에서 대단위의 소통으로 이어져 '도시와 소통'하는 최초의 사례로 기능하기를 기대하였습니다.

Perspective of the 'Seoul Riverfront Vision 2030'

There are two different perspectives towards Han River; 'the periphery of the city' and 'the center of the city'.

Before water started being supplied to the private residential space and its use became 'privatized or autonomous', the river provides water functioned as not only the center of the city but also 'the core of life'.

Therefore, all cities and villages have emerged and flourished around this water or river. However, Han River had to step down from the center of the city and left as the back street of the city since water was directly supplied to the dwelling. Moreover, it left as a dump site which accepts all kind of wastes and became a place shunned by people and separated by the boundary of a city.

The main difference between the 'Seoul Riverfront Vision 2030' and the previous plans is the 'shift of urban space structure' which makes the 'Han River the center of urban space'.

As for Banpo 1·2·4 complexes out of 27 Hangang Riverfront Management Districts, they face the 1.2 km long riverside, and this makes them the best place to improve relations with the Han River if publicness is secured.

For this reason, in order to make the easiest public access to the Han River, it is planned to reconnect the Hangang and the city by opening a road for a direct access of the public transportation to the Han River and by making a covered park on the Olympic Highway with the pedestrian access to the adjacent park.

A grand dream of transforming the whole riverfront of the Han River into a living space for the public was initiated by connecting the public space along the river.

It is also required to concentrate facilities for the community and the public so that people can stay, take a rest, meet others, and enjoy a variety of experiences rather than use it as a just passage.

Such effort can change the view point of the Han River from the city side and provide an opportunity to observe and appreciate the river and other cityscape beyond it.

Also, this will radically change the view of the city from the Han River. The separation of the river and the city by the urban highway will be partially reconnected and someday, a series of connection of such traces will reconnect the city to the Han River.

A small effort initiated at the Banpo 1·2·4 complexes to turn the Han River into the central space in the city will tell us whether the management of the 500m to 1km wide riverside to bequeath the present Han River to the future generations as a natural cultural heritage that can be shared.

Therefore, it is to be observed how the original intention will be realized.

Nearly for four years, I have been upset by people who have different opinions from mine, and thankful to those who have sympathized and supported me, but I also learned a lesson that 'my enemy taught me.'

Especially, I am deeply grateful to Youn Hyuck Kyung, CEO of ANU and the team members who have supported a bit unusual my intention.

「한강변관리 기본계획」의 관점에서

한강을 보는 관점은 '도시의 주변부'로 보는 관점과 '도시의 중심부'로 보는 관점의 차이가 있습니다. 물이 개인의 주거 공간까지 공급되어 이용의 '사유화(혹은 자율화)'되기 이전까지의 시대에는 물이 있는 강은 '도시의 중심'으로는 물론 '생활의 중심'이었습니다. 그 때문에 모든 도시나 마을은 이 물(강)을 중심으로 형성되었고 기능하였습니다. 그러나 물을 주거 내로 끌어들여 이용하면서부터 한강은 도시의 중심에서 밀려나 도시의 뒤편으로 바뀌었습니다. 더구나 생활의 갖은 오물을 흘려보내는 곳으로 전락하면서 도시와 경계를 만들어 외면해야 하는 장소로 바뀌었습니다.

「한강변 관리 기본계획」이 이전의 많은 '한강 관련 계획'과의 가장 큰 차이점은 '한강을 도시 공간의 중심'으로 바꾸는 '도시 공간구조의 개편'에 있습니다. 반포 1·2·4단지와 한강과의 관계는 한강변 관리지구 27개 중 한강변에 1.2km나 접하고 있어 공공성을 확보할 경우 가장 한강과의 관계개선이 효과적인 장소입니다. 이 때문에 한강변으로 공공의 접근이 최대한 쉽기 위하여 공공교통이 한강변까지 직접 접근할 수 있도록 도로를 개설하고 주변의 공원을 보행 접근로에 연결하여 올림픽대로 위에 덮개 공원(covered park)을 만들어 한강과 도시가 다시 이어지도록 계획하였습니다.

이 공공공간은 수변을 따라 이어져 이곳에서 좌우로 한강의 수변 전체가 다시 시민의 생활공간으로 거듭나게 하겠다는 원대한 꿈을 심었습니다. 이곳이 단순한 이동통로가 아니라 머물고, 휴식하고, 만나고, 다양한 즐길 거리를 만날 수 있도록 주민공동시설과 공공시설을 집중시키도록 요청하였습니다. 이러한 노력은 도시에서 한강을 바라보는 시점(view point)을 바꾸어 놓을 것이고, 그곳에서 한강과 강 너머의 또 다른 도시경관을 관찰하고 감상할 기회를 제공할 것입니다.

또한, 한강에서 도시를 보는 관점도 크게 변화될 것입니다. 기존의 도시고속도로로 단절된 공간이 부분적으로 강과 도시가 이어질 것이고 이러한 흔적의 흐름이 이어질 경우 도시도 다시 한강과 이어질 것입니다.

반포 1·2·4단지에서 시작되는 한강을 다시 도시의 중심공간으로 바꾸는 조그만 노력이 현재의 한강을 미래세대가 공유 가능한 미래자연문화 유산으로 남겨주기 위하여 한강 주변부(500m~1km) 관리의 승패를 좌우할 가늠자가 될 것입니다. 때문에 애초의 의도가 어떻게 실현된 모습으로 남겨질지 지켜볼 것입니다.

그동안 4년 가까이 때로는 생각을 달리하는 사람들에게 분노하기도 하고, 공감하고 지지해준 사람들에게 고마워하기도 했지만 '적에게 배웠다'는 교훈을 얻기도 하였습니다. 특별히 조금은 별난(?) 의도를 지지해준 ANU의 윤혁경 대표와 함께해 준 팀원들 모두에게 깊은 감사를 드립니다.

제1장

YOUN HYUCK KYUNG,
He is a registered architect with license number 2975, and author of many books on laws of urban planning, housing, and architecture including The Manual on the Building Act Ordinance, The Manual on the Housing Act, The Manual on the National Land Planning and Utilization Act, Easy Architectural Trip ①②③, and 160 Architecture+Law Stories, all published in Gimun-dang.
He worked as a civil servant of Seoul Metropolitan Government from 1977 to March, 2009, and he has been the CEO of urban department of ANU Design Group since May, 2009.
He earned his master in University of Seoul and he is the chairman of the Policy Coordination Subcommittee of Presidential Committee on Architecture Policy, Vice President of the Architectural Policy Association of Korea, a member of Environmental Impact Assessment Committee of Seoul Metropolitan Government, and a member of Landscape Committee of Incheon Metropolitan City. He was a member of the Central Architectural Committee of the Ministry of Land, Infrastructure and Transport, a member of the Jeju Island Landscape Commission, a public architect of Seoul, a vice president of the Korea Institute of Registered Architects, and a vice president of the Urban Design Institute of Korea.
He won the third grade and fourth grade of Order of Service Merit, and Prime Minister's Commendation.

윤혁경(YOUN HYUOK KYUNG, 尹赫敬)은
건축사(면허번호 2975호)로서, 건축법 조례해설(기문당), 주택법 해설(기문당), 국토의 계획 및 이용에 관한 법률 해설(기문당), 알기 쉬운 건축여행①②③(기문당), 160개의 건축+法 이야기(기문당) 등 다수의 도시·주택·건축 관련 법률 해설집을 저술한 바 있다.
1977~2009.3.까지 서울시 공무원으로 근무했고, 2009.5.부터 현재까지 ANU디자인그룹건축사사무소 도시부문 대표이사로 재직 중이다.
서울시립대학교 대학원(석사)을 졸업했고, 대통령소속 국가건축정책위원회 위원(정책조정분과위원장), 한국건축정책학회 부회장, 서울시 환경영향평가 위원, 인천시 경관 위원으로 활동 중이다. 국토교통부 중앙건축위원, 제주도 경관 위원, 서울시 공공건축가, 대한건축사협회 부회장, 한국도시설계학회 부회장을 역임했다.
홍조근정훈장, 녹조근정훈장, 국무총리 표창을 받았다.

특별건축구역에 대한 설계의도
Architect's design intentions for the Special Building Zone of Hangang Riverfront

(한강변아파트 단지를 특별건축구역으로 지정해야 하는 이유)
(Why the apartment complexes should be designated as a special building zone)

Diagnosis of apartment complex design

I don't think that designing apartment complex should be understood as a category of architectural design. The apartment complexes are small cities in a city, and they will have fundamentally different meaning depending on whether they are considered as a lot or a small city.
Some designers seem to interpret the apartment complex as a 'lot' when they design it. In that case, they are bound to carry out a design giving priority to the residents of the apartment complex. On the other hand, the 'small city' approach will lead to a design emphasizing on how to reflect on the order of its surroundings and how to share it. Two approaches are different in that the former is strictly concerned with protecting the private interest but the latter is that securing the public good, in other words, limited protection of private interest.

The design of new towns and apartment complexes must respect the existing urban context. Not only they have to follow the surrounding street network but also they must embrace surrounding natural environment and cityscape by reinforcing infrastructure such as parks, schools, and roads. The inside of the complex should provide a small urban space reflecting the same spirit.

Not to mention securing the connection with the outside by examining the eco-friendly traffic system including vehicle, walking, and bicycle in planning the number of new households and site layout, architects of the apartment complex should analyze and review what activity is to take place according to the class of residents and apply the result to the design. It is important to examine the selection of various communities and their proper layout in order to facilitate appropriate space allocation for gathering and scattering and expansion of the social activity area from the residential space to the complex, and it is also required to prepare measures for securing privacy for housing stability and countermeasures against crime prevention.
Consideration of evacuation, fire-fighting, and safety issues for residents like barrier-free design are also indispensable and architects should be involved in details such as securing landscape and fine views.

The current 'Building Act' are imposing too many restriction to solve the problems mentioned above, and this has left little that can be done by architects. In this sense, the special building zone system seems to become a useful tool for the designer to solve various conundrums.

아파트 단지 설계에 대한 현재의 진단

아파트 단지 설계는 건축설계로 이해하면 안 된다고 봅니다. 아파트 단지는 도시 안의 작은 도시이기 때문에, 이를 하나의 필지로 보느냐, 작은 도시로 보느냐 하는 것은 근본적으로 다른 의미가 있기 때문입니다.
일부 설계자는 아파트 단지를 '하나의 필지'로 이해하고 설계하는 것 같습니다. 그렇게 되면 입주자를 우선한 설계를 할 수밖에 없습니다. '작은 도시'로 접근한다면 주변의 질서를 어떻게 받아들이고 어떻게 공유할 것인지에 더 큰 비중을 두고 설계를 할 수밖에 없을 것입니다. 전자는 철저히 사익 보호를 우선시하지만, 후자는 공익이 담보된 사익 보호, 즉 제한적 사익 보호를 한다는 점이 다른 것입니다.

새로 조성되는 도시(아파트 단지)는 기존의 도시맥락을 존중해야 합니다. 주변의 가로조직에 순응하는 것은 물론 공원·학교·도로 등 기반시설의 보강, 주변의 자연환경과 도시경관을 배려하지 않으면 안 됩니다. 단지 안에서도 그와 같은 정신이 투영된 작은 도시 공간을 만들어야 할 것입니다.

새로이 건축되는 세대수와 동별 배치에 차량과 보행, 자전거 등 녹색 교통체계를 검토하여 단지 밖과의 연계성을 확보하는 것은 당연하고, 입주민들의 구성 계층에 따라 어떤 활동이 일어날 것인지, 일어나게 할 것인지를 설계자는 분석하고 검토하여 설계에 녹여야 할 것입니다. 모이고 흩어짐에 대한 적절한 공간배분, 주거공간에서 단지로의 사회적인 활동영역 확대를 유도하기 위한 다양한 community의 선정과 적절한 배치도 중요하게 검토되어야 할 것이고, 주거 안전성 확보를 위한 privacy 확보 방안과 범죄예방에 대한 대책도 필요합니다.
피난·소방활동에 대해 배려, barrier free 등 거주민의 생활 안전에 대해 고려도 빼놓을 수 없고, 경관과 미관확보 등 세심한 부분까지 설계자의 손길이 필요할 것입니다.

현행 「건축법」만으로 위에서 제시한 문제를 풀기에는 너무나도 많은 제약을 하고 있어서 설계자가 할 수 있는 일은 별로 없습니다. 그런 차원에서 특별건축구역제도는 설계자에게 여러 가지 난제를 풀 수 있도록 해 주는 유용한 수단이 될 것 같습니다.

Apartment complexes preferring isolation like an island

Considering that it is inevitable that reconstruction of existing apartment complex isolated like an island are bound to follow their original pattern, it is very regrettable that even the reconstruction and redevelopment project of low-rise residential area into apartment complex prefers isolation as their own island, though they should keep the existing urban texture and cause the least separation from the surroundings.

In my opinion, it is a kind of violence to cut off and merge the alleys in the existing residential area under the name of efficiency from the viewpoint of the developer, though they used to connect to each other like the network of capillary maintaining the vitality of the street. Though they insist that they should do it to make a new road but it must be a violence that strips the residents in the detached houses area of their right to get around because they work only for the convenience of residents in the new development area.

A huge fence can be regarded as an authoritarian violence too. I think such phenomenon is caused by fences like an impenetrable fortress, totally enclosed structure showing no hint of the inside, and a kind of elitism claiming 'All by ourselves' and 'We are not you'.

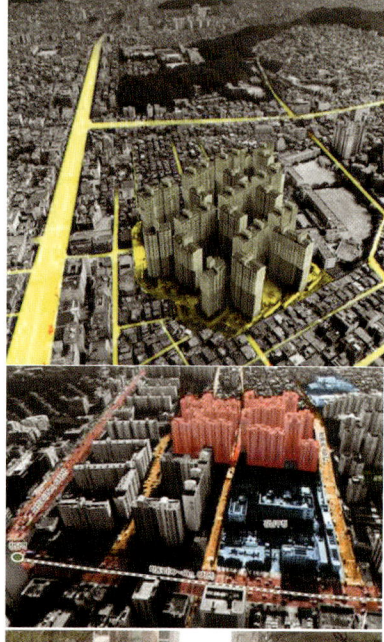

섬으로 고립되길 원하는 아파트 단지

섬으로 고립된 기존의 아파트 단지를 재건축하면서 기존의 pattern 벗어나지 못하는 것은 어쩔 수 없다손 치더라도, 저층 단독주택지를 재건축 또는 재개발사업으로 공동주택 단지로 조성하는 것만이라도 기존의 도시 가로구조를 수용하고, 주변과의 단절을 최소화하여야 함에도 오로지 그들만의 섬으로 고립되기를 원하는 것은 심히 유감이 아닐 수 없습니다.

기존의 단독 주택지에서의 골목은 사통팔달의 실핏줄처럼 연계되어, 가로의 생명력을 유지하고 있음에도 단지 효율성(개발자 입장에서 본 효율성)을 이유로 단절시키고 통폐합시키는 것은 폭력이라 생각합니다. 새로운 도로를 만든다고 하지만, 오로지 개발지 주민들의 편의 위주로 만들어지기 때문에 지금까지 누리던 단독주택지 주민들의 보행권리를 빼앗아 가는 폭력이 아닐 수 없는 것입니다.

거대한 울타리 또한 권위적인 폭력이라 할 수 있습니다. 아무도 접근할 수 없는 철옹성의 담장, 안에서 무엇이 일어나는지 전혀 알 수 없는 구조, '우리끼리!' '우린 너희와 달라!'라는 일종의 천박한 선민의식이 그런 행태를 보이는 것이 아닌가 생각됩니다.

Apartment complexes of standardized and uniform design

The exterior design of the apartment absolutely depends on the construction cost. This is because their design is usually carried out on the assumption of short construction period, easy construction method, and cost savings. Standardization of design and standardization of design are inevitable. All major construction companies have prepared the optimum, usually the most economical design guidelines which feature their characteristics and differentiate them from others but they don't leave much room for the designer to intervene since they are also based on the constraint of the construction cost.

Just looking at the exterior and color of the apartment makes you tell A construction company from B. Only a few countries have built as many apartments as Korea. Major construction companies can build up such standard design guidelines as they have their own knowhow on design and accumulated experience.

디자인이 보편화, 획일화 된 아파트 단지

아파트의 외관 디자인은 절대적으로 공사비가 결정합니다. 공기와 공사의 편의성, 공사비의 절약을 전제로 설계를 해야 할 때가 적지 않기 때문입니다. 설계의 표준화, 디자인의 표준화가 생길 수밖에 없습니다. 유명 건설사마다 최적(가장 경제적인)의 디자인 지침을 가지고 있는데, 나름 건설사의 특징도 살리고, 차별성 확보도 하지만, 이것도 공사비의 제약에서 출발한 것이기 때문에 설계자가 개입할 여지가 별로 많지 않습니다.

아파트 외관과 색채만 보면 한눈에 'A 건설사', 'B 건설사'를 구분할 수 있습니다. 우리나라만큼 아파트를 많이 건설해 본 경험이 있는 나라는 그렇게 많지 않습니다. 대형 건설사는 나름대로 디자인에 대한 know how와 축적된 경험 자료를 많이 가지고 있어서, 그런 표준 디자인 가이드라인을 만들게 되는 것입니다.

Apartment complexes indifferent to the harmony with their surroundings

It is not easy to consider and reflect the surrounding environment and conditions in the design of apartment complex. Making full use of all possible floor area ratio requires maximizing the height and number of units as much as possible, which leaves little room to consider their surroundings. The increase of construction cost may also impose restraint on design, which makes it difficult to expect changes in building height and facade and shape.

New apartment development tries to have exclusive access to specific natural landscapes such as adjacent mountains, rivers and parks. The screening apartment complex along the Han River is a good example. It would be impracticable and nearly impossible to expect architects to behave with good sense in the reality that they are hired by developers like housing cooperative, contractor, and constructor and they have to accept their requirement.

주변과의 어울림을 고려하지 않는 아파트 단지

아파트 단지 설계에서 주변환경과 여건 등을 배려하고 수용하기가 쉽지 않습니다. 개발 가능한 용적률을 다 찾기 위해서는 최대한 높이고 세대를 가능한 한 많이 확보해야 하므로 주변을 살필 여유가 없게 됩니다. 공사비의 증가 또한 설계제약 요소이기 때문에 건축물의 높낮이 변화나 입면과 형태의 변화를 기대하기가 어렵습니다.

인접한 산이나 강, 공원 등 특정 자연경관을 개발되는 아파트가 독점하길 원합니다. 한강변의 병풍 아파트가 대표적인 사례입니다. 계속 이야기하는 것이지만, 사업주(조합이나 발주자, 시공자)의 욕망을 '을'을 지위에 있는 설계자가 '갑'의 요구를 따를 수밖에 없는 현실에서, 건축사의 양식을 기대한다는 것은 무리이고 불가능한 일입니다.

Apartment complex refusing to communicate

Apartment design should not put emphasis on only indoor design of housing and its habitability. It has to include the importance of outdoor space and community space planning for communication among residents as important design tasks. Recently, the trend has changed and communication issue with the neighboring area is seriously considered.
So far, the communication issues have been neglected for many reasons, but it seems to be a choice to minimize the burden on the residents. The community spaces satisfying the minimum legal standards can't play that important role in design process. Because it is true that they have been placed at the remaining space, usually in the basement after planning the layout of apartment buildings. This may reflect our mind which have been distorted while going through the development period of the past six decades.

The unit of the apartment was designed to put more emphasis on the privacy of the individuals than the communication between the family by dividing space, and the exchanges and communication between the residents haven't emerged as an important issue in the garden. Moreover, the communication with their surroundings were hardly thinkable, and I think, this has created the image of apartment complex as a fortress surrounded by fences, walls, and noise barriers which separate them from their neighbors.

소통을 거부하는 아파트 단지

아파트 설계는 단순한 주거공간 내부계획과 거주성만을 염두에 두어서는 안 됩니다. 실외 공간의 중요성, 입주민들 간의 소통을 위한 community 공간계획도 중요한 설계과제로 삼아야 합니다. 주변 지역과의 소통문제도 심각하게 고려해야 하는 것이 최근의 trend 변화라 할 수 있습니다.
지금까지 소통 부분을 매우 소홀하게 다루어 온 것은 여러 가지 이유가 있겠지만, 주민부담 최소화를 위한 선택이었던 것 같습니다. 법정 최소기준만 충족시킨 community 공간은 설계에서 그리 중요한 비중을 차지하지 못합니다. 아파트를 우선 배치하고 남은 자투리 공간에 칸을 채우는 식의 배치, 지하 공간에 설치하는 수준에서 계획되어 온 것이 사실이니까요. 어쩌면 그 모습이 지난 60여 년간 개발시대를 살아온 우리의 일그러진 심성이 아닐까 합니다.

아파트 실내에도 가족 간의 소통보다는 개인의 privacy를 우선시하게끔 공간을 단절시켰고, 아파트 마당도 입주민의 교류와 소통은 그리 중요한 issue가 되지 못했던 것 같습니다. 더구나 단지 주변과의 교류·소통은 엄두도 낼 수 없었고, 그 결과 주변과 단절된 담장이나 울타리, 옹벽과 방음벽으로 둘러싼 성벽 같은 아파트 단지 풍경이 만들어진 것이 아닌가 합니다.

Alternatives

Apartment complexes without walls, fences and noise walls

The first priority in the planning of apartment complexes is security of housings. Security such as crime prevention, personal privacy, prevention of fire and other disasters should be considered top priority.

The boundary of the apartment complex seems to be surrounded by walls, fences, and noise walls for that reason, but, I think, this may be suitable for detached houses but not for apartment houses.

This is because entrance control of outsiders to the complex is not easy. The apartment houses don't need walls and fences because the first floor is usually emptied as pilotis and residential spaces start from the second floor, which blocks direct view to the second floor from the garden or pedestrian path; landscape planting can block the gaze sufficiently; strangers can't enter the apartment if they are not identified at the entrance; and there are also many other levels of safety devices from CCTV installed on the stairs and elevator to the door lock of the individual entrance doors.

Walls and fences which were wrongly installed can help criminals hide themselves and they should be reconsidered.

Noise barriers can be also problematic. To the disappointment of the residents of the apartment who expect them to reduce noise, they are not that efficient. I think it can just give psychological stability through visual blockage. The scary noise walls in the city should be reconsidered. It is a pity that noise barriers which ruin the cityscape suddenly started being installed due to the complaints of apartment residents, though the Public Design Committee of Seoul Metropolitan Government never allowed the installation of those walls in the past.

I think it would be better to avoid the installation of the sound barriers because the window system alone can block the noise enough.

Considering the characteristics of the apartment complex, to raise the ground level by the height of one story than the existing street level will not have a serious effect on its neighbors. The floor facing the street becomes the basement from the inside of the complex, and this will vitalize the street and improve the surrounding landscape much better without fences if this floor is used as an open community facility or neighborhood living facility.

대안

담장, 울타리, 방음벽이 없는 아파트 단지

아파트 단지에서 가장 우선해야 할 것은 주거 안전성을 확보입니다. 방범과 개인의 privacy 보호, 화재 등 재난으로부터 안전이 최우선 고려되어야 합니다.

그런 이유로 아파트 단지 외곽을 담장이나 울타리, 방음벽을 설치하는 것 같은데, 단독주택의 경우라면 타당하다고 볼 수 있을지 모르겠지만, 공동주택이라면 그렇지 않다고 생각합니다.

단지에 출입하는 외부인을 통제할 수 없기 때문입니다. 아파트는 대개 1층을 pilotis로 구성하고, 2층부터 주거 부분이 시작하는데, 마당이나 보행통로에서 2층을 직접 들여다볼 수 없고, 조경 식수를 통해 충분히 시선 차단을 할 수 있고, 방범과 관련해서는 동별 현관문에서 출입자 인식이 되지 않으면 출입할 수 없고, 계단과 elevator에 설치된 CCTV와 개별 현관문의 door lock까지 여러 단계의 안전장치가 있어서 굳이 담장이나 울타리를 필요하지 않을 것 같습니다.

잘못 설치한 담장과 울타리가 오히려 범죄자의 은신 도구로 사용될 수 있기 때문에 한 번 더 재고할 필요가 있습니다.

방음벽 또한 문제가 많습니다. 아파트 입주자의 입장에선 소음차단 역할을 기대하지만, 알고 보면 기대한 만큼의 방음 역할은 하지 못합니다. 시각적인 차단을 통한 심리적인 안정을 얻는 정도가 아닐까 합니다. 도시의 흉물스러운 방음벽은 재고되는 것이 마땅합니다. 한때 서울시 공공디자인위원회에서는 방음벽 설치를 한 번도 허용한 적이 없었는데, 아파트 입주민들의 민원을 이유로 언제부터인지 우후죽순으로 도시경관을 저해하는 방음벽이 설치되고 있어서 참으로 안타깝습니다.

창호 system만으로도 소음차단이 충분히 가능하기 때문에 방음벽 설치는 지양했으면 합니다.

단지 특성을 고려 지반을 기존 도로면보다 1개 층 올려도 주변에 미치는 영향은 그리 크지 않습니다. 도로에서 보이는 층은 단지에서 보면 지하층이 되겠지만, 도로에선 1층이 되어, 그곳을 개방형 community 시설이나 근린생활시설로 배치 사용하게 한다면, 가로 활성화와 담장설치도 하지 않는, 주변 경관을 훨씬 더 살릴 수 있게 될 것입니다.

Apartments with distinct design in each complex

Every construction companies has its own brand of apartment. Building apartments of the same brands regardless of their locations whether in a city, quiet countryside, or natural landscape proves our backwardness of architectural culture.

Uniform and similar designs such as 'K Bookstore' and 'S gas station' are spreading nationwide. The same phenomenon happens to apartment houses. It is economic violence that only conglomerates can commit. They claim it as their corporate brand, but what will happen to our city if it is filled with buildings of the specific company brands?
Signboards of some companies will be acceptable, but we should no longer allow a superficial architectural culture that fills our city with the branded buildings.

Urban space and cityscape can't be owned by a specific group of people. It is rather public goods to be shared by all of us. Occupying a city space by signboards and buildings of some specific brands must be committing violence. It is called violence as it can only be done by big corporations with economic capabilities not by everyone.

This can be also applied to the change of the facade and the choice of color. Architects are responsible for reflecting the tastes of the residents according to the distribution of their type and they are also in charge of covering the history and local culture at the time of design.
Although it is possible to create a wide range of designs according to the capability of designers by considering the various conditions and environments and reflecting it to the design, finding a solution is not an easy task due to the issues of construction period, construction cost, standards in the current 'Building Act', and the environment that forces the branded design which pressures members of the association to interfere with design under the name of marketability.

Though it is said that we can expect that the administrative device called 'Architectural Deliberation' will improve the design level, the Architectural Deliberation Committee can't handle all the details.

I don't argue that all apartment complexes have to build up a unique character. Some may not have to do so. If so, I wonder what alternatives we can think of.

단지마다 특화 디자인된 아파트

건설사마다 brand 아파트를 가지고 있습니다. 입지여건과 관계없이 도시에 있든지, 한적한 시골에 있든지, 자연경관 속에 있든지 건설사 brand 아파트가 들어서고 있는 것은 건축 문화적인 차원에서 본다면 후진적이라 할 수 있습니다.

'K 문고'는 'S 주유소' 등은 전국적으로 같은 디자인, 유사한 디자인으로 보급되고 있습니다. 공동주택도 마찬가지입니다. 대기업만이 할 수 있는 경제적인 폭력이 아닐 수 없습니다. 그들은 기업 brand 라고 주장하지만 도시 공간을, 특정 기업 brand 건축물로 가득 채운다고 한다면, 이 도시는 과연 어떻게 되겠습니까.
간판까지는 몰라도 건축물까지 기업 brand로 도시를 채우는 천박한 건축문화를 더 허용해서는 안 될 것입니다.

도시 공간과 도시경관은 특정인의 사유재가 아닙니다. 모든 사람이 누려야 할 공유재로 보는 것이 옳습니다. 도시 공간을 점령한 brand 간판이나 brand 건축물은 폭거가 아닐 수 없습니다. 이는 아무나 할 수 있는 것이 아니라, 경제적 능력을 갖춘 대기업만이 할 수 있기 때문에 폭력이라 하는 것입니다.

입면의 변화, 색상의 선택도 그렇습니다. 입주민 구성원 유형 분포에 따라, 그들의 취향에 맞게끔 설계에 반영하는 것은 설계자의 몫이고, 설계 당시의 역사와 지역 문화를 녹여 놓은 것도 설계자가 해야 할 일입니다.
다양한 여건과 환경을 고려, 설계에 반영한다면, 설계자의 능력에 따라 천차만별의 디자인이 탄생할 수 있음에도 불구하고, 공기와 공사비, 현행 「건축법」 기준, 브랜드화된 디자인을 강요하는 풍토(분양 가능성을 무기로 조합원을 압박하여 설계 디자인에 간섭하도록 함) 때문에 해결방법을 찾는 것이 결코 쉬운 일이 아니라 생각됩니다.

'건축심의'라는 행정적인 장치를 통해 디자인 수준 향상을 기대할 수 있다고는 하지만, 모든 것을 건축심의위원회에서 다룰 수 없기 때문에 한계점을 가지고 있습니다.

First, apartment complexes that are not subject to the burden of construction costs, for example, with budgets more than 5 million won per 3.3 square meter, apartment complexes that are not limited by the floor area ratio (FAR), for example, with FAR below 250%, and apartment complexes which can make more profit than investment by improving the quality are recommended to designate a special building zone according to 'Building Act.'
The system allows architects to carry out creative design by leaving whole decision to their discretion and excluding various architectural standards such as building coverage rate, floor area ratio(FAR) though the authorities are reluctant to exclude FAR standard in reality, building height, standards about sunshine, landscape, service facilities, and I think it will help make new designs different from the existing ones if we make good use of the system.

모든 아파트 단지가 단지마다 독특한 개성을 갖추어야 한다고는 이야기하는 것은 아닙니다. 가끔은 그렇지 않은 아파트 단지도 필요하다는 것을 말하는 것이지요. 그렇다면 어떤 대안이 있을 것인지 궁금합니다.
우선 공사비에 구애를 받지 않는 아파트 단지(평당 500만 원 이상 부담이 가능한 아파트), 용적률의 제약을 받지 않는 아파트 단지(250% 이하의 아파트 단지), 상품성의 확보를 통해 투자비보다 더 많은 분양가를 받을 수 있는 아파트 단지라면, 「건축법」에 따른 특별건축구역 지정을 권해 봅니다.
건폐율, 용적률(허가권자는 현실적으로 용적률 기준 배제를 꺼리고 있음), 높이, 일조기준, 조경기준, 주택건설기준에 따른 부대 복리시설의 설치 기준 등의 각종 건축 관련 기준을 배제하고, 설계자의 재량에 모든 맡겨서 창의적인 설계를 할 수 있도록 한 제도이기 때문에 이를 잘 활용한다면 지금과 다른 새로운 설계가 가능할 것이라고 봅니다.

Apartment complex in harmony with the surroundings

All apartment complexes different characteristics in their location. One may be in the background of excellent natural environment; in the city center or low-rise residential complexes; connected with existing apartment complexes. It is a reality of today that we are forced to make such uniform and similar apartment complexes due to the various constraints and limitations mentioned above though we should solve the problem by approaching and interpreting differently according to the characteristics of their location.

In the past, apartment complexes with easy access to traffic, convenient access to markets, and good school district used to gain popularity, and the brand of a construction company decided the value. Now, however, apartments with a view of natural environments such as river and forest and symbolic structure of a city are popular as new property values. Therefore, I propose a special building zone as one of the methods to secure the maximum number of units with a good view.
 Designers usually tend to place a high-rise tower along the roadside. It is because of the way of thinking to solve awareness or symbolism with high-rise tower. The high-rise tower can't guarantee awareness or symbolic meaning. Rather, it may cause the opposite result to the intention by making the viewing corridor of the existing road even worse. Placing middle and low rise buildings along the road with a heavy pedestrian flow can minimize pressure, and placing a high-rise tower at the central part as a tent-like structure will widen the existing viewing corridor of the road, which will change the skyline.

주변과 조화를 이루는 아파트 단지

입지적인 특성이 하나 같이 같은 아파트 단지는 있을 수 없습니다. 우수한 자연환경을 배경으로 하는 단지, 도심 속이나 저층 주거단지에 속한 단지, 기존 아파트 단지와 연접한 단지가 있을 수도 있을 것입니다. 단지 입지가 처한 특성에 따라 각각 다르게 접근하고 해석하여 문제를 풀어야만 하는데, 앞에서 제기된 여러 가지 제약적인 조건과 한계 때문에 천편일률적인 그렇고 그런 아파트 단지를 만들 수밖에 없는 것이 오늘의 현실이라 할 수 있습니다.

한때, 교통이 편리한 곳, 시장 등 생활 편익시설로의 접근이 쉬운 곳, 학군이 좋은 곳의 아파트 단지가 인기 있었던 시절도 있었고, 건설사의 brand가 아파트의 가치로 매김 하던 시절도 있었습니다. 그러나 지금은 강이나 숲 등 자연환경을 조망할 수 있는 곳이나 상징적인 도시구조물 등을 조망할 수 있는 아파트가 새로운 재산 가치로 떠오르고 있습니다. 그래서 이에 대한 조망 세대수를 최대한 많이 확보할 방법의 하나로 특별건축구역 설계를 제안합니다.
일반적으로 설계자는 가로변에 고층 tower 배치하려고 합니다. 인지성이나 상징성을 고층 tower로 해결하려는 사고방식 때문이 아닌가 합니다. 고층 tower가 반드시 인지성이나 상징성을 담보하지는 않습니다. 오히려 기존 도로가 가진 조망통로를 더욱 열악하게 만들기 때문에 의도와는 달리 정반대의 설계가 될 수도 있습니다.
사람의 통행접근량이 많은 가로변은 중·저층을 배치하여 위압감을 최소화시키고, 단지 중앙부에 고층 tower를 계획하여 일종의 tent형 구조로 계획하면 도로의 기존 조망통로를 더욱 넓히는 의미도 갖고, 다양한 skyline의 변화도 추구할 수 있을 겁니다

Seoul Metropolitan Government stipulated that buildings along Han River should be low-rise ones about 15 story in 'Seoul Riverfront Vision 2030 [1].' It suggested the standards as an alternative to solving the problem in that the existing apartment complexes have monopolized fine view for specific units by planning the screen of the tallest apartment at the location which command the fine view such a standard.

The Urban Planning Committee of Seoul Metropolitan Government strongly urged to design buildings along the Han River below 11 ~ 15 floors in 1, 2, 4 neighborhood of the Banpo Jugong 1st Apartment Complex, and I expect that the trend will continue in the future.

When I worked for Seoul Metropolitan Government, it was regretful as a various control system that I devised were not adopted in practice, though I developed them after recognizing the problems while dealing with many landscape projects. I am very happy that I realized the dream of that time while practicing the architectural design at ANU, covering urban planning, landscape, and architectural design. I gained the confidence that a little more study and experience would help me accomplish the quality of the building as well as architectural design quality and fine view of architecture.

스페인 바르셀로나에 있는 안토니오 가우디가 건축한 카사밀라(Casa Mila)

서울시는 '한강변 관리 기본계획' [1]에서 한강 변으로는 반드시 15층 내외의 저층 배치를 요구하고 있습니다. 기존의 아파트 단지는 특정 조망이 가능한 곳에 가장 높은 가장 긴 장벽의 아파트를 배치, 소수 세대가 특정 조망을 독점하는 구조로 되어 있음에 대한 문제 해결의 대안으로 그런 기준을 제시하고 있는 것입니다.

반포주공 1단지(1,2,4주구)도 한강변에 면한 주동은 11~15층 이하로 계획하도록 서울시 도시계획위원회가 강력히 요구했고, 앞으로도 그런 기조는 계속 유지될 것으로 봅니다.

제가 서울시에 재직할 때, 다양한 경관업무를 다룰 때도 이에 대한 문제를 인식, 다양한 제어 방법을 강구 시 했지만, 현실로 반영되지 않아 안타까웠던 기억이 있습니다. ANU에서 건축설계 실무를 하면서, 도시계획과 경관, 건축설계를 아우르면서 그 당시의 꿈을 구현하게 되어서 너무나 기쁘고 행복합니다. 조금만 더 연구하고 경험을 축적하게 된다면 건축물의 품질 확보는 물론, 건축 미관과 도시경관도 충분히 확보할 수 있다는 자신감을 얻게 된 것입니다.

1) The Seoul Metropolitan Government's 'Seoul Riverfront Vision 2030' is the first basic plan for the Han River that specifies the establishment of basic management plans for special maintenance in 2030 Seoul Plan, and this includes a comprehensive plan covering Han River and 0.5~1km area of both sides of the river that encompasses various sectors such as land use, natural factors so that the Han River can become a center of civic life. This is upper plan and basic guide for various projects and planning in the Han River area. (from handout of press briefing for 'Seoul Riverfront Vision 2030,'Seoul Metropolitan Government, October 29, 2015)

1) 「한강변 관리 기본계획」은 2030 도시기본계획에서 특별 관리를 위해 관리 기본계획 수립을 명시하고 있는 한강 관련 최초의 기본계획으로, 한강과 한강변 양안 0.5~1km 지역을 대상으로 한강이 시민 생활의 중심이 될 수 있도록 자연성 부문을 포함하여 토지이용 등 다양한 부문을 함께 아우르는 종합계획으로 수립. 한강 변 지역 내 각종 계획·사업의 상위계획 및 기본지침 역할을 하는 계획으로서의 위상을 가짐 (서울시, 2015.10.29., 한강 변 관리 기본계획 기자설명회 자료집)

특별건축구역의 특별한 건축, 도시를 바꾸다

덴마크 코펜하겐 신도시 개발지구에 있는 VM하우스
VM House in Copenhagen, Denmark
덴마크의 건축설계사무소 JDS 아키텍츠, 앤드루 그리핀 설계
Designed by Andrew Griffin, ,JDS Architects, Denmark

캐나다 몬트리올에 있는 해비타트 '67
Habitat 67 in Montreal, Canada
캐나다 건축가 모쉐 사프디설계
Designed by Moshe Safdie

덴마크 항구도시 베일레에 있는 웨이브
The Wave in Vejle, Denmark
덴마크 건축사무소 헤닝 라르센 아키텍츠 설계
Designed by Henning Larsen Architects, Denmark

이탈리아 밀라노에 위치한 지히 하디드가 설계한 아파트
CityLife Milano Residential Complex in Milan, Italy
Designed by Zaha Hadid

네덜란드 암스테르담 WoZoCo주택
WoZoCo in Amsterdam, the Netherlands
네덜란드 건축가 MVRDV 설계
Designed by MVRDV

Applying the exception factors of the special building zone system to the design process Sinbangpo 1st Reconstruction Apartment, Acro River Park Banpo in 2014, 1, 2 and 4 neighborhoods of Banpo Jugong 1st Apartment Complex, and Sinbangpo 3rd and Gyeongnam Apartment Complex, I became convinced that I can accomplish creating the landscape of the Han river with securing publicness.
The problem is that such creative design can never be accomplished in any case as long as it keeps the current 'Building Act' standards, and this can be obtained only when architects are allowed to use their discretion fully, that is, when the project is designated as special building zone.

2014년 신반포1차 재건축 아파트(아크로 리버 파크 반포) 설계를 할 때부터, 반포주공 1단지(1,2,4주구)와 신반포3차·경남아파트 단지를 설계과정에서 특별건축구역 제도의 특례사항을 구체적으로 설계에 적용해 보니 한강변의 경관창출과 공공성 확보가 얼마든지 가능하다는 확신을 얻게 되었습니다.
문제는 현행 「건축법」 기준을 준수하는 한 어떤 경우도 그와 같은 창의적인 설계를 할 수 없다는 것이고, 설계자에게 충분한 재량을 부여할 때에만 즉, 특별건축구역으로 지정한 경우에만 가능한 일입니다.

The authorities should not be afraid to give architects discretion. They can completely exclude regulatory standards, and ease some standards. It is regretful that the authorities are interfering saying that some standards can't be excluded or eased and some standards should be observed to some extents while architects propose to improve the residential performance and the landscape by using the exemption articles in the 'Building Act'. I can't understand why the authorities are going beyond law to enforce regulations.
They may behave so because they vaguely guess that it will lead to harm, but architectural design is carried out by specialists. I think, the right administration should pass it if it is proved that the same performance is obtained despite the application of the standard exclusion, and confirmed and approved by the architectural committee.

Will observing the current 'Building Act' standards make a good building? I believe it will produce the worst result from my experience. Sunshine standard will make a good example and the design by the current sunshine standard will end up leaving more than 40% to 50% of households under the condition of permanent shadow in the apartment complex planned by floor area ratio of 300%. Even though we can choose sunshine simulation instead of keeping mandatory distance, there is no known case which gained building permission by applying this standard. If architects are allowed to do it, they can make a design that can reduce the units under the permanent shadow by at least 10% to 15%.

This is because the standard set by the law is the minimum standard, not the optimal standard. Though it becomes problematic because many people do not want to keep even the minimum standard, to allow architects to design without the restraints of the current 'Buildng Act' by special building zone proves that the standards of the current 'Building Act' are not the best. I think that it would be the abuse of the administrative authority if the authorities try to intervene and impose restraints as they misunderstood the purpose of the introduction of the special building zone system.

'Special Building Zone' never means 'preferential Building Zone'. It is a special system that aims to encourage to design special buildings in Korea like Casa Mila by Antoni Placid Gaudi in Barcelona, Spain, and a building by Henning Larsen Architects, in Vejle, Denmark. It should be understood from a public interest perspective, not from the private. If we don't change the way we understand it, this system will not last long.

허가권자는 설계자에게 재량권 부여를 두려워해서는 안 됩니다. 규제기준을 완전히 배제해도 좋고 일부 기준은 완화해도 좋다고 되어 있기 때문입니다. 「건축법」상 배제 특례사항을 활용해서 설계자가 주거성능을 개선하고, 경관 향상도 시키겠다고 하는데, 어떤 기준은 배제 또는 완화할 수 없다고 한다면, 어떤 기준은 이것까지만 지키라고 간섭하는 일이 벌어지고 있어서 참으로 안타깝습니다. 허가권자가 법을 초월하여 규제를 강제하는 이유를 잘 모르겠습니다.
피해가 올 것이라는 막연한 추측일 텐데, 건축설계는 전문가가 하는 것이고, 기준배제 완화적용에도 불구하고 동등한 성능을 확보했다는 것을 증명하고, 건축심의위원회에서 확인하고 인정해 준다면, 이를 받아주는 것이 바람직한 행정행위가 아닐까 합니다.

현행「건축법」기준을 잘 지키면 좋은 건축물이 될까요? 저의 경험으로 최악의 건축물이 된다고 믿는 사람입니다. 대표적인 것이 일조기준인데, 현행 일조기준을 지키면, 용적률 300% 아파트 단지는 세대수의 40~50% 이상이 영구음영 세대가 됩니다. 정량적으로 떨어지는 거리 대신에 일조 음영 simulation을 선택할 수 있음에도 그 기준을 적용하여 건축허가 받은 사례가 없는 것으로 알고 있습니다. 만약 설계자에게 재량을 부여해 준다면 최소 10~15% 이상 영구음영 세대를 줄일 수 있는 설계가 얼마든지 가능합니다.

법령에서 정한 기준은 최적 기준이 아닌 최소기준이기 때문에 그렇습니다. 그 최소기준마저 지키지 않으려는 사람이 많아서 문제이긴 하지만, 그래서 특별건축구역을 지정, 건축설계자에게 현행「건축법」기준에 구애받지 않고 설계하도록 한 것은, 현행「건축법」기준이 최선이 아니라는 것을 현실적으로 인정한 일입니다. 그런데도 허가권자가 간섭하고 제한하는 것은 특별건축구역제도 도입 취지를 잘못 이해한 행정 권한 남용이라 생각합니다.

'특별건축구역'은 '특혜건축구역'이 절대 아닙니다. 우리나라에도 스페인 바르셀로나(Barcelona)에 있는 안토니오 가우디(Antoni Placid Gaudi)가 건축한 카사 밀라(Casa Mila), 덴마크 바일레(Vejle)에 있는 '헤닝 라르센 아키텍처(Henning Larsen Architects)' 사무소가 설계한 그러한 건축물이 들어설 수 있도록 한 특별한 제도일 뿐입니다. 그것은 사익이 아닌 공익적 관점에서 이해되어야 할 것입니다. 이에 대한 인식전환이 없다면 이 제도는 그리 오래가지 않을 것 같습니다.

Special Building Zone Design for Banpo Apartment Complex

Announcing the 'Hangang Renaissance Project' in 2007, the mayor of Seoul, Oh Se-hoon first established a development plan that allows the construction of a 50-story apartment in strategic maintenance areas in Yeouido, Apgujeong and Seongsu, and then, in December 2010, ANU was selected as a contractor to carry out establishing basic plan for the guided maintenance area in Banpo, Hapjeong, and Yeongdeungpo for two years. Banpo area, like Yeouido and Apgujeong, was planned to be filled with about 50-story apartment buildings, and there was some social consensus at that time.

In the meantime, when Park Won-Soon was elected to the mayor of Seoul in 2013, the research project for the guided maintenance area was terminated at the completion stage. And then, in September of that year, Seoul ordered a comprehensive and systematic research project of 'Seoul Riverfront Vision' aiming to build up urban system centering on the Han River for 500m-wide urban space on both sides of the 41km-long river. At that time, only the consortium of ANU Design Group+Into Engineering participated in the two competitions and finally, our team was selected to carry out the task by the Seoul Metropolitan Government.

At that time, '2030 Seoul Plan' decided that the height of apartments in Seoul should not exceed 35 stories for the Class III general residential area, and in-depth discussion on whether the 'Seoul Riverfront Vision' can break the limit and the Hangang MP advisory faculty drew an agreement that the building height can be adjusted through the deliberation of Seoul Landscape Committee (Seoul Urban Planning Committee) while adhering to the 2030 Seoul Plan. But the final version of 'Seoul Riverfront Vision' completed in 2016 decided not to make an exception during the reporting process to the mayor.

Our researchers were concerned about how to achieve the two goals of height control and urban landscape demanded by the city of Seoul. We spent a lot of time looking for ways whether to recreate the landscape similar to Jamsil apartment complex or create a new cityscape. The rebuilding of Jamsil apartment complex with the floor area ratio of 285% and maximum height of 36 story ended up constructing a huge screening wall of apartments designed by the current 'Building Act' standard such as height limit based on the street level, sunshine, distance between the apartments, building-to-land ratio, etc. A research project about applying special building zone designated according to the 'Building Act' was assigned to ANU, and we decided to use new Banpo 1·2·4 apartment complex which were designed by ANU at that time as a study model. After developing several dozens of design alternatives and consulting with Seoul Metropolitan Government, we had 9 briefings with Vice Mayor and related directors at the Han River MP Advisory Committee between February 13, 2014 and February 5, 2015, confirming the feasibility of creating a new cityscape which has never been experienced so far and we decided to leave it in the final report by recommending 'special building zone designation' for the apartment complex building on the Han River in the future.

반포 아파트 단지에 대한 특별건축구역 설계

오세훈 시장은 2007년 '한강르네상스 계획'을 발표, 여의도·압구정·성수 전략정비구역에 대한 50층 아파트 건립을 허용하는 개발계획을 1차적으로 수립하였고, 2010년 12월, 2차적으로 반포와 합정, 영등포에 대한 유도정비구역 기본계획수립 용역을 발주하게 되었고, 저희 ANU가 용역자로 선정되어 2년여 과업을 수행했습니다. 반포구역도 여의도·압구정 구역처럼 50층 정도 높이계획을 검토했었고, 그에 대해서는 당시 사회적 합의가 어느 정도 이루어진 상태였습니다.

그러다가 2013년, 박원순 시장이 서울시장에 당선되면서, 완성단계에 있던 유도정비구역 연구용역은 타절 준공처리 되고 맙니다. 그리고 그해 9월, 길이 41km 한강변을 따라 남북 양측 각 500m 폭 도시 공간에 대한 한강 중심의 도시체계 구축을 위한 실현 가능성을 염두에 둔 종합적이고 체계적인 '한강변관리기본계획'에 대한 연구용역을 발주하게 됩니다. 당시 2차례의 공모에 ANU디자인그룹건축사사무소+인토 엔지니어링 1팀만 참여하게 되어 유찰됨에 따라, 결국 저희 팀이 서울시와 계약하게 되고, 과업을 수행하게 되었습니다.

당시 '2030 서울플랜'에서 서울의 아파트 높이에 대해 기준을 제3종 일반주거지역을 기준 35층 이하로 결정한 상태에서, '한강변 관리 기본계획'에서도 그 선을 넘을 수 있느냐에 대한 깊이 있는 논의가 있었고, 한강 MP 자문 교수진은 '2030 서울플랜'에서 제시한 35층을 준수하되, 서울시 경관위원회(서울시 도시계획위원회)의 경관심의를 통해 높이를 조정할 수 있는 선에서 합의점을 도출한 바 있었지만, 최종 서울시장 보고과정에서 단서규정을 두지 않는 것으로 결정, 2016년 '한강변 관리 기본계획'이 완성하게 됩니다.

연구진은 서울시가 요구하는 높이통제와 도시경관 확보의 2가지 목표를 어떻게 달성시킬 수 있을 것인지에 많은 고민을 했습니다. 이미 개발된 잠실 아파트단지처럼 그런 경관을 재현할 것인지, 아니면 새로운 도시풍경을 창출할 것인지, 그 방법을 찾는데 많은 시간을 할애했습니다. 잠실 아파트 단지는 용적률 285%, 최고 높이 36층으로 현행「건축법」기준(도로에 의한 높이 기준, 일조기준, 인동거리, 건폐율 등)에 따라 건축하다 보니, 거대한 장벽, 병풍 아파트 경관을 연출하고 말았습니다. 당시「건축법」에 따른 특별건축구역을 지정, 특별설계를 하면 어떤 모습이 될 것인지에 대한 과제가 용역팀인 저희 ANU에 부여되었고, 당시 ANU가 설계하고 있던 반포 1·2·4 재건축 아파트단지를 study model로 삼게 됩니다. 수십 차례의 설계 대안을 마련, 한강 MP 자문단(14.2.13~15.2.5 사이에 9번 검토보고회를 했음)에서, 서울시 부시장과 관련 국장들과의 협의를 거쳐 지금까지 경험하지 않았던 도시풍경을 연출할 수 있다는 실현 가능성을 검증하고, 향후 한강변에 건축하는 공동주택 단지는 '특별건축구역 지정 권장'하기로 최종 보고서에 남기기로 하였습니다.

특별건축구역에 대한 설계의도

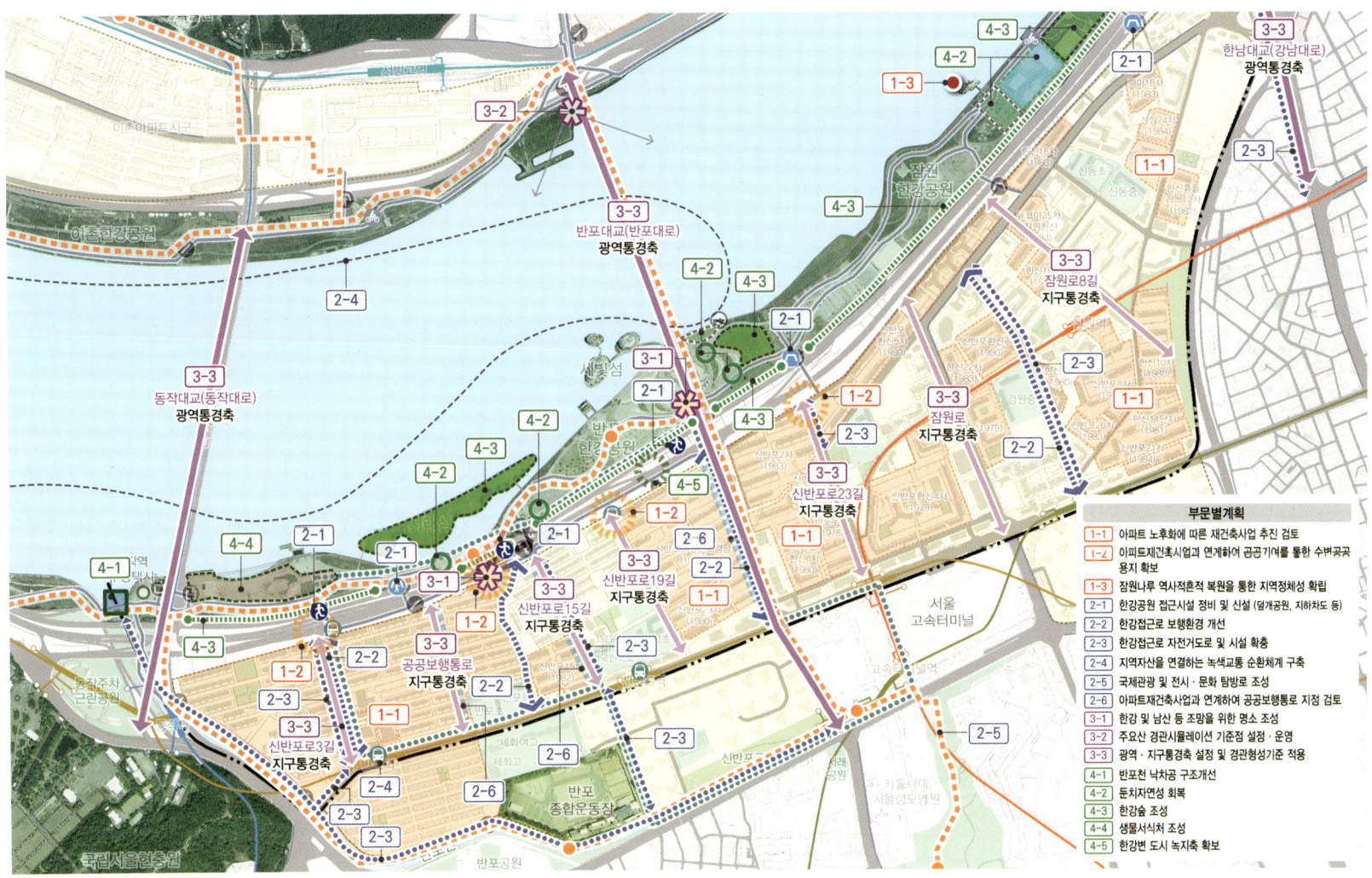

특별건축구역의 특별한 건축, 도시를 바꾸다

The Seoul Metropolitan Government has divided the Hangang area into 7 regions and 27 districts to realize 'Seoul Riverfront Vision', and has prepared a guideline for each district so that it can serve as a guideline for making various administrative plans and individual projects. We also had to establish plans for three Banpo rebuilding complexes so that they can meet the Banpo district guideline.

Making the most of locational characteristics of riverfront, we have established a principle that the natural and urban landscape of Hangang should be easily viewed from everywhere and we planned to take special care of some areas which require protecting various landscape and publicness while observing the principle of height control in '2030 Seoul Plan'.

'한강변관리기본계획'의 구체적인 실현방안으로 서울시는 한강변을 7대 권역, 27개 지구로 세분하고, 향후 각종 행정계획이나 개별적인 사업계획을 수립하면서 지침 역할을 할 수 있도록 지구별 guideline을 마련했습니다. 반포지구 3개 재건축 단지도 반포지구 guideline에 부합되게끔 계획을 수립해야만 했습니다. 한강변은 수변 경관이 무엇보다 중요한 입지적인 특성을 살려, 어디에서나 한강의 자연과 도시경관을 쉽게 조망할 수 있도록 하는 원칙을 세우고, '2030 도시기본계획'의 높이관리 원칙을 준수하면서 경관의 다양성과 공공성 확보가 필요한 지역은 특별관리를 하기로 하였습니다.

사전경관계획을 수립, 서울시 도시계획위원회 심의에서 결정한 반포지구의 경관구조도
Landscape structure of Banpo district decided by urban planning committee of Seoul after establishing preliminary landscape plan

In particular, selecting 10 viewing points along the Han River, we made landscape simulation compulsory to secure the viewing corridor from these points to the natural scenery management area of the major mountains around Seoul, and it includes designation of Han River as the special landscape management area according to 'Landscape Act', and creation of three-dimensional riverfront landscape by making use of special building zone.

Development projects with site area of 300,000㎡ or more and a total floor area of 200,000 ㎡ or more have to undergo deliberation by the landscape committee in advance after establishing a preliminary landscape plan according to Article 27 of the 'Landscape Act'. The preliminary landscape plan has to include the following matters; ① the basic directions and objectives of the landscape plan ② the current status of landscapes of surrounding areas ③ the establishment of landscape structure ④ the three-dimensional basic design of urban space structure through major landscape elements, such as buildings, streets, parks and green spaces, and the urban planning committee of Seoul which reviewed the preliminary landscape plan submitted by the rebuilding association, decided on the following landscape structure, and the special building zone of three Banpo apartment complexes was faithfully designed according to it.

잠실 아파트 단지와 반포재건축 심의 구간 1.8km의 도시 풍경 비교
Comparison of cityscapes of Jamsil Apartment Complex and 1.8km section of reconstruction of Banpo district

특히 배후 주요 산의 자연 조망관리지역은 한강변 경관 10개 경관 시점을 확정하고, 그 시점에서 조망할 수 있도록 경관 simulation을 의무화하도록 하였으며, 한강변을 「경관법」에 따른 중점경관관리구역으로 지정, 특별건축구역을 활용, 입체적 수변 경관을 창출하는 내용을 포함합니다.

대상 사업 면적이 30만㎡ 이상, 건축물 연면적 합계가 20만㎡ 이상인 개발사업은 「경관법」 제27조에 따른 사전경관계획을 수립하여 사전에 경관위원회 심의를 받게 되어 있습니다. 사전경관계획을 수립하면서 ① 경관계획의 기본방향 및 목표에 관한 사항, ② 주변 지역의 경관현황에 관한 사항, ③ 경관구조의 설정에 관한 사항, ④ 건축물, 가로, 공원 및 녹지 등 주요 경관 요소를 통한 도시 공간구조의 입체적 기본구상에 관한 사항이 반드시 포함되어야 하는데, 재건축조합에서 제출한 사전경관계획을 심의한 서울시 도시계획위원회는 다음과 같은 경관 구조도를 결정하게 되었고, 반포 3개 단지의 특별건축구역은 서울시가 결정한 경관 구조도에 따라 충실하게 설계를 진행하였습니다.

반포 아크로리버 아파트 단지 재건축 전·후의 반포 풍경 비교
Comparison of Banpo district cityscapes before and after reconstruction of Banpo AcroRiver Apartment complex

The waterfront of Banpo district from Dongjak Bridge to Banpo Bridge along the Han river is 1.8km long. While the floor area ratio of Jamsil district is 285%, that of Banpo district amounts to 300%. No building in Jamsil district can exceed 36 floors, and 35 in the Banpo district, with the exception of 38 in Banpo AcroRiver apartments which were approved in 2011. Jamsil district was built according to the standards of the current 'Building Act', and Banpo district followed those of special building zone.

The Banpo district is designed as a low-rise apartment with 15 stories or less along the riverside and a middle and low-rise along the adjacent streets to form a tent-like skyline by planning the building height to go up to 35-story at the center of the complex, which distinguishes it from Jamsil district, and the middle and low-rise planning of the building along the existing streets has made it possible to secure further expanded viewing corridors.

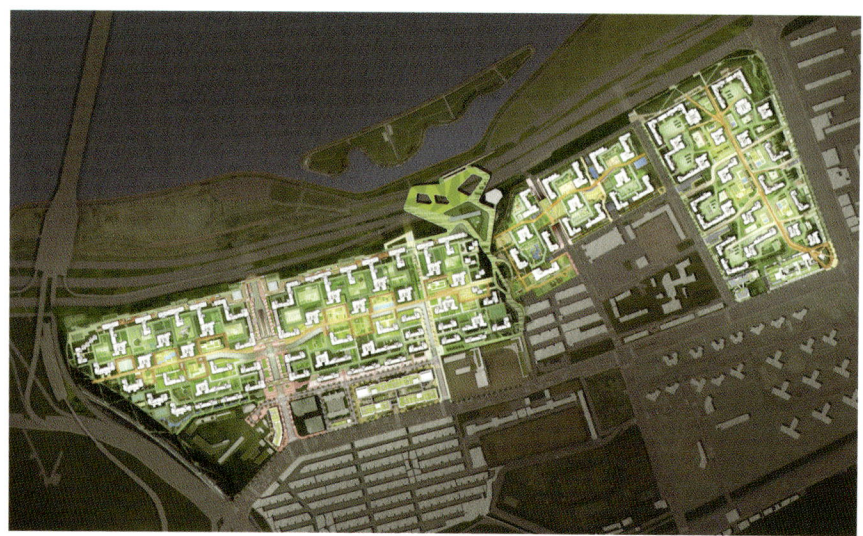

반포1·2·4 아파트 단지+반포 아크로리버 아파트+경남·한신3차 아파트 단지 배치도
Site Plans of Banpo 1·2·4 Apartment Complex + Banpo AcroRiver Apartment + Gyeongnam·Hanshin 3rd Apartment Complex

반포지구(동작대교에서 반포대교까지)의 한강변에 접한 길이는 1.8km입니다. 잠실지구(잠실운동장에서 잠실대교까지)의 거리도 1.8km입니다. 잠실지구의 용적률은 285%지만, 반포지구는 300%입니다. 잠실지구의 최고 높이는 36층이고, 반포지구는 최고 35층(2011년에 사업승인 된 반포아크로 리버 아파트는 최고 38층)입니다. 잠실지구는 현행「건축법」기준에 따라 건축된 경우이고, 반포지구는 특별건축구역으로 된 계획단지입니다.

반포지구는 한강변에는 15층 이하의 저층 아파트를 배치, 주변 도로변도 중·저층으로 계획하면서 단지 중앙으로 35층까지 높아지는 형태로 설계함으로 잠실지구와 달리 tent형 skyline을 형성할 수 있게 되었고, 기존 도로변의 중·저층 계획으로 더 확장된 조망통로 확보가 가능하게 되었습니다.

특별건축구역에 대한 설계의도

With the idea to create a new huge urban space, the Banpo district was designed to construct an eco-friendly transportation system of vehicle, bicycle, and pedestrian in one street structure linking three apartment complexes which are scheduled to complete at different times, and it was designed to go without fences to improve street landscape and revitalize streets by placing residents-only community facilities which are mostly sports facilities such as a gym, golf driving range, swimming pool in the basement at the center of the complex one by one, while public community facilities for interaction and communication with nearby residents such as libraries, cafes, cultural facilities, performances and meeting places are planned to concentrate on the first floor or second floor along the street and pedestrian paths across the complex. And the city planning committee decided to raise the level of the buffer green zone by 5 meters at least higher than before on the condition that the barrier walls were not installed on both newly constructed apartment complexes except the already completed 'AcroRiver Apartments'. In addition, they were planned to achieve a completely different distinction from other apartment complexes by supporting high quality cultural activities of the residents in the community facilities such as sky lounge, children's library, exhibition hall and guesthouse which are placed on the middle or top floor of the apartments along the Han River to command a fine view of the river.

반포지구를 설계하면서, 하나의 거대한도시공간을 새로이 창조한다는 생각을 하고, 건축 시점이 다른 3개의 아파트 단지를 차량·자전거·보행 등 녹색 교통체계를 하나의 가로구조와 연계·구축되게 하였고, 주민 전용 community 시설은 해당 단지 중앙에 분산 배치(헬스장, 골프연습장, 수영장 등 체육시설로 대부분 지하층에 계획)하되, 인접 주민과의 교류·소통을 목적으로 한 共用 community 시설은 가로변과 단지 안의 보행통로에 집중적으로 배치(도서관, cafe, 문화시설, 공연·집회장 등은 지상 1층 또는 2층에 계획)함으로 구조적으로 담장·울타리 설치가 필요 없도록 하여 가로경관을 개선하고 가로 활성화도 유도할 수 있도록 했습니다. 그리고 이미 준공된 '아크로 리버 아파트'를 제외한 신축되는 양쪽의 아파트 단지는 방음벽 설치를 하지 않는 조건으로 완충녹지대의 높이를 기존보다 5m 이상 높이도록 도시계획위원회가 결정하였습니다. 그뿐만 아니라 한강을 자연스럽게 조망 가능한 skylounge, 어린이 도서관, 전시관, guesthouse 등 community시설을 한강변에 위치한 아파트의 중간층이나 최상층에 배치함으로 입주민의 품격 있는 문화 여가 활동을 지원할 수 있도록 하는 등 기존의 다른 아파트 단지와는 전혀 다른 차별성을 확보하려고 노력하였습니다.

반포 1·2·4 아파트 단지+반포 아크로리버 아파트+경남·한신3차 아파트 단지 녹색 교통체계도
Eco-friendly Transportation System of Banpo 1·2·4 Apartment Complex + Banpo AcroRiver Apartment + Gyeongnam·Hanshin 3rd Apartment Complex

반포 1·2·4 아파트 단지+반포 아크로리버 아파트+경남·한신3차 아파트 단지 커뮤니티 배치도
Community planning layout of Banpo 1·2·4 Apartment Complex + Banpo AcroRiver Apartment + Gyeongnam·Hanshin 3rd Apartment Complex

The last architect

I am the only one who has consistently been engaged in the projects of maintenance, the preliminary landscape planning, and the special building zone of the Banpo district since 1998.

I was the head of the Seoul Low Density Apartment Team when the 'Five Low Density Apartment Basic Plan' of Seoul City including Banpo District and Jamsil was established in 1998~2002; I was directly involved in the revision of Building Act in order to introduce 'Special Building Zone' when I was the member of the Special Committee on the Improvement of the Design System under the Presidential Committee on Architectural Culture & Construction Technology in 2006; I established the 'Seoul City Landscape Management Basic Plan' when I was a Landscape manager of Seoul in 2008; I directly and indirectly participated in the establishment of a landscape system such as the introduction of a landscape deliberation system in the 'Landscape Act' in 2007 and 2011; As CEO of ANU, I worked as Master Architect of 'Banpo District Guided Maintenance Area Basic Plan' ordered by Seoul of Mayor Oh Se-hoon in 2010~2012, Master Architect of the Maintenance model for making creative city space' project for the operation of Special Building Zone in 2012.5~2012.11, and Master Architect of SEOUL RIVERFRONT VISION 2030 established by Seoul of Mayor Park WonSun; I have been involved in all projects covering the whole Banpo district by chance, but now I think it was my destiny.

오직 혼자 남은 설계자

1998년부터 2017년 현재까지, 반포지구의 정비계획, 사전경관계획, 특별건축구역과 관련된 업무를 일관적이고 지속해서 관여하고 현재까지 남아 있는 사람은 오직 저 하나뿐입니다.

1998~2002년, 반포지구를 비롯하여 잠실 등 서울시의 '5개 저밀도아파트 기본계획'을 수립할 당시 서울시 저밀도 아파트 팀장으로서 관련 업무를 총괄했고, 2006년, 대통령 직속 건설기술·건축문화선진화위원회의 좋은 설계 제도개선 특별위원회 위원으로 활동할 때 '특별건축구역 제도' 도입을 위한 「건축법」 개정작업에 직접적인 관여를 한 바 있었으며, 2008년 서울시 경관 담당관 재직 시에는 '서울시 경관관리 기본계획'을 수립, 2007년과 2011년, 「경관법」 제·개정에 경관심의제도 도입 등 경관체계 구축에 직·간접적으로 참여하였고, 2010~2012년 오세훈 시장 때 발주한 '반포지구 유도정비구역 기본계획' 용역의 건축 분야 총괄책임자(ANU 대표이사), 2012.5~2012.11, 오세훈 시장 때 특별건축구역 운영을 위해 수립한 '창조적인 도시 공간을 창출하는 정비모델 개발' 용역의 건축 분야 총괄책임자(ANU 대표이사), 2013~2016년, 박원순 시장 때 서울시가 수립한 '한강변 관리 기본계획(SEOUL RIVERFRONT VISION 2030)'의 건축 분야 총괄책임자(ANU 대표이사)로 반포지구 전반에 이르는 모든 업무에 우연히(지금 와서 생각하면 필연적으로) 관여하게 되었던 것입니다.

And ANU was selected to carry out architectural design of three Banpo districts; Banpo 1·2·4 district as a consotium of Samwoo + Samhwa + ANU in 2010, Hansin 1st APT in 2011, Gyeongnam+Hansin 3rd APT as a consotium of Bach+ANU in 2015, and I as the representative of the company directed maintenance plan, preliminary landscape plan, and Special Building Zone that were deliberated by Seoul Urban Planning Committee and Seoul Architectural Committee for five years.

During the five years, there was no one person who continuously participated in this business as a large part of my staffs have retired or moved, and Seoul Metropolitan Government also had two mayors and four vice mayors, and a countless number of staffs have been replaced including director, chief, team manager, and officials in Seocho-gu.

Everytime, the direction of planning and design concept had fluctuated so much that I had a hard time in repeating explanation, briefing, enlightenment and persuasion of new officials more than 100 times. The fact that I could continue this project till now without giving up is the pleasure and accomplishment which only I can enjoy by myself. To continue a work from conception and planning to completion, although it will take long time to complete it, is not something allowed to everyone or common.

This will stay in my mind for a long time. So I am a very happy architect.

그리고 반포지구 3개 단지에 대해 건축설계자로 우리 ANU가 선정(2010년 반포 1·2·4지구 삼우+삼화+ANU 공동설계, 2011년 한신1차 ANU 설계, 2015년 경남+한신3차 바흐+ANU 공동설계)되어, 회사 대표로서 정비계획, 사전경관계획, 특별건축구역 결정을 위해 서울시 도시계획위원회, 서울시 건축위원회 심의 업무를 5년간 총괄 지휘를 하였습니다.

그 5년 동안, 우리 회사 직원 중 상당 부분 퇴직하거나 자리 이동으로 이 업무를 지속해서 참여한 사람은 한 사람도 없고, 서울시도 2명의 시장과 4명의 부시장이 교체되었고, 국장·과장·팀장·담당자, 서초구의 관련 공무원까지 몇 명이 자리를 옮겼는지 그 숫자를 헤아릴 수가 없습니다.

그때마다 계획 방향과 설계 concept는 산과 바다로 오가는 격랑을 겪어야 했었고, 새로운 공무원을 대상으로 한 설명과 보고, 이해와 설득을 100번 넘게 시키는 일, 정말 험난한 세월이었습니다. 포기하지 않고 여기까지 올 수 있었다는 것은 오직 저만 누릴 수 있는 기쁨이고 보람입니다. 구상과 기획에서 완성(준공되기까지는 앞으로 긴 시간이 남아 있지만)에 이르기까지 이 일을 계속할 수 있었다는 것, 아무나 누릴 수 있는 일도 아니고, 흔한 일도 아닙니다.

오랫동안 기억으로 남을 것입니다. 그래서 저는 참으로 행복한 건축인입니다.

특별건축구역에 대한 이해

- According to Article 2, Paragraph 1, Item 18 of 'Building Act', the term "special building zone" means an area specially designated as exempt from some regulations under this Act or any other statute, or one to which such regulations shall be relaxed or integrated for application in order to facilitate the creation of beautiful urban landscape, the development of construction technology, and the improvement of systems relating to construction through construction of harmonious and creative buildings.

- The buildings in the Special Building Zone are exempt from the criteria of building-to-land ratio, floor area ratio, heights of buildings, sunshine, open space, and landscaping and 'Regulations on Standards, etc. of Housing Construction', and they are allowed to design with relaxed criteria about evacuation facility, finishing material, building equipment, elevator, energy, green building.

특별건축구역 제도의 「건축법」 도입

창조적인 건축설계? 우리나라에서는 사실상 불가능합니다.

스페인 빌바오의 안토니오 가우디(Antoni Gaudli i Cornet/1852~1926)가 설계한 여러 건축물('카사 바트요', '카사 밀라', '구엘 공원', '구엘 별장', '사그라다 파밀리아')을 볼 때마다 우리나라엔 왜 그런 건축물이 들어설 수 없을까 생각해 본 적이 없습니까?
그에겐 물질적인 지원을 해 준 좋은 건축주가 있었습니다. 그의 절친한 친구이자 경제적 후원자였던 에우세비 구엘 바시갈루피(EusebiGüellBacigalupi/1846~1918)입니다. 그는 가우디보다 여섯 살 많은 벽돌 제조업자였다고 하는데, 40여 년간 그의 든든한 후원자로서 마음껏 건축할 수 있게 해 주었습니다. 만약 그에게 구엘이 없었다면 과연 그런 명작을 남길 수가 있었을까요?

문제는 우리나라에 그런 후원자가 있다고 칩시다. 과연 그만한 건축물이 들어설 수 있을까요? 아닙니다. 우리나라의 「건축법」으로서는, 현재의 건축심의 제도 아래에선 아예 꿈도 꿀 수 없는 일이 되겠지요.

설계자(건축사)들은 항상 불만의 목소리를 냅니다. 뭔가 좋은 아이디어가 있지만, 이것 걸리고 저것에 저촉되어서 제대로 된 설계를 할 수 없다는 불평불만을 입에 달고 삽니다. 60여 년간 우리나라가 온통 경제성장 제일주의로 살다 보니, 경제성을 우선하여 검토할 수밖에 없었고, 싸고 빠르게, 그리고 최대한의 용적을 찾는 데에만 몰두해 왔습니다. 그런 것이 보편적인 사고방식으로 굳어져 있어서 좋은 건축주(사업자, 조합 등)가 나타날 수도, 기대할 수도 없답니다.

어쩌면 지금까지의 시대 상황이 그렇게 만들었을지도 모릅니다. 하나의 성장통이라고 보면 이해가 가지 않는 것은 아니지만, 이제는 조금 달라졌으면 합니다. 국민소득 3만 불이 되고, 4만 불을 바라본다면 뭔가 달라져야 합니다. 품격, 예, 격격이 필요합니다. 우리의 문화적인 품격 말입니다. 잘 입고 잘 먹는 것도 중요하지만, 그에 따른 국민의 행동이 따르지 않으면 문명국가가 될 수 없습니다. 이제 우리는 그 대열에 들어서는 단계가 되었다고 봅니다.

그림1 부산시 북항 특별건축구역
※출처: 부산항만공사. 부산일보, 2015.5.25. [자갈치 아지매가 알려주는 명품 북항] 4 -1. 5부두 앞 다리는 우짜노?

여기서 우리의 도시 공간, 건축물을 살펴볼 필요가 있습니다. 과연 문화국가, 문명국가로 불릴 만 한가요? 그렇고 그런 건축물, 한국의 건축물이라 불릴 만한 건축물이 얼마나 됩니까? 특히 아파트단지를 보면 할 말이 없습니다. 그렇고 그런 아파트 단지, 건설업체 브랜드로 지어진 유사한 아파트, 도시나 숲속이나 농촌에서도 똑같이 건축되는 아파트, 아파트 단지, 우리는 그것을 아주 자연스럽게 받아들이고 있습니다. 부족한 주택 공급을 위해 어쩔 수 없이 선택할 수밖에 없었던 운명, 가장 짧은 기간 안에 가장 많이 대량 생산할 수 있는 경제적인 장점을 결코 무시할 수 없었기 때문에 지금의 아파트 경관에 대해 모두 아무 의심 없이 자연스럽게 받아들이고 있는 것이 현실입니다.

우리나라를 '아파트 공화국'이라 부른 외국인도 있습니다. 당연히 이상하게 보이는 것이겠지요. 아마도 이해하기가 쉽지 않았을 겁니다.

도시도, 건축물도 이제 품격을 갖출 필요가 있습니다. 유럽의 오랜 역사 도시를 방문할 때마다 그 나라의 품격, 국격을 느낄 수 있는 것은 도시 공간과 건축물도 중요한 판단요소가 될 겁니다. 우리에게도 그런 품격, 국격을 갖출 때가 되었다고 봅니다. 잘 사는 것 중요합니다. 건축·도시 분야에서도 높은 문화적인 수준을 갖춘 부자나라, 문명국가를 지금부터 하나씩 만들어 나가야 하지 않을까 합니다.

「건축법」에서 특별건축구역 제도를 도입하게 된 것은 도시 공간에 새로운 전환점이 될 것입니다. 세종신도시를 조성하면서, 그곳에 설계자들에게 마음껏 설계할 수 있는 제도를 만들었습니다. 2006년 1년 동안 당시 국토해양부 여러 부서 간의 지난한 의견조율 결과 2007.10.17. 「건축법」에 특별건축구역 제도가 도입된 것입니다. 당시 저도 이 일에 일조했습니다. 2006년 서울특별시에서 과장(서기관)으로 근무할 때, 민간기업에 1년간 파견을 갈 기회가 있었고, 그때 대통령 직속 건설기술·건축문화선진화위원회(위원장 김진애) '좋은 설계 제도개선 특별위원회 위원'으로 활동을 하면서 특별건축구역 만드는 일에 깊은 관여를 한 바 있습니다.

특별건축구역에 대한 이해

특별건축구역을 무분별하게 지정할 우려가 있어 당시 국토해양부 장관에게만 구역 지정권이 있었지만, 세종시 첫 마을 사업과 LH의 몇몇 시범 사업을 통해 자신을 얻게 된 정부는, 전국적인 확산이 필요하다고 판단하고, 2010.12.30. 시·도지사에게 특별건축구역 지정 권한을 위임하게 됩니다. 아쉽게도 시·도지사가 이 제도를 활용하여 허가한 사례가 그리 많지 않다는 점이 참으로 안타깝습니다. 서울시도 지정 권한을 위임받은 지 7년이 지났지만, 허가 실적이 다섯 손가락 안에 꼽힐 정도로 저조하다는 것은 한번 곰곰이 생각해 볼 문제입니다.

그림2 세종시 2-2 생활권 P4구역 세종 예미지

※출처: 중도일보, 2014.4.16. [금성백조]'세종 예미지' 6월 분양

그림3 강남 A5 특별건축구역

※출처: 한국건설신문 2012.12.13. 서울강남지구에 다양한 보금자리주택 선보인다

그림4 강남 A4 특별건축구역

※출처: 한국건설신문 2012.12.13. 서울강남지구에 다양한 보금자리주택 선보인다

구분	사업지구	사업구분	비고
2010	서울시, 강남지구 A3, A4, A5BL	보금자리주택	LH 국제현상 공모
	경기도, 부천 옥길지구 A-1BL	보금자리주택	
2011	경기도, 성남 고등지구 A-1, S-1BL	보금자리주택	
	경기도, 화성 동탄 2지구 A-65BL	보금자리주택	
2012	서울시, 은평뉴타운 한옥마을	한옥주택지	서울시 공공계획
	서울시, 신반포 1차 아파트 재건축 사업	주택재건축사업	민영 아파트 재건축(anu 설계)
2013	세종시, 2-2생활권 M1~M7,M9~M10,L1~L3BL	택지개발사업	
	세종시, 3-2생활권 M3~M5BL		
	세종시, 3-3생활권 M1BL		
	경기도, 수원 팔달 한옥촉진 단지	한옥주택지	수원시 공공계획
2014	서울시, 종로구 돈의1(1-3블럭) 구역	도시환경정비사업	
	세종시, 3-2생활권 M3,M4,M6 L1,L2BL	택지개발사업	
	세종시, 3-3생활권 L2, M6BL		
2015	서울시, 종로구 북촌 일대	한옥주택지	서울시 공공계획
	서울시, 경복궁 서측 일대		서울시 공공계획
2016	부산시, 북항	도시환경정비사업	부산시 현상공모
	세종시, 1-1 생활권 B5	한옥주택지	
2017	서울시, 신반포3차, 경남아파트 주택재건축 정비사업	주택재건축사업	민영 아파트 재건축사업(anu 설계)
	서울시, 금천구, 개나리 아파트 주택재건축 정비사업	주택재건축사업 (특별건축구역 지정을 \전제로 한 정비구역만 결정)	금천구가 용역 발주한 민영 아파트 재건축사업 (anu 정비계획 용역)
	서울시, 반포주공1단지(1,2,4주구) 주택재건축정비사업	주택재건축사업	민영 아파트 재건축사업(anu 설계)

이런 현실 속에서도 저는 참으로 행운아입니다. 2009년 ANU도시부문 대표 이사로 취임한 이래 지금까지 특별건축구역 설계에 가장 많이 참여한 사람 중의 한 사람이기 때문입니다.

저희 ANU가 3개 아파트 단지를 특별건축구역으로 지정받아 설계(2012년, 신반포 1차 아파트 재건축, 2017년, 신반포3차+경남아파트 재건축, 반포 1,2,4주구 아파트 재건축)를 했고, 금천구청에서 발주한 시흥동 무지개 아파트 재건축 정비구역 변경도 저희 ANU가 참여하여 특별건축구역으로 결정받았고, 서울시가 2개의 정비구역(2016년. 잠실 우성 아파트, 제기4구역 재개발구역)에 대한 총괄 MP를 저에게 의뢰하여, 모두 특별건축구역을 전제로 한 정비계획, 건축심의를 받은 바 있기 때문입니다.

누구보다도 특별건축구역 제도의 장단점을 잘 이해할 수 있고, 대안도 제시할 수 있을 것 같습니다. 이만큼의 경험을 할 수 있었던 것 자체가 행운이라고 생각합니다.

2012년, 신반포 1차 아파트 설계

2014년, 시흥동 무지개 아파트 정비계획 용역

2017년, 신반포3차+경남아파트 설계

2015년, 잠실 우성 아파트 총괄 mp(계획:원양건축)

2017년, 반포주공1단지(1,2,4주구) 아파트 설계

2017년, 동대문 제기4 재개발 총괄 mp (설계:고운종합건축)

특별건축구역의 지정 목적

특별건축구역의 지정 목적은 조화롭고 창의적인 건축물을 계획 및 설계함으로써 건축물을 통한 공공성과 사회성을 실현하고자 하는 데 있습니다.[1]

「건축법」에는 "특별건축구역"이란 조화롭고 창의적인 건축물의 건축을 통하여 도시경관의 창출, 건설기술 수준 향상 및 건축 관련 제도개선을 도모하기 위하여 이 법 또는 관계 법령에 따라 일부 규정을 적용하지 아니하거나 완화 또는 통합하여 적용할 수 있도록 특별히 지정하는 구역(건축법 제2조 제1항 제18호)이라 정의하고 있습니다.

특별건축구역에 관한 운영 기준은 「건축법」 제8장, 법 제69조부터 법 제77조에서 구체적으로 정하고 있습니다.

1) 2010, AURI, 특별건축구역의 효율적 운영 방안 연구

특별건축구역을 지정할 수 있는 경우

특별건축구역 안에서는 일정한 기준을 완전히 배제하거나 일부 기준을 완화할 수 있는 특례적인 사항이 있어 모든 지역에서 적용하기에는 무리가 있다고 보아, 특별건축구역을 지정할 수 있는 경우를 아래와 같이 정하고 있습니다. 다만, ① 「개발제한구역의 지정 및 관리에 관한 특별조치법」에 따른 개발제한구역, ② 「자연공원법」에 따른 자연공원, ③ 「도로법」에 따른 접도구역, ④ 「산지관리법」에 따른 보전산지는 특별건축구역으로 지정할 수 없습니다.

☐ **국토교통부 장관이 특별건축구역을 지정하는 경우**
① 국가가 국제행사 등을 개최하는 도시 또는 지역의 사업구역
② 행성 중심복합도시의 사업구역
③ 혁신도시의 사업구역
④ 경제자유구역
⑤ 택지개발사업구역
⑥ 공공주택지구
⑦ 도시개발구역
⑧ 국립아시아문화전당 건설사업구역
⑨ 지구단위계획구역 중 현상설계(懸賞設計) 등에 따른 창의적 개발을 위한 특별계획구역

☐ **시·도지사가 특별건축구역을 지정하는 경우**
① 지방자치단체가 국제행사 등을 개최하는 도시 또는 지역의 사업구역
② 경제자유구역
③ 택지개발사업구역
④ 정비구역
⑤ 도시개발구역
⑥ 재정비촉진구역
⑦ 국제자유도시의 사업구역
⑧ 지구단위계획구역 중 현상설계(懸賞設計) 등에 따른 창의적 개발을 위한 특별계획구역
⑨ 관광지, 관광단지 또는 관광특구
⑩ 문화지구
⑪ 건축문화 진흥을 위하여 도시·군 계획 또는 건축 관련 박물관, 박람회장, 문화예술회관, 그 밖에 이와 비슷한 문화예술 공간 또는 공간환경을 조성하는 지역
⑫ 주거, 상업, 업무 등 다양한 기능을 결합하는 복합적인 토지 이용을 증진할 필요가 있는 지역으로서 다음 요건을 모두 갖춘 지역
  - 도시지역일 것
  - 용도지역 안에서의 건축 제한 적용을 배제할 필요가 있을 것
⑬ 그 밖에 도시경관의 창출, 건설기술 수준 향상 및 건축 관련 제도개선을 도모하기 위하여 특별건축구역으로 지정할 필요가 있다고 시·도지사가 인정하는 도시 또는 지역

☐ **국방부 장관과 사전 협의하여 특별건축구역을 지정하는 경우**
당초 군사기지 및 군사시설 보호구역을 특별건축구역으로 지정할 수 없게 되어 있었지만, 2016.2.3.자 「건축법」을 개정하면서, 「군사기지 및 군사시설 보호법」에 따른 군사기지 및 군사시설 보호구역을 특별건축구역으로 지정할 수 있도록 하고, 이 경우 사전에 국방부 장관과 협의하여 지정하도록 하고 있습니다.

특별건축구역이 지정될 경우 배제되거나 완화 받을 수 있는 건축기준

특별건축구역에 건축하는 건축물은 설계자의 의도에 따라 창의적인 설계를 위하여 다음의 기준을 아예 적용하지 않거나 일부 기준을 완화하여 적용할 수 있는 특례 기준이 있습니다. 하지만 기준을 배제하거나 완화할 때 거주 성능이 나빠지거나 피난 안전을 저해해서는 안 됩니다. 이는 설계자의 깊은 연구와 고민이 요구되는 매우 어려운 고난도의 설계를 필요로 합니다.

가령, 일조 기준을 배제하게 되어 있는데, 아파트에서 일조 기준을 배제한다고 해서 일조 성능이 나빠지면 창의적인 설계라 할 수 없습니다. 높이 제한 기준과 동간 거리 기준을 배제했을 때 가시거리가 좁아져서 프라이버시가 침해되거나 남향 비율이 줄어든다면 창의적인 설계라 할 수 없습니다. 아무리 외관이 독창적이고 창의적일지라도 삶의 공간이 비창의적이라면 특별건축구역을 도입한 제도 취지와 다른 것이지요.

용적률 기준도 2016.2.3. 「건축법」 개정 시 배제하게끔 했는데, 아마도 허가권자가 허용하지 않을 겁니다. 특혜에 대한 두려움 때문에 반대할 것입니다. 그렇지만 특별건축구역으로 설계를 할 경우 설계량만 하더라도 2~3배의 도서를 작성해야 하고, 당연히 설계비도 그만큼 오를 수밖에 없고, 그것을 기초로 시공했을 때, 공사비 또한 경우에 따라서 다르겠지만 5~8% 이상 상승될 수밖에 없기 때문에 그에 상응되는 용적률은 인센티브 차원에서 법정 기준을 초과해도 된다고 봅니다. 하지만 법은 개정되었지만, 특히 용적률 적용 배제에 대해서는 허가권자 입장에선 큰 부담이 될 수밖에 없을 겁니다. 지금까지의 관례로 보아서 말입니다.

□ 「건축법」 기준을 배제하는 경우
① 법 제42조[대지 안의 조경]
② 법 제55조[건축물의 건폐율]
③ 법 제56조[건축물의 용적률]
④ 법 제58조[대지 안의 공지]
⑤ 법 제60조[건축물의 높이 제한]
⑥ 법 제61조[일조 등의 확보를 위한 건축물의 높이 제한]

□ 「주택건설기준 등에 관한 규정」을 배제하는 경우
① 규정 제10조[공동주택의 배치]
② 규정 제13조[기준척도]
③ 규정 제29조[조경시설 등]
④ 규정 제35조[비상급수시설]
⑤ 규정 제37조[난방설비 등]
⑥ 규정 제50조[근린생활시설 등]
⑦ 규정 제52조[유치원]

□ 기준 또는 성능 기준에 적합한 경우 지방 건축위원회 심의를 거쳐 기준의 전부 또는 일부를 완화할 수 있는 규정
[건축법]
① 법 제49조[건축물의 피난시설 · 용도 제한 등]
② 법 제50조[건축물의 내화구조 및 방화벽]
③ 법 제50조의2[고층건축물의 피난 및 안전관리]
④ 법 제51조[방화지구안의 건축물]
⑤ 법 제52조[건축물의 내부 마감 재료]
⑥ 법 제53조[지하층]
⑦ 법 제62조[건축설비기준 등]
⑧ 법 제64조[승강기]

[녹색건축물 조성 지원법]
① 제15조[건축물에 대한 효율적인 에너지 관리와 녹색건축물 건축의 활성화]

□ 지방 소방기술심의위원회의 심의를 거치거나 소방본부장 또는 소방서장과 협의하여 완화할 수 있는 규정
[소방시설 설치 · 유지 및 안전관리에 관한 법률]
① 법 제9조[특정 소방대상물에 설치하는 소방시설 등의 유지 · 관리 등]
② 법 제11조[소방시설기준 적용의 특례]

□ 건축기준의 통합적용 계획의 수립 및 시행
특별건축구역에서 다음의 기준은 개별 건축물마다 적용하지 아니하고 특별건축구역 전부 또는 일부를 대상으로 통합하여 적용할 수 있습니다. 이 부분도 상당한 특례적인 기준이라 할 수 있습니다. 지정신청기관은 통합적용 하고자 하는 경우에는 특별건축구역 전부 또는 일부에 대하여 미술 장식, 부설주차장, 공원 등에 대한 수요를 개별법에서 정한 기준 이상으로 산정하여 파악하고 이용자의 편의성, 쾌적성 및 안전 등을 고려한 통합적용계획을 수립하여야 합니다. 지정신청기관이 통합적용계획을 수립하는 때에는 해당 구역을 관할하는 허가권자와 협의하여야 하며, 협의요청을 받은 허가권자는 요청받은 날부터 20일 이내에 지정신청기관에 의견을 제출하여야 합니다.
이때 도시 · 군 관리 계획의 변경을 수반하는 통합적용계획이 수립된 때에는 관련 서류를 「국토의 계획 및 이용에 관한 법률」 제30조에 따른 도시 · 군 관리 계획 결정권자에게 송부하여야 하며, 이 경우 해당 도시 · 군 관리 계획 결정권자는 특별한 사유가 없는 한 도시 · 군관리계획의 변경에 필요한 조치를 취하도록 규정하고 있습니다.
① 「문화예술 진흥법」에 따른 건축물에 대한 미술작품의 설치
② 「주차장법」에 따른 부설주차장의 설치
③ 「도시공원 및 녹지 등에 관한 법률」에 다른 공원의 설치

특례기준을 적용할 수 있는 건축물

특별건축구역으로 지정되었다 하더라도 구역 안의 모든 건축물이 다 특례기준을 적용받는 것이 아니라 다음에 해당하는 건축물에 한해서 특례기준을 적용받을 수 있습니다.
그렇지만, 도시경관의 창출, 건설기술 수준 향상 및 건축 관련 제도개선을 위하여 특례 적용이 필요하다고 허가권자가 인정하는 건축물이면 모두 특례기준을 적용받기 때문에, 특별건축구역 안의 모든 건축물은 특례기준을 적용받는다고 해도 과언이 아닙니다.

① 국가 또는 지방자치단체가 건축하는 건축물
② 한국토지주택공사
③ 한국수자원공사
④ 한국도로공사
⑤ 한국철도공사
⑥ 한국철도시설공단
⑦ 한국관광공사
⑧ 한국농어촌공사
⑨ 그 밖에 다음에서 정하는 용도·규모의 건축물로서 도시경관의 창출, 건설기술 수준 향상 및 건축 관련 제도개선을 위하여 특례 적용이 필요하다고 허가권자가 인정하는 건축물

특별건축구역의 특례사항 적용 대상 건축물(건축법 시행령 제106조제2항/별표3)

용 도	규모(연면적 또는 세대)
문화 및 집회시설, 판매시설, 운수시설, 의료시설, 교육연구시설, 수련시설	2천m^2 이상
운동시설, 업무시설, 숙박시설, 관광휴게시설, 방송통신시설	3천m^2 이상
종교시설	-
노유자시설	5백m^2 이상
공동주택(아파트 및 연립주택만 해당한다)	300세대 이상(주거용 외의 용도와 복합된 경우에는 200세대 이상)
단독주택(한옥이 밀집되어 있는 지역의 건축물로 한정하며, 단독주택 외의 용도로 쓰이는 건축물을 포함할 수 있다)	50동 이상
그 밖의 용도	1천m^2 이상

[비고]
1. 위의 용도에 해당하는 건축물은 허가권자가 인정하는 비슷한 용도의 건축물을 포함한다.
2. 위의 용도가 복합된 건축물의 경우에는 해당 용도의 연면적 합계가 기준 연면적을 합한 값 이상이어야 한다. 다만, 공동주택과 주거용 외의 용도가 복합된 경우에는 각각 해당 용도의 연면적 또는 세대 기준에 적합하여야 한다.

특별건축구역의 지정 절차

특별건축구역의 지정 절차는 다음과 같습니다. 먼저 특별건축구역의 지정을 중앙행정기관의 장, 시·도지사, 시장·군수·구청장이 시·도지사나 국토교통부 장관에게 신청해야 하고, 타당성과 공공성을 검토한 다음에 시·도지사나 국토교통부 장관이 특별건축구역을 지정하게 됩니다.
국토교통부 장관은 신청 없이 직권 지정도 가능합니다.
특별건축구역을 지정할 때 특별건축구역 주변에 필요한 도로·공원 등 관련 도시·군 관리 시설의 결정도 가능한데, 이때 별도의 도시계획위원회 심의 절차 없이 도시·군 관리 계획의 결정(용도 지역·지구·구역의 지정 및 변경을 제외)이 있는 것으로 봅니다.
구역이 지정된 다음에 구역 지정 목적에 맞게끔 창의적인 건축설계를 해서 건축위원회 심의를 받아야 합니다.

설계자의 계속적인 참여보장

「건설기술관리법」에 따른 발주청은 설계 의도의 구현, 건축시공 및 공사감리의 모니터링, 그 밖에 발주청이 위탁하는 업무의 수행 등을 위하여 필요한 경우 설계자를 건축허가 이후에도 해당 건축물의 건축에 참여하게 하여 다음의 일을 하게 하여야 합니다. 이 경우 설계자의 업무 내용 및 보수 등에 관하여는 「엔지니어링기술 진흥법」 제10조에 따른 엔지니어링사업 대가의 기준의 범위에서 국토교통부 장관이 정하여 고시하도록 되어 있습니다.
① 모니터링
② 설계변경에 대한 자문
③ 건축디자인 및 도시경관 등에 관한 설계 의도의 구현을 위한 자문
④ 그 밖에 발주청이 위탁하는 업무

특별건축구역 지정(변경)신청
중앙행정기관의 장, 시·도지사, 시장·군수·구청장 → 시·도지사, 국토교통부장관,

국토교통부장관은 신청 없이 직권 지정도 가능

▼

타당성·공공성 검토
시·도지사, 국토교통부장관

▼

광역, 중앙건축위원회 심의
시·도지사, 국토교통부장관

신청일부터 30일 이내 심의 범위, 도시·군관리계획 등 조정 가능

▼

특별건축구역 지정(관보에 고시)
시·도지사, 국토교통부장관

▼

결과통보
시·도지사, 국토교통부장관 → 신청인

관계 서류의 사본 송부

서울시, 특별건축구역 제도의 운영을 위한 가이드라인 수립

"창조적인 도시공간을 창출하는 정비모델 개발" 용역(서울시 주거재생과)

특별건축구역 제도를 도입하면 무엇이 어떻게 달라질까?

서울특별시는 공동주택 단지를 대상으로 한 특별건축구역 도입을 하기로 하고, 고민에 빠졌습니다. 한 번도 경험하지 못한 일을 행정에서 시행한다는 것은 참으로 두렵기 때문입니다. '특별건축구역'이 '특혜건축구역'으로 이해될 수밖에 없는 당시 상황에선 매우 조심스러울 수밖에 없었을 겁니다. 그래서 특별건축구역 지정을 위한 창조적인 정비계획수립 가이드라인 마련을 위한 "창조적인 도시공간을 창출하는 정비모델 개발" 용역(서울시 주거재생과)을 발주, 제안 공모를 했는데. 저희 ANU만 참여하여, 결국 2012.5.4. 우선협상 대상자로 선정되었던 것입니다.
2012.5.10.부터 2012.11.5.까지 6개월의 짧은 연구용역 사업인데, 서울시 공공건축가를 비롯하여 서울시에서 추천한 5명의 전문 자문가와 함께 연구보고서를 작성했습니다.

서울시의 공동주택 디자인 정책 변화

서울시는 2007년 '특별경관설계자' 18명을 선정하여, 2008년부터 구릉지와 성곽 주변 등 경관 보호가 필요한 재개발, 재건축 사업지의 정비계획을 수립할 때, 특별경관 설계자를 시범적으로 참여시켜 설계의 품질을 높이도록 하였으며, 2012년에 들어서는 특별경관설계자 제도를 확대 개편한 '서울시 공공건축가'를 지정, 서울의 전반적인 건축 행정에 자문역할로 참여시키고 있으며, 특히 재개발 재건축 단지의 정비계획에서부터 설계단계에 이르기까지 총괄 MP로 지정 경관과 설계의 품질 확보에 노력하고 있습니다.

구체적으로 2008년 '건축위원회 공동주택 심의 기준'을 제정, 디자인이 향상된 공동주택 설계를 요구하기 시작했습니다. 주거동별 디자인의 차별화, 높이의 다양화, 하천변 아파트 디자인의 차별화, 친환경 건축물 인증제 등을 심의 기준에서 요구하였으며, 2009년에는 더 성냥갑 아파트가 들어서서는 안 된다는 주요한 정책 선언을 하게 됩니다. 이때 기준의 심의 기준을 보강하여, 주동 형식을 다양화하도록 하며, 외부공간과 입면의 차별성 확보, 조망 축과 시각통로를 반드시 확보하도록 했습니다. 그리고 2011년에는 '공공적 가치 강화를 위한 신기준'이라는 새로운 심의 기준을 강조하고 있습니다.

당시 국토해양부에서도 그런 변화의 조짐이 있었습니다. 2009년 '보금자리주택 업무지침'과 '공동주택 디자인 가이드라인'을 제정한 것을 보면, 단지계획 수립과정에서 자연경관과 주변 환경을 우선 고려하도록 하고 있으며, 주동의 분절과 높낮이가 다양한 아파트를 배치하고, 개방감과 조망권 확보를 우선시하도록 요구하고 있었습니다.

그런데도 당장 변화의 조짐은 그렇게 나타나지 않았습니다. 최대한 용적률을 찾기 위해서는 고밀 고층 타워형이 건립될 수밖에 없었고, 경제성 확보를 위한 경제적인 설계가 요구되는 당시 시대적인 상황, 고품격 설계를 이해하지 못하는 건축주(사업자, 개발자, 조합 등), 창의적인 설계 경험이 별로 없는 설계자 등 모든 상황적 조건이 행정기관의 제도 개선만으로 해결되지 않았습니다.

연구의 방향과 수행 방법

"창조적 도시 공간을 창출하는 정비모델 개발" 연구는 재개발 재건축 사업에서 특별건축구역의 지정을 위해, 서울시의 입지적인 특성, 즉, 시가지, 구릉지, 수변, 역세권 등에 따른 다양하고 조화로운 주택 유형을 실현하고, 창조적인 도시 공간을 도모함과 동시에 사업성이 확보된 새로운 정비모델을 개발하고, 특별건축구역 제도의 합리적 시행을 위한 기준을 설정하고, 가이드라인을 마련하는 데 그 목적을 두었습니다.

획일적인 아파트 디자인, 도시맥락과 단절된 폐쇄적인 공동주택 단지, 사적 공간 중심의 계획으로 지속할 수 있는 지역 커뮤니티가 부재한 점을 중요한 개선과제로 삼고, 용역을 수행했습니다.

당시 서울시 전체 정비구역(예정구역 포함) 중 1,127개소를 대상으로 평지형, 구릉지형, 수변형, 역세권형, 대학가형, 지역 특성보전형(예 도심 보전형, 역사 문화재 보전형)의 6가지 유형으로 분류하기로 결정하였습니다.

이에 대하여 향후 개발 시 유의해야 할 사항을 정리하면서 첫째, 평지형은 도시 가로의 유입과 이를 적극적으로 활용하여 지역 간 연계를 도모하는 '가로중심의 주거단지로 전환'하는 쪽으로, 둘째, 구릉지형은 자연지형에 순응하는 주요 조망대상에 대한 통경축 및 지형과 조화로운 경관 확보를, 수변형은 수변으로 접근 체계를 개선하고 강화하는 방안을, 역세권형과 대학가형은 1~2인 가구에 대응하는 소형주택과 임대주택의 확보, 주변 지역의 수요에 부응하는 문화시설 및 공공시설의 확보에, 역사문화형은 문화재 주변의 환경 개선과 문화재와 연계된 오픈스페이스 확보에, 마지막으로 지역 특성 보전형은 지역 고유의 도시조직의 형태를 유지하고 옛길과 옛 물길을 어떻게 복원해야 하는지를 숙제로 삼기로 했습니다.

건축기준을 배제 또는 완화하는 특별건축구역 설계에 대한 구체적인 검증 방법으로는 이미 사업승인을 받았거나 건축심의를 완료한 몇 개 단지를 선정하여, 서로 비교하고, 경관과 주거성능이 어떻게 다른지를 확인하기로 하였습니다.

건축기준의 배제 또는 완화에 따른 주거성능 기준의 설정

대지의 조경, 건폐율, 대지 안의 공지, 높이 제한, 일조기준만을 완화대상 기준으로 삼고, 각 특례사항과 관련된 기준의 문제점을 분석한 다음에 동등한 성능이 확보되는지를 확인하고 이에 따른 기준을 제시하기로 하였습니다.

건폐율 적용배제 (「건축법」 제55조)
다양한 주동계획, 데크 설치를 통한 커뮤니티 기능 증진, 공공성, 개방성, 도시미관, 인접 대지 및 주변 건축물과 조화 시 적용배제

건축물의 높이 제한 완화
인접 대지 및 도로에 일조 등 영향을 미칠 수 있으므로, 현행법을 준수

일조 등의 확보를 위한 건축물의 높이 제한 (「건축법」 제61조, 「건축법 시행령」 제86조 제1항)
인접 대지 주거의 일조 성능 및 프라이버시를 침해하지 않는 선에서 인접 대지 경계까지의 수평거리 완화
대상지가 북측에 위치하는 경우 인접 대지 일조에 영향을 주지 않음
- 인접 대지 주거동과 마주 보는 경우 현행법규(0.5H)
- 프라이버시가 확보되었을 경우 일조 성능 기준을 만족하는 거리 이상 이격

일조 확보 기준(남측 주동의 높이가 낮은 경우) (건축법 시행령」 제86조 제2항 제2호, 가, 나목)
① 남측 주동이 낮고, 측벽(남측주동)과 채광부(북측 수동)가 마주 보는 경우 일조 성능을 만족하는 거리 이상 이격
② 남측 주동이 낮고, 채광부가 서로 마주 보는 경우 일조권 성능기준에 적합한 채광부 수평거리 완화
 (남측 주동보다 높은 북측 상부 세대는 일조 및 프라이버시를 항시 만족함)

공원중심선까지 이격거리 적용배제
주동 남측에 공원이 위치하는 경우 일조 확보에 지장이 없으므로 낙하물에 의한 재해를 예방할 수 있는 최소폭만 이격 (낙하물 방지망 설치지침에 따른 수평거리 2.0m 기준 제시)

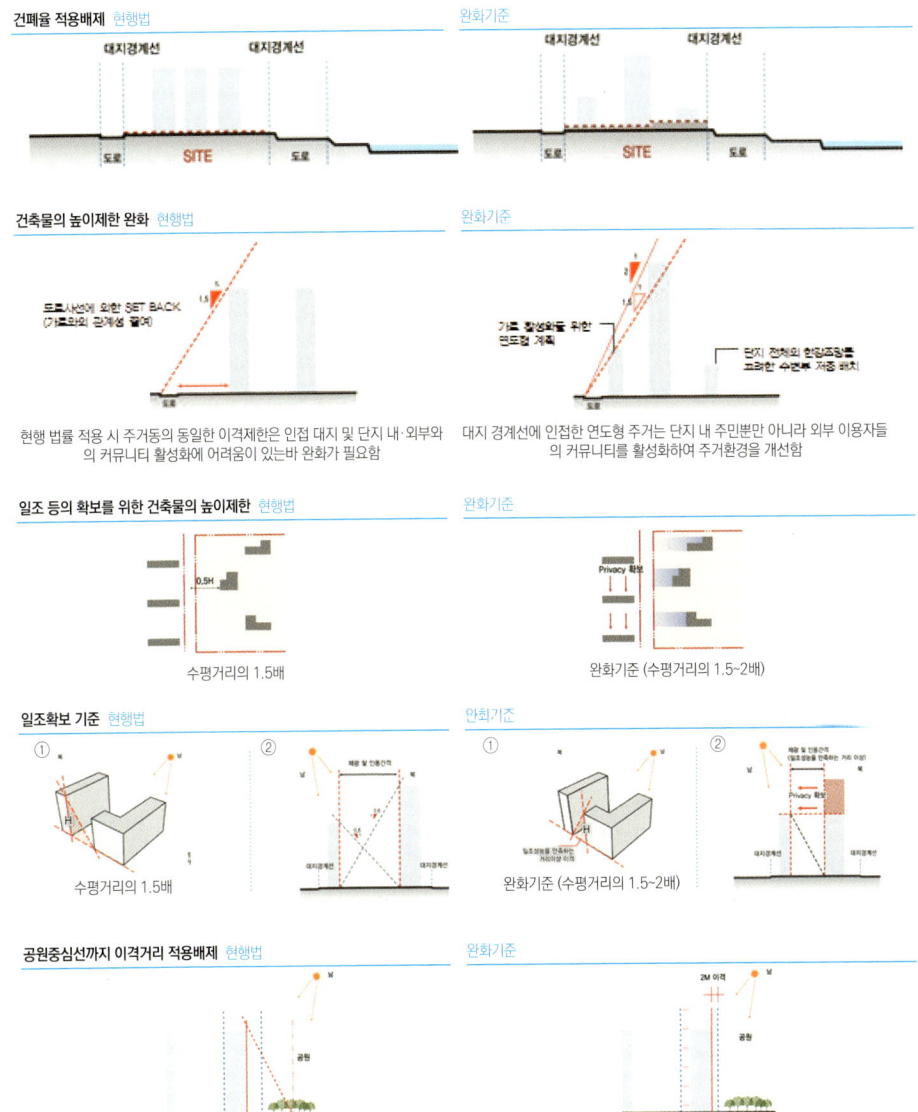

특별건축구역의 특별한 건축, 도시를 바꾸다

새로운 주거형식에 대한 주민 의식조사

본 연구를 진행하면서 서울시 은평구 은평뉴타운 2지구(2011/하지영, 임유경/블록형 집합주택의 주거성능 평가 및 제도 개선방안 연구/AURI)와 경기도 녹양지구(2011/하지영, 임유경/블록형 집합주택의 주거성능 평가 및 제도 개선방안 연구/AURI), 그리고 마쿠하리 베이타운(2005/중앙대학교/선진 중정형 주택에 대한 디자인 가이드라인 연구/중앙대학교)의 거주 후 평가(POE) 조사결과를 본 연구에 참고하였습니다.

거주만족도 조사 내용은 단지 내·외부 가로환경, 주거동, 중정 공간, 단위세대, 생활 커뮤니티 만족도 등입니다. 개략적으로 소개하면 다음과 같습니다.

은평구 은평 뉴타운 2지구
- 위치 : 서울특별시 은평구 진관동 일원
- 면적 : 896,676㎡
- 용도지역 지구 : 제2종일반주거지역
- 세대수 : 5,134세대

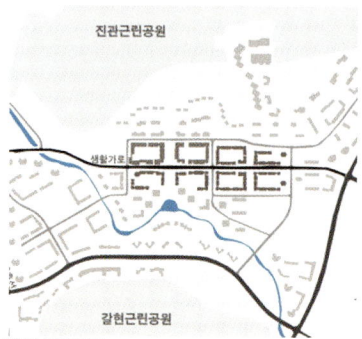

은평구 은평2지구
(※출처: AURI, 2011.12, 블록형 집합주택의 주거성능 평가 및 제도개선 방안 연구)

은평구 은평2지구 2공구 조감도
(※출처: 머니투데이, 2009.7.21. 은평뉴타운2지구 '대박신화' 이어가나)

은평구 은평2지구

주거동에 대해서는 55%, 클러스터형 중정 공간에 대해서는 65%의 주민들이 만족하였습니다. 이용 편리성 측면에서 가로에 면해 연속적으로 면해 배치된 커뮤니티 및 근린시설 등에 만족하냐는 질문에는 67.0%(만족+약간 만족)가 만족하는 곳으로 조사되었습니다. 몇 가지 단점에도 불구하고 블록형 집합주택 배치로 조성되는 가로환경의 쾌적성, 물건 구매의 편리성, 도시 활력 향상 등 장점에 대해서는 높게 평가하고 있는 것으로 나타났습니다.

구분	만족도
주거단지의 배치 및 형태	만족 46%, 보통 25%, 불만족 29%
단지 커뮤니티 시설의 배치와 주거지 활성화 기여 정도	긍정 35%, 부정 55%
단지 내·외부가로에서의 일상생활	1순위 가로공간의 쾌적함 2순위 주민들과의 접촉 증대
단지 내·외부 가로환경의 전반적인 만족도	만족 62%, 보통 27%, 부정 7%

주거단지 만족도 (단지 내·외부 가로환경의 전반적인 만족도)

구분	만족도
주거동의 형태·색채·규모	만족 50%, 보통 28%, 불만족 22%
주거동과 가로와의 연계성	만족 60%, 보통 23%, 불만족 17%
주거동 공동구성 방식	만족 36%, 보통 36%, 불만족 28%
단지 입구 및 단지 간의 특성에 대한 인지 여부	만족 50%, 보통 22%, 불만족 28%
주거동에 대한 전반적인 만족도	만족 55%, 보통 31%, 불만족 14%

주거동 만족도 (주거동에 대한 전반적인 만족도)

구분	만족도
중정공간의 영역성 및 개방성	개방적 17%, 보통 49%, 폐쇄적 34%
중정공간의 커뮤니티 활성화 기여정도	1순위 휴식, 2순위 산책
중정공간과 가로 및 커뮤니티시설의 연계 정도	만족 70%, 보통 20%, 불만족 10%
중정공간의 커뮤니티 시설 활용도	1순위 산책로, 2순위 놀이시설
중정공간의 전반적인 만족도	만족 65%, 보통 20%, 불만족 15%

중정공간 만족도 (중정공간의 전반적인 만족도)

구분	만족도
새로운 주거유형으로서의 가능성	만족 53%, 보통 25%, 불만 22%
이웃관계 활성화를 위한 중정형 아파트 확산의 필요 정도	만족 50%, 보통 26%, 불만 24%
생활가로 중심 아파트 확산의 필요 정도	만족 40%, 보통 32%, 불만족 28%

블록형 집합주택에 관한 만족도 (새로운 주거유형으로서의 가능성)

특별건축구역의 특별한 건축, 도시를 바꾸다

경기도 의정부 녹양지구
- 위치 : 경기도 의정부시 녹양동 일원
- 면적 : 95,845㎡
- 용도지역지구 : 제2종일반주거지역

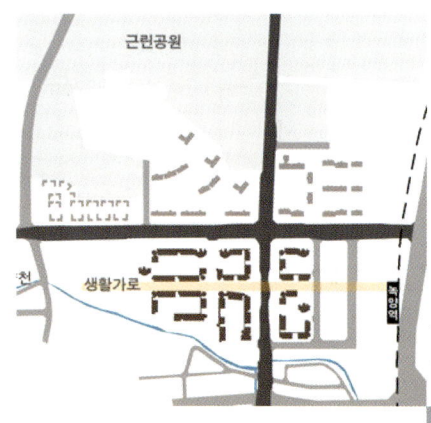

경기도 의정부 녹양지구
(※출처: AURI, 2011.12, 블록형 집합주택의 주거성능 평가 및 제도개선 방안 연구)

은평구 녹양지구 단지 내 휴게공간
(※출처: LH)

은평구 녹양지구
(※출처: 국토일보, 2008.11.10., 주공, 한국 콘크리트학회 작품상 수상)

은평구 녹양지구
(※출처: AURIC)

의정부 녹양지구 조감도
(※출처: 국토교통부 홈페이지)

은평구 녹양지구 데크와 연계된 중정
(※출처: LH)

특별건축구역에 대한 이해

2) 의정부 녹양지구 거주민 100명을 대상으로 1:1 개별면접 조사를
실시(2011년 8월 24일~31일) (※ 신뢰도 95%)

- 세대수 : 공동주택 1,973세대 (국민임대 1,218세대), 단독주택 47호

녹양지구 주민설문조사 2) 결과 주민들은 블록형 주거단지 배치에 대해 높은 만족도(89%)를 보였습니다. 생활가로변 주동의 저층부에 커뮤니티 시설배치가 주거지의 활력 증진, 이웃과의 교류 활성화에 기여하는 정도에 대해서는 54%의 주민들이 긍정적으로 응답하였습니다. 반면 내부 가로에서는 프라이버시 저하, 외부 가로에서는 차량소음과 안전 문제의 단점도 있어 실질적인 방지 대책이 요구되는 것으로 조사되었습니다.

구분	만족도
주거단지의 배치 및 형태	만족 54%, 보통 35%, 불만족 11%
단지 커뮤니티 시설의 배치와 주거지 활성화 기여 정도	긍정 54%, 부정 34%
단지 내·외부가로에서의 일상생활	1순위 주민들과의 접촉 증대 2순위 도시 활력 향상
단지 내·외부 가로환경의 전반적인 만족도	만족 48%, 보통 46%, 부정 6%

주거단지 만족도 (단지 내·외부 가로환경의 전반적인 만족도)

구분	만족도
주거동의 형태·색채·규모	만족 54%, 보통 35%, 불만족 11%
주거동과 가로와의 연계성	만족 48%, 보통 46%, 불만족 6%
주거동 공동구성 방식	만족 46%, 보통 43%, 불만족 11%
단지 입구 및 단지 간의 특성에 대한 인지 여부	만족 31%, 보통 61%, 불만족 8%
주거동에 대한 전반적인 만족도	만족 48%, 보통 41%, 불만족 11%

주거동 만족도 (주거동에 대한 전반적인 만족도)

구분	만족도
주거동의 형태·색채·규모	만족 54%, 보통 35%, 불만족 11%
주거동과 가로와의 연계성	만족 48%, 보통 46%, 불만족 6%
주거동 공동구성 방식	만족 46%, 보통 43%, 불만족 11%
단지 입구 및 단지 간의 특성에 대한 인지 여부	만족 31%, 보통 61%, 불만족 8%
주거동에 대한 전반적인 만족도	만족 48%, 보통 41%, 불만족 11%

중정공간 만족도 (중정공간의 전반적인 만족도)

구분	만족도
새로운 주거유형으로서의 가능성	만족 56%, 보통 37%, 불만족 7%
이웃관계 활성화를 위한 중정형 아파트 확산의 필요 정도	만족 60%, 보통 33%, 불만족 7%
생활가로 중심 아파트 확산의 필요 정도	만족 51%, 보통 42%, 불만족 7%

블록형 집합주택에 관한 만족도 (새로운 주거유형으로서의 가능성)

특별건축구역의 특별한 건축, 도시를 바꾸다

마쿠하리 베이타운

- 위치 : 일본 도쿄 지바현 마쿠하리 일원
- 면적 : 840,000㎡
- 세대수 : 3,900세대

마쿠하리 베이타운
(※출처: AURI, 2011.12, 블록형 집합주택의 주거성능 평가 및 제도개선 방안 연구)

마쿠하리 베이타운

마쿠하리 베이타운

마쿠하리 베이타운 생활가로변 상업 및 커뮤니티시설

마쿠하리 베이타운

마쿠하리 베이타운 중정 시스템

마쿠하리 베이타운 입주민 의식조사 [3] 결과 전반적으로 중정형 주거의 만족도는 매우 높았으며(5점 만점에 평균 3.99), 특히 이사 전 거주지가 아파트(4.21), 맨션(4.09) 거주 경험자일수록 만족도가 높았습니다.

[3] 마쿠하리 베이타운 거주민 250명을 대상으로 설문(2005.1.14~22), 중정형 주거단지의 만족도 등 거주성 평가 (※ 신뢰도 95%)

구분	이전주거 형태				평균
	일반아파트	맨션	단독주택지	기타	
단지환경 만족도	4.21	4.09	3.94	3.72	3.99

단지환경 만족도

구분	주거동의 형태, 색채	출입의 만족도	1층 부대시설 독립성	1층 상가 환기	1층시설물의 소음 정도	평균
만족도	3.86	3.64	3.16	2.92	2.99	3.32

주거동 만족도

구분	주동출입구	복도	기타	세대현관	계단실	합계
만족도	37.95	24.10	21.54	15.38	1.03	100.0

주민과의 대화 장소 선호도

구분	시각개방형	중정시스템 유형 개방형	폐쇄형	평균
만족도	3.70	3.66	3.52	3.63

중정형 시스템 및 중정공간

구분	커뮤니티시설	상업시설의 위치	상업시설 수준	상업시설 위치	평균
만족도 평균	3.32	3.23	3.11	2.76	3.11

생활 및 커뮤니티 시설 만족도

구분	부가시설 (로비,필로티 공간)	기타	오픈스페이스 (포켓파크 등)	휴게시설 (정자,휴게소, 놀이터)	주민복지시설 (노인정, 어린이집)	합계
선호도(%)	53.29	28.14	13.17	4.19	1.20	100.0

생활 및 커뮤니티 시설 선호도

특별건축구역의 특별한 건축, 도시를 바꾸다

특별건축구역의 6가지 계획기준 및 디자인가이드 라인

특별건축구역으로 지정받기 위해서는 6가지 공공성 확보기준을 충족하도록 하였습니다. 「서울특별시 건축위원회 공동주택 심의 기준」, 「공동주택 디자인 가이드라인」, 「그린디자인 서울 건축물 설계 가이드라인」 등 기존 관련 지침 및 기준을 보완·발전하였는데 새로운 정비모델의 목표 3가지 [4], 건축 비전 10 [5]의 세부 가이드라인, 물리·인문·사회적 계획요소 [6]를 고려하여 유도 중심의 6가지 공공성 확보 기준을 도출하였습니다.

6가지 공공성 확보기준의 내용은 다음과 같습니다.

조화롭고 창의적인 디자인으로 동네 풍경에 보탬이 되는 공동주택을 만듭니다.
- 주변 지역과 단절을 해소하고, 지역 환경과 경관을 배려한 디자인 유도
- 서울시 건축위원회 심의 기준과 연계하여 우수디자인 계획 유도
  * 판교 원마을 테라스 하우스, 지형 순응형 주택 유형 도입 사례

다양한 수요에 맞는 다양한 공동주택 유형을 만듭니다.
- 1~2인 가구를 위한 소형주택, 타워형, 판상형, 중정형 등 다양한 유형, 통합구조, 복층구조 등 지역 수요에 대응하는 다양한 평면과 형태 도입
- 기둥식 구조, 가변형 평면, 건식 벽체 등 리모델링이 쉬운 공동주택 계획
  * Netherland_Rotterdam_Kop van zuid, 듀플렉스 세대 계획 사례

길 중심의 지역에 열린 주거문화가 생겨나는 공동주택을 만듭니다.
- 주변 지역과 보행 연계성을 고려한 가로체계의 구축과 지역에 개방된 공간 조성
- 가로 활성화 및 주변과의 연계를 위해 담장설치 지양, 가로 성격에 적합한 저층부 계획
  * 시노노메 고단(일본)의 공공보행 가로의 유입 사례
  * 공공보행 가로를 중심으로 지역 커뮤니티 시설 배치

단지 내·외부 가로환경은 모든 사람에게 안전하고 편리하게 계획합니다.
- 장애인, 노인, 어린이 등 다양한 사람들에게 안전하고 쾌적한 가로공간 조성
- 자연감시, 접근통제, 공동체 활성화에 기반을 둔 범죄예방 디자인 계획
  * 지역에 열린 가로 계획으로 인한 사생활 침해 최소화
  * 저층부에는 커뮤니티 시설, 근린생활시설 등 개방적 시설 배치

4) 새로운 정비모델의 목표 3
① 지역 경관과 맥락을 살리며 동네 풍경에 어울리는 아파트
② 공공성 증진을 위해 지역에 열린 아파트
③ 마음의 벽을 허물고 커뮤니티를 통해 이웃과 소통하는 아파트

5) 건축비전 10
지역성 : 이웃과 함께하는 창조적인 커뮤니티 공간/ · 수의성 : 내 취향과 의지대로 리모델링이 가능한 집/ · 안전성 : 시민의 건강과 안전을 지키는 건축/ · 협력성 : 행정 지원가, 시민+전문가가 참여하는 거버넌스/ · 자족성 : 거주+업무+휴식이 함께 가능한 도시/ · 소통 : 보행과 자전거로 서울 전역을 연결/ · 공공성 : 함께 나누고 누리는, 자연을 보전하는 도시/ · 저에너지 : 에너지를 아끼고, 자연을 보전하는 도시/ · 조화성 : 자연, 도시, 역사와 하나되는 건축/ · 다양성 : 건축은 문화예술, 똑같은 건축물 탈피

6) 물리·인문·사회적 계획 요소
· 물리 : 디자인, 경관, 환경, 생태, 녹지, 바람길, 물길, 우수침투시설 등
· 인문 : 여성, 교육, 학교, 무장애, 범죄예방, 커뮤니티 활성화 등
· 사회 : 세입자 문제, 재난 안전, 에너지 절감, 보행 중심, 역사성 보존

일본 시노노메 코단의 공공보행가로의 유입 사례
(공공보행가로를 중심으로 지역커뮤니티 시설 배치)

지역에 열린 가로 계획으로 인한 사생활 침해 최소화
(저층부에는 커뮤니티 시설, 근린생활시설 등 개방적 시설 배치)

공동체를 위한 공유(Sharing) 커뮤니티를 만듭니다.
- 지역 특성을 반영하여 필요한 커뮤니티 시설을 단지 내에 설치하고 지역 필요 시설은 단지 외부에서 접근이 쉬운 곳에 배치
- 주민들 간 공동이용 및 협력을 통해 지역 공동체 문화의 형성할 수 있도록 텃밭 조성, 카 쉐어링 등 커뮤니티 시설 및 프로그램 제시

* 주민들이 자동차나 자전거를 함께 이용할 수 있는 카 쉐어링 프로그램
* 자동차나 자전거를 주민들 간 공유하며 일정 거리, 시간에 따라 비용을 지불하는 방식

주민 간 차별이 없는 공동주택을 만듭니다.
- 임대주택과 분양주택을 동일 건축물 안에 혼합배치
- 임대 및 분양주택의 차별 없는 입면, 자재의 사용, 공동 사용할 수 있는 커뮤니티 시설 설치 및 공동이용시설 사용상의 차별 및 불편이 발생 방지

* 서울시의 초기 소셜믹스(Social Mix) 정책이 반영된 은평뉴타운 단지
* 전체 101동 중에 주동혼합이 12동, 임대동, 17동, 분양동 72동으로 구성

주민들이 자동차나 자전거를 함께 이용할 수 있는 카 쉐어링 프로그램
(자동차나 자전거를 주민들간 공유하며 일정거리, 시간에 따라 비용을 지불하는 방식)

서울시의 초기 소셜믹스(Social Mix) 정책이 반영된 은평뉴타운 단지
(전체 101동 중에 주동혼합이 12동, 임대동, 17동, 분양동 72동으로 구성)

특별건축구역 설계가 모든 문제를 해결하지는 못합니다. 나름대로 약점은 있을 수 있습니다. 그러나 건축물의 형태나 미관디자인의 개선을 통해 도시경관, 도시풍경은 분명하게 바꿀 수 있다고 생각합니다. 아래 그림은 동일한 용적률, 동일한 세대수를 기준으로 시뮬레이션한 사례입니다.
사업성 확보와 경관 사유를 위한 아파트는 특별건축구역을 통해 장소의 가치·공공적 나눔과 배려의 주거문화가 있는 아파트로 조성할 수 있습니다.

풍경을 가로막는 숨막히는 아파트
(돈암동 한신·한진아파트)

숨쉬는 아파트, 시민이 공유하는 경관

특별건축구역의 특별한 건축, 도시를 바꾸다

특별건축구역으로 설계된 경우의 주거성능 비교

서울시 정비사업의 지역적 특성 및 인문사회적 특성에 적합한 창조적 정비모델의 도출을 위해 6가지로 정비구역의 유형을 분류하였고, 시뮬레이션을 통한 검증 과정을 통해 서울시의 다양한 지역 특성 및 공공성을 고려한 6가지 주거지 유형별 계획방향을 설정하였습니다.

유형	구분	비율	계획방향
유형1	평지형	53.0% (376개소)	도시가로 확장 및 단지내 유입으로 지역에 열린 가로중심 주거단지로 전환
유형2	구릉지형	4.0% (27개소)	주변지형에 순응하는 주거유형 도입으로 도시맥락 보전
유형3	수변형	9.0% (65개소)	수변 접근성 개선 및 수변경관 공유로 수변 정주·도시환경 개선
유형4	역세권형	1.0% (84개소)	지역수요에 대응하는 역세권 토지이용 고도화
유형5	대학가형	14.0% (97개소)	소규모 주택, 문화 계획으로 대학문화가로 활성화
유형6	지역특성보전형 (옛도심보전형, 역사문화재보전형)	4.0% (27개소)	역사적 특색 및 지역성 강화로 지역특성을 보전

평지형

평지형은 일반적으로 주거지 및 지역 중심시설로 둘러싸인 입지적 특성이 있어 지역 주민의 활동과 도시조직 특성에 대한 이해가 필요합니다. 현행법에 따라 설계할 경우 단지 내부 중심의 활동만을 고려한 폐쇄적 형태로 주변 도시와 단절될 우려가 있다. 특별건축구역 제도를 적용하여 도시 가로의 유입·활용을 통해 지역 간 연계를 도모하는 가로중심 주거단지로 전환하도록 계획 방향을 설정하였습니다.

[평지형 개발 방향]
" 도시 가로의 확장 및 단지 내 유입으로 지역에 열린 가로중심 주거단지로 전환 "
- 주변 경관을 고려한 주동 배치 및 스카이라인 계획
- 주변 도시조직과 연계된 영역 설정의 제시를 통해 기존 도시 조직과의 융화된 블록 단위 주거지 정비
- 다양한 주동 형태를 통해 기존 도시 가로의 연속성 확보와 단계적 공간구성의 오픈스페이스 형성
- 공공성을 강화한 가로공간 계획으로 내·외부공간을 매개해 주는 공공공간의 조성 유도

[기존 계획] 답십리 00구역

사업부지면적 55,394㎡, 건폐율 22.88%, 용적률 253.48%, 세대수 986세대

① 획일적인 고층의 타워주동
② 도시와 단절된 폐쇄적 주거단지
③ 지역차원의 커뮤니티 시설 부재

남향세대	일조불만족 세대	층수 (평균층수)	도시가로 접도율
82.8 % (816세대)	32.8 % (333세대)	21층 (18층)	8.8%

[특별건축구역 적용(안)]

사업부지면적 55,394㎡, 건폐율 48.99%, 용적률 253.48%, 세대수 986세대

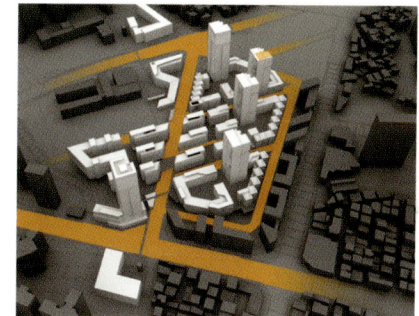

① 다양한 주동형태와 단계적 외부공간구성
② 담장을 없애고 지역에 열린 주거단지
③ 가로변 지역 커뮤니티 시설 설치

남향세대	일조불만족 세대	층수 (평균층수)	도시가로 접도율
100.0 % (985세대)	9.4 % (93세대)	5~25층 (9층)	68.2%

구릉지형

구릉지형은 일반적으로 대규모 주거단지로 인한 녹지와의 단절 및 공유경관 훼손 사례가 빈번하였으며, 획일적 주동계획으로 지형에 순응하지 못한 스카이라인이 형성되어 기존의 구릉지 경관이 훼손되고, 폐쇄적인 공동주택 단지로 인해 주변 자연환경과 녹지 축의 단절이 발생하고 있습니다. 따라서 구릉지형은 지형으로 인해 대지 내 고저 차 및 주변 녹지 경관의 보전에 대해 고려가 필요합니다.

[구릉지형 개발 방향]
" **구릉지 경관 훼손과 자연과의 단절을 극복하기 위해
주변 지형에 순응하는 주거유형 도입 및 녹지 축 조성으로 도시맥락 보전** "

- 원지형의 활용계획과 구릉지 특성을 고려하여 지형에 순응적인 다양한 주거유형 도입 및 구릉지 주거경관 특화
- 주변 녹지와 자연환경을 주거지 내로 적극적으로 유입시켜 도시와 자연의 자연스러운 연계와 친환경적인 공간 조성
- 주요 구릉지 조망을 확보하여 경관적 연계성 강화 및 단지의 정체성을 확보
- 주변 지역으로부터 녹지 조망이 가능하도록 계획하고 통경축 확보를 통해 개방감과 높은 녹지율을 지니도록 계획

[기존 계획] 응암 00구역(준공)

사업부지면적 43,124.60㎡, 건폐율 22.44%,
용적률 261.21%, 세대수 960세대

① 녹지(구릉지)와 단절된 폐쇄적 주거단지
② 지형과 관계없이 획일적 주동배치로 구릉지 경관 훼손
③ 주변지역에서 구릉지 조망을 차폐하는 단지

남향세대	일조불만족 세대	층수 (평균층수)	통경률
92.8 % (891세대)	18.2 % (175세대)	12~15층 (13층)	8.8%

[특별건축구역 적용(안)]

사업부지면적 43,124.60㎡, 건폐율 29.71%,
용적률 260.89%, 세대수 960세대

① 녹지축 유입을 통한 자연의 연속성 유지
② 지형에 순응하는 다양한 주동배치로 조화로운 구릉지 경관 형성
③ 주변지역에서 구릉지 경관을 공유하는 단지

남향세대	일조불만족 세대	층수 (평균층수)	통경률
100.0 % (960세대)	11.0 % (106세대)	1~18층(10층) (테라스하우스 포함)	18.0%

수변형

수변형은 일반적으로 수변 경관을 고려하지 않은 일률적인 주거유형 및 배치로 인해 주거경관의 획일화되고 있습니다. 또한, 수변과의 접근을 단절시키는 도로로 인해 수변공간과의 연계성이 부족하여 수변 활용이 미흡하며, 열악한 보행환경 형성되기도 합니다. 따라서 주민의 수변 활용을 도모하고 및 경관을 향상하는 계획이 필요합니다.

[수변형 개발 방향]
" **지역주민의 수변과 단절·수변공간의 저 이용 현황을 극복하기 위해
수변 접근성 개선 및 수변 경관 공유로 수변 정주 · 도시환경 개선** "
- 다양한 기능(문화, 오락, 주거 등)과 연계한 친수 주거단지 조성을 통해 시장경쟁력 확보
- 수변 경관을 고려한 저·중·고층의 다양한 배치 계획을 통해 스카이라인의 창출과 열린 경관을 형성함으로써 도시경관 개선에 기여
- 지역주민의 수변으로의 접근체계를 개선하여 보행환경을 쾌적하게 조성하고 지역주민의 휴식처 및 자유로운 통행로 제공

[기존 계획] 휘경동 00구역(준공)

사사업부지면적 15,565.20㎡, 건폐율 13.33%, 용적률 251.18%, 세대수 297세대

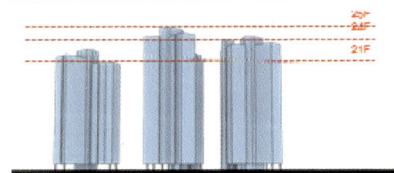

① 도로로 인한 주거와 수변공간의 단절
② 수변으로의 공공접근성 단절
③ 일률적 타워주동 배치로 수변경관 사유화

남향세대	일조불만족 세대	층수 (평균층수)	수변 접근가로율
85.5 % (254세대)	14.1 % (42세대)	21~25층 (22층)	0.0%

[특별건축구역 적용(안)]

사업부지면적 15,565.20㎡, 건폐율 26.98%, 용적률 250.87%, 세대수 302세대

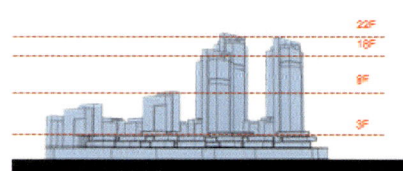

① 덮개공원 설치 등 주거와 수변공간의 연계
② 오버브릿지 등 수변으로의 공공접근성 강화
③ 다양한 주동배치로 수변경관 공유

남향세대	일조불만족 세대	층수 (평균층수)	수변 접근가로율
100.0 % (302세대)	1.0 % (3세대)	2~24층 (8층)	3.1%

역세권형

역세권은 일반적으로 역세권의 입지적 특성을 반영하지 못한 일률적 주거 배치와 커뮤니티 시설 미흡으로 단조로운 주거환경 형성되고 있으며 폐쇄적 주거단지로 인한 역세권의 기능 저하 및 비효율적인 토지이용의 문제가 발생하고 있습니다. 따라서, 대중 교통이용자 등 유동인구를 고려하고, 지역 중심으로서 거점기능을 수행할 수 있는 계획 필요합니다.

[역세권형 개발 방향]

"역세권의 효율적 토지이용 및 거점기능 수행을 위해 지역 수요에 대응하는 기능 확대 및 시설 복합화·입체화 계획으로 역세권 토지이용 고도화"

- 토지이용의 고도화 및 복합화
- 역세권 랜드마크로서의 도시경관 강화
- 지역 중심성 강화를 위해 가로와 연접한 상업시설이나 지역 커뮤니티 시설의 배치로 도시 가로 활성화를 도모
- 교통 결절점으로 이용자의 이용 패턴을 고려하고 다양한 활동이 이뤄질 수 있도록 커뮤니티 시설 설치를 통해 지역 커뮤니티 활성화
- 직장인 등 1~2인 가구 수요에 대응한 소형주택의 도입 및 시설 복합화

[기존 계획] 사당동 00구역(준공)

사업부지면적 20,109.30㎡, 건폐율 16.00%, 용적률 268.18%, 세대수 455세대

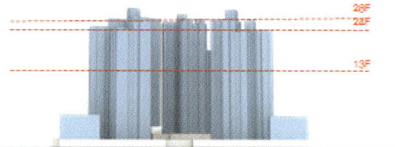

① 역세권 기능에 대응 가능한 커뮤니티시설 미흡
② 역세권 입지 특성을 반영하지 못한 일률적 주거 형태
③ 폐쇄적 단지 조성

남향세대	일조불만족 세대	층수 (평균층수)	입체시설 비율
84.8 % (386세대)	13.6 % (62세대)	20~28층 (25층)	1,123.9㎡ (2.1%)

[특별건축구역 적용(안)]

사업부지면적 20,109.30㎡, 건폐율 31.96%, 용적률 267.50%, 세대수 455세대

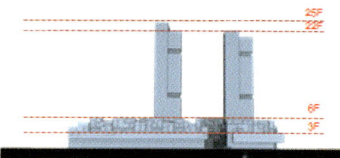

① 근린생활시설 설치 확대를 통한 지역 커뮤니티 활성화
② 시설복합화를 통해 지역수요에 대응하는 기능 확대
③ 입체적 공간구성을 통해 역세권 토지이용 고도화

남향세대	일조불만족 세대	층수 (평균층수)	입체시설 비율
100.0 % (455세대)	0.0 % (0세대)	3~25층 (8층)	1,876.6㎡ (4.3%)

대학가형

대학가형은 일반적으로 인근 대학가 및 학교 등 교육시설이 밀집된 지역임에도 불구하고 이들의 활용이 미흡하며, 주거지와 교육시설이 물리적·기능적으로 단절되고 있습니다. 따라서, 대학가 특성을 고려한 다양한 주거유형과 문화시설 등 커뮤니티 시설계획 마련이 필요합니다.

[대학가형 개발 방향]

" 대학가 1~2인 가구 및 문화·커뮤니티 수요에 대응하기 위한
  소규모 주택, 문화, 커뮤니티시설 계획으로 대학 문화가로 활성화 "

- 토지이용의 고도화 및 복합화
- 역세권 랜드마크로서의 도시경관 강화
- 지역 중심성 강화를 위해 가로와 연접한 상업시설이나 지역 커뮤니티 시설의 배치로 도시 가로 활성화를 도모
- 교통 결절점으로 이용자의 이용 패턴을 고려하고 다양한 활동이 이뤄질 수 있도록 커뮤니티 시설 설치를 통해 지역 커뮤니티 활성화
- 직장인 등 1~2인 가구 수요에 대응한 소형주택의 도입 및 시설 복합화

[기존 계획] 광진구 군자동 00정비예정구역

사업부지 면적 44,020.00㎡, 건폐율 21.77%,
용적률 299.65%, 세대수 1,157세대

① 대학가의 다양한 활동에 대응 가능한 문화·커뮤니티시설 미흡
② 폐쇄적 단지배치로 대학가로의 접근 차단
③ 대학가 입지특성을 반영하지 못한 일률적 주거 형태

남향세대	일조불만족 세대	층수 (평균층수)	문화·커뮤 니티면적
72.5 % (839세대)	34.4 % (399세대)	14~18층 (17층)	1,157.0㎡

[특별건축구역 적용(안)]

사업부지 면적 44,020.00㎡, 건폐율 45.05%
용적률 299.65%, 세대수 1,157세대

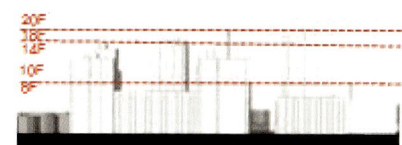

① 가로변 문화·커뮤니티시설 확대설치로 대학문화가로 활성화
② 도시가로 및 수변에 열린 배치로 접근성 및 수변조망 확보
③ 대학가 수요에 대응한 중·저층 주동 및 소규모 주거 도입

남향세대	일조불만족 세대	층수 (평균층수)	문화·커뮤 니티면적
91.0 % (1,054세대)	2.3 % (27세대)	7~20층 (10.8층)	1,731.0㎡

지역 특성 보전형

지역 특성보전형은 사대문 내부 또는 국가지정문화재로부터 100m, 시지정문화재로부터 50m 범위로 50/100 이상 면적이 포함되는 곳으로 법적 규제(문화재 보호법, 미관지구 등)로 인한 주거환경이 낙후되는 현상이 발생하고 있습니다. 또한, 북동 측으로 성곽 연접, 남측으로 동대문성곽공원이 입지한 지역임에도 불구하고 역사·문화재의 접근 및 활용이 미흡합니다. 따라서 역사·문화재의 적극적 보전 및 접근성 강화를 위한 계획이 필요합니다.

[지역 특성 보전형 개발 방향]
" 주변 역사·문화재의 보전 및 연계를 통한 역사적 특색 및 지역성 강화로 지역 특성을 보존"
- 주변 역사·문화재 보전 및 연계를 통해 역사적 특성 및 지역성 강화로 공공공간의 확보 유도
- 역사·문화재로의 접근성 강화를 위한 계획 필요
- 문화재를 고려한 지형 순응형 주거배치로 옛 도시조직의 보전으로 서울의 역사성을 회복
- 주변 필지 및 옛길을 존중하여 전통적인 도시구조를 최대한 유지

[기존 계획] 충신동 00구역	[특별건축구역 적용(안)]
사업부지면적 29,601.60㎡, 건폐율 25.46%, 용적률 193.98%, 세대수 545세대	사업부지면적 29,601.60㎡, 건폐율 29.36%, 용적률 193.98%, 세대수 545세대

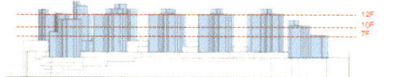	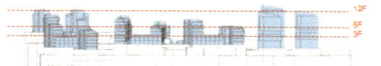
	「서울특별시 문화재 보호 조례」제19조 관련 문화재주변 건축물 높이 기준(보호구역 경계지표에서 높이 3.6m를 기준으로 하여 앙각 27°선 이내) 준수
① 문화재 접근을 단절한 폐쇄적 주거단지 ② 기존 도시조직을 고려하지 않은 획일적 주동배치 ③ 문화재와 연계하여 활성화 할 수 있는 부대복리시설 미흡	① 문화재 접근을 고려한 열린 주거단지 ② 기존 도시조직과 문화재를 고려한 다양한 주동배치 ③ 문화재와 연계한 근린생활시설 설치로 가로활성화 유도

남향세대	일조불만족 세대	층수 (평균층수)	입체시설 도시가로 존치율	남향세대	일조불만족 세대	층수 (평균층수)	입체시설 도시가로 존치율
76.5% (417세대)	15.0% (82세대)	8~12층 (10층)	0.00%	100% (545세대)	5.6% (31세대)	1~12층(7층) (테라스하우스 포함)	39.38%

특별건축구역 가이드라인 적용을 통한 설계 사례

구체적으로 특별건축구역으로 설계할 경우 디자인의 다양성을 확보하기 위해서는 기존의 설계형태와 완전히 다를 수밖에 없어 평면이나 입면, 동수의 변화가 심하여 설계도 복잡할뿐더러 이에 따른 시공비의 증가에 따른 부담이 예상됩니다.

일반 시장에서 형성된 설계비로는 특별건축구역 설계를 할 수가 없습니다. 설계의 창의성, 복잡성은 물론이고 설계 도서량이 일반 설계도서의 ~3배가 더 많이 작성되어야 하기 때문입니다.

모든 아파트 단지를 특별건축구역으로 지정하는 것은 현실적으로 불가능합니다. 적어도 분양가를 많이 받을 수 있는 특정 지역에 한해서, 공사비를 충분히 부담할 수 있는 아파트 단지에서만 가능한 일입니다.

구체적으로 무엇이 어떻게 달라지는 것인지에 대해서는 특별건축구역 가이드라인을 적용해서 시뮬레이션하기로 하였습니다. 일단 현행 건축법에 따라 건축심의를 받았거나 사업승인을 받은 몇 개 단지를 대상으로 정하여 시뮬레이션을 했는데, 가이드라인 적용방법을 구체적으로 보여주고 공사비의 변화를 보여주는 것은 동대문구 답십리동에 위치한 주택재개발사업 단지로 당시 사업승인이 되어 S건설이 시공자로 선정되었지만, 사업이 시작되기 전에 비교 검토를 한 바 있었고, 현재, 애초 사업승인 된 대로 한창 공사가 진행되고 있습니다.

대지면적 55,730㎡, 건폐율 22.88%, 용적률 253.48%, 지하 3층 지상 21층으로 59, 84, 121형 986세대로 사업승인을 받았는데, 그림에서 보시다시피 획일적인 타워 주동과 단조로운 오픈 스페이스로 형성되어 있으며, 기존 가로와의 관계 등 휴먼스케일이 고려되지 않았고, 지역 차원의 공동체 이용시설이 부족한 상태였으며, 공적 공간과 사적 공간이 혼재된 그런 설계였습니다. 당시 「건축법」에 따라서는 누가 설계를 하더라도 더 잘 할 수 없는 최상의 설계였지만, 도시적인 맥락에서 위에서 지적한 문제를 풀었으면 하는 차원에서 문제를 제기한 것입니다. 긴축기준의 완화적용 없이는 어떤 설계자도, 어떤 방법으로도 풀 수 없다는 것을 이해해 주셔야 합니다.

답십리 18구역 래미안미드카운티
(출처: http://raemian.co.kr/sales/sub/dapshipri18/?menuSeq=7304)

답십리 18구역 래미안미드카운티
(출처: http://www.etoday.co.kr/news/section/newsview.php?idxno=1177448)

기존

창조적 정비모델을 통해
사람과 장소중심의 미래지향적 공동주택을 만들어갑니다

특별건축구역의 특별한 건축, 도시를 바꾸다

[특별건축구역 가이드라인 적용 예시안]

길 중심의 주거문화 형성

모두에게 안전하고 편리한 가로환경 조성

동네풍경에 보탬이 되는 공동주택 조성

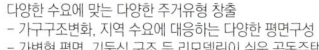
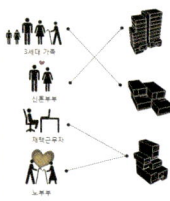

다양한 수요에 맞는 다양한 주거유형 창출
- 가구구조변화, 지역 수요에 대응하는 다양한 평면구성
- 가변형 평면, 기둥식 구조 등 리모델링이 쉬운 공동주택

특별건축구역에 대한 이해

공동체를 위한 공유(sharing) 커뮤니티 형성

주민간 차별이 없는 공동주택(Social Mix) 조성

보육시설
어린이집

어르신 복지센터
경로당, 강당, 여가활동실 등

지역 문화센터
DIY공방 등 공동작업공간,
문화강좌실, 청소년문화실 등

지역공동체 지원센터
주민협동 조합, 마을기업
지원시설, 주민회의실 등

작은 도서관
작은 도서관, 독서실
정보검색실, 다목적실 등

길을 따라 만나는 다양한 아파트 공동체 형성

남향세대
기존 남향세대 82.8%
계획 남향세대 100%

일조 불만족 세대
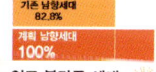
9.4% <= 32.8%

도로 가로 접도율
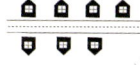
68.2% <= 8.8%

남향세대 증가

65

한강변관리기본계획의 이해
SEOUL RIVERFRONT VISION 2030

- As Seoul grows and changes, Urban Planning Bureau of Soul Metropolitan Government has conducted research project for the urban space plan focused on the Hangang befitting 'Seoul, city of 10 million people' from 2013 to 2016 and announced SEOUL RIVERFRONT VISION 2030 after a series of process; 2 discussions of citizen urban planners, 2 surveys targeting the public, 3 consultations of Hangang Citizen Advisory Committee, 20 autonomous district consultations, 5 expert consultations, 5 MP consultation meetings, 22 internal review and discussions, and city council report.

- This specific and comprehensive management plan was set up with the vision of "Hangang, natural cultural heritage of the future as a center of urban life which will stand out even after one century."

- Dividing 500 meter wide bands along 41.5km section of the Hangang into 7 regions and 27 districts to carry out specific implementation, this provides a management guideline for each district about ① nature, ② land use, ③ accessibility, and ④ urban landscape. SEOUL RIVERFRONT VISION 2030 recommends to designate redevelopment area of apartment complex along the riverside as a 'Special Building Zone'.

한강변 변화의 역사

한강은 반만년 이상 우리와 함께한 삶의 터전이자 대한민국 근대화의 상징공간으로, 서울에서 한강은 빼놓고 생각할 수 없는 중요한 역사자원이며 소중한 경관자원입니다.
지난 50여 년간 한강 주변의 변화를 살펴보면 경제적 번영기인 성장 중심의 시대를 살아왔고, 민주주의의 빠른 발전을 통해 개인주의가 성장하였으며, 주택공급과 차량 우선 정책을 통해 도시팽창이 이루어졌음을 알 수 있습니다.
1960년대까지만 하더라도 한강은 물의 흐름에 따라 자연스럽게 형성되었지만, 1968~ 1986년 사이에 한강 양안을 따라 제방을 축조하고 강변고속도로를 개설한 제1차, 제2차 한강 종합개발계획에 따라 오늘의 한강 형태가 이루어졌습니다.
그리고 1970년대 후반부터 한강변 공유수면을 매립, 영동지구 토지구획정리사업이 추진되었고, 지금의 반포지구 저층 아파트가 들어서게 되고, 1990년대 이후부터는 아파트지구 개발 기본계획이 수립되어 용적률 270%+15% 이내, 35층 아파트(1994. 용산구 대림아파트, 1997. 현대한강맨션)가 들어서는 등 사업성 위주의 획일적인 재건축 사업이 추진되었습니다.

도출된 문제점으로 인한 수립하게 된 계기 발현
그 결과, 한강은 도심 중심의 오픈 스페이스가 아닌 무한한 잠재력을 활용하지 못하는 도심과 단절된 공간이 되었습니다. 이에 교통과 물류, 문화까지 아우르는 한강을 1000만 도시 서울에 걸맞는 한강 중심의 도시 공간 구조도 개편힐 필요성이 제기되었고, 이런 문제를 인식한 서울시가 한강 중심의 도시 공간을 조성한다는 목표로 '한강변관리 기본계획'을 수립하게 되었습니다.

한강변관리기본계획의 개요

수립 과정 설명 및 맡은 업무

'한강변관리 기본계획'은 ㈜인토엔지니어링 도시건축사사무소와 필자가 몸담은 ㈜ANU디자인그룹 건축사사무소가 공동으로 진행했고, 필자는 그중 건축부문 총괄책임자로 참여했습니다.

'한강변관리 기본계획'은 연구용역을 착수한 2013년 9월부터 2016년 6월 공고하기까지 19차례의 MP 자문단 회의, 3차례의 시민설문 조사, 한강시민위원회 자문 3회, 시민도시계획가 토론회 2회, 주민설명회 2회, 도시계획위원회 자문 2회, 도시계획정책자문단 자문 2회, 자치구 및 그리고 시장·부시장 및 관련 국·과장 보고 및 회의를 수십 차례 거치면서 2015년 12월 서울시 의회보고를 한 후에 최종 완성되었습니다.

시대별 한강변 관련계획

한강 계획 역사

그동안 한강과 관련된 계획들은 무수히 많이 나왔습니다. '한강변관리 기본계획'은 이들 모든 계획을 종합한, 그리고 새로운 도시 공간구조 개편을 전제로 수립한 관리계획이라 할 수 있습니다. 지금까지 기존에 수립되거나 추진된 계획을 간단히 살펴보고 '한강변관리 기본계획'에 대해 알아봅니다.

① '68~'70 : 제1차 한강 종합개발을 통해 한강변으로 제방과 강변도로를 건설하고, 공유수면 매립을 통한 택지를 조성
② '70년대 : 영동토지구획정리사업 등을 통해 잠실, 반포, 압구정, 여의도, 이촌 등 한강변 아파트 건설 추진
③ '82~'86 : 제2차 한강 종합개발은 올림픽 등 국제행사 유치를 위해 저수로 정비, 한강공원 조성, 올림픽대로 건설, 하수처리장 건설 등 치수와 미관, 오염문제에 대한 종합적인 대응
④ '94 : 한강 연접지역 경관관리방안
⑤ '99 : 한강 새 모습 가꾸기 기본구상
⑥ '00 : 새 서울, 우리 한강 기본계획
⑦ '02 : 저밀도 아파트지구 기본계획
⑧ '03 : 주요 하천변 경관개선 방안
⑨ '06 : 고밀도 아파트지구 기본계획
⑩ '07 : 한강르네상스 계획 발표
⑪ '09 : 한강 공공성 회복선언
⑫ '10 : 수변 경관계획
⑬ '13 : 제내지를 대상으로 한강 중심 도시 공간 관리 방향 발표, 서울시 도시기본계획 수립
⑭ '14 : 제외지를 대상으로 한강 자연성 회복 기본계획 수립

시대별 한강변 관리 기본계획의 주요 내용

한강변 관리 기본계획의 주요 내용

'한강변 관리 기본계획'의 계획적 범위는 한강 41.5km 남북 양안 500m 폭에 해당하는 공간에 대한 구체적인 관리방안을 제시하고 있습니다.

한강을 서울의 중심공간으로 인식하는 등 가치의 전환을 바탕으로 도시 전체를 바라보는 종합적인 계획으로, 공공성 측면에서 주변 지역 관리의 구체성을 강화하고, 시민 참여 및 공감대 확보 등을 바탕으로 실질적 실행력이 확보될 수 있는 방향으로 계획을 수립한다는 목표를 세우고, 과업을 추진했습니다.

"100년 후에도 빛나는 시민 생활의 중심", "미래 자연문화유산으로서의 한강"이란 비전을 설정하고, 한강의 자연성을 회복하는 방안, 한강 중심의 도시 공간구조로 전환하는 방안, 수변부에 대한 공공성 확보방안, 그리고 한강의 문화·경관을 자원화하는 방안에 대하여 큰 그림을 제시하는 내용으로 구성되어 있습니다.

한강을 역사, 생태, 사회, 경제적인 측면에서 접근한 재인식을 통해서 경계와 변방이 아닌 생활 중심으로서의 한강으로, 또한 지금까지는 개발 관점에서 접근했다면 생태복원과 공공성 관점에서 한강을 바라보는 정책 방향의 근본적인 전환을 하려고 노력했습니다. 그뿐만 아니라 한강의 혀아이 콘크리트 호안, 고속도로로 인한 한강으로의 접근성 단절, 다양한 활동공간의 부족 또는 방치, 획일화되고 차폐된 수변 경관에 대한 문제 해결 방안도 마련하였습니다.

다음은 서울시에 최종 발표했던 자료를 토대로 4대 부문별로 총 12개의 관리원칙과 세부계획 방향을 잡아 제시한 결과물을 정리한 내용입니다. 참고가 되었으면 합니다.

자연성 회복
① 생태환경을 개선하고,
② 맑은 물을 회복하며,
③ 친환경 이용 방법을 제시
*2014년 서울시에서 기수립한 '자연성 회복계획'에 따라 추진

토지이용 측면
① 다양한 수변 활동을 특화하고,
② 역사·문화자원을 복원·연계시키며,
③ 시민 이용 공간을 확충

도시경관 측면
① 한강조망 기회를 확대하고,
② 스카이라인의 다양성을 창출하며,
③ 아름다운 건축계획을 유도

접근성 측면
① 녹색 교통 접근성을 강화하고,
② 보행 접근성을 개선하며,
③ 주변과의 녹지연계를 강화

이에 대한 구체적인 내용은 다음과 같습니다

한강 숲 조성

다단형 낙치공

사람과 철해가 함께 행복한 이자강 복원사례

자연성 회복 부문

기본방향
한강의 생태환경 개선, 맑은 물 회복,
친환경 이용을 통해
자연과 사람 모두가 행복한 생명의 한강

원칙 1-1 생태환경 개선
- 시민과 함께하는 한강 숲 조성
- 생물서식지 복원
- 단절된 생태 축 연결

원칙 1-2 맑은 물 회복
- 한강 지천 물길 회복
- 인공 호안 구조를 자연(형) 호안으로 복원
- 물놀이가 가능한 수준으로 수질 개선

원칙 1-3 환경 이용
- 한강 조망 및 역사문화 체험 강화
- 함께 만드는 공원 이용·관리
- 시민 중심의 하천관리 기반 구축

토지이용 부문

기본방향
한강변으로 다양한 수변 활동 특화, 역사문화자원 복원,
시민 이용공간 확충 등을 통해
시민 모두가 즐겨 찾는 활력있는 한강

원칙 2-1 한강변으로 다양한 수변 활동 특화
- 한강 양안 통합 7대 수변 활동권역 육성
- 지구별로 한강과의 활동 연계성을 강화

원칙 2-2 역사·문화자원 복원·연계
- 한강변 역사자원의 복원
- 역사·문화 등 지역 자산 탐방로 확충

원칙 2-3 시민 이용공간 확충
- 수변으로 시민 이용 공공용지 확보·집적
- 수변 공공용지를 시민 공간으로 활용

여의도 국제적인 수변업무권역

한강변 전통문화의 복원 마포나루 새우젓축제

반포 한강공원 세빛섬 야외공연장

관리원칙 2-1 다양한 수변 활동 특화
한강 양안을 통합하는 7대 수변 활동권역의 육성을 통해 한강과의 활동연계를 강화하겠습니다.

관리원칙 2-2 역사·문화자원의 복원·연계
한강변으로 역사자원을 복원하고 역사문화 둘레길로 연결하겠습니다.

- 세부계획 방향

역사자원 복원 _ 정자복원 3개소, 한강변 나루터 3개소 복원 검토
제천정, 압구정, 천일정 + 마포나루터, 삼전나루, 둑도나루 등
한강 역사문화 둘레길 조성 _ 탐방코스 5개소, 약 26km 거리 신규 조성
수변 창조문화 탐방로, 국제관광 및 전시·문화 탐방로, 한강 조망명소 탐방로
국제적 수변 관광 Street, 선사~삼국시대 역사문화 탐방로
* 현재 한강 사업본부에서 10개의 역사탐방 코스 운영 중

관리원칙 2-3 시민 이용공간의 확충
한강변으로 수변 공공용지를 확충하고 다양한 시민 공간활용으로 수변부 공공성을 강화하겠습니다.

- 세부계획 방향

한강변으로 수변 공공용지 확보 _ 국공유지, 공공기여 등 활용, 수변 공공용지 약 70개소, 140만㎡ 확보
* 정비사업 공공기여는 시 기준(15%)의 ½ 적용, 민간 저이용 부지는 당인리발전소 외 10% 적용하여 추정

한강변 비주거 기능 확대 및 공공성 강화_기존 문화시설 등과 연계하여 가족 여가·문화시설 등 12개소 점진적 확충
* 그 외 공공용지는 지역 부족시설, 또는 장래 공공토지 수요에 대응하는 공간 등으로 활용

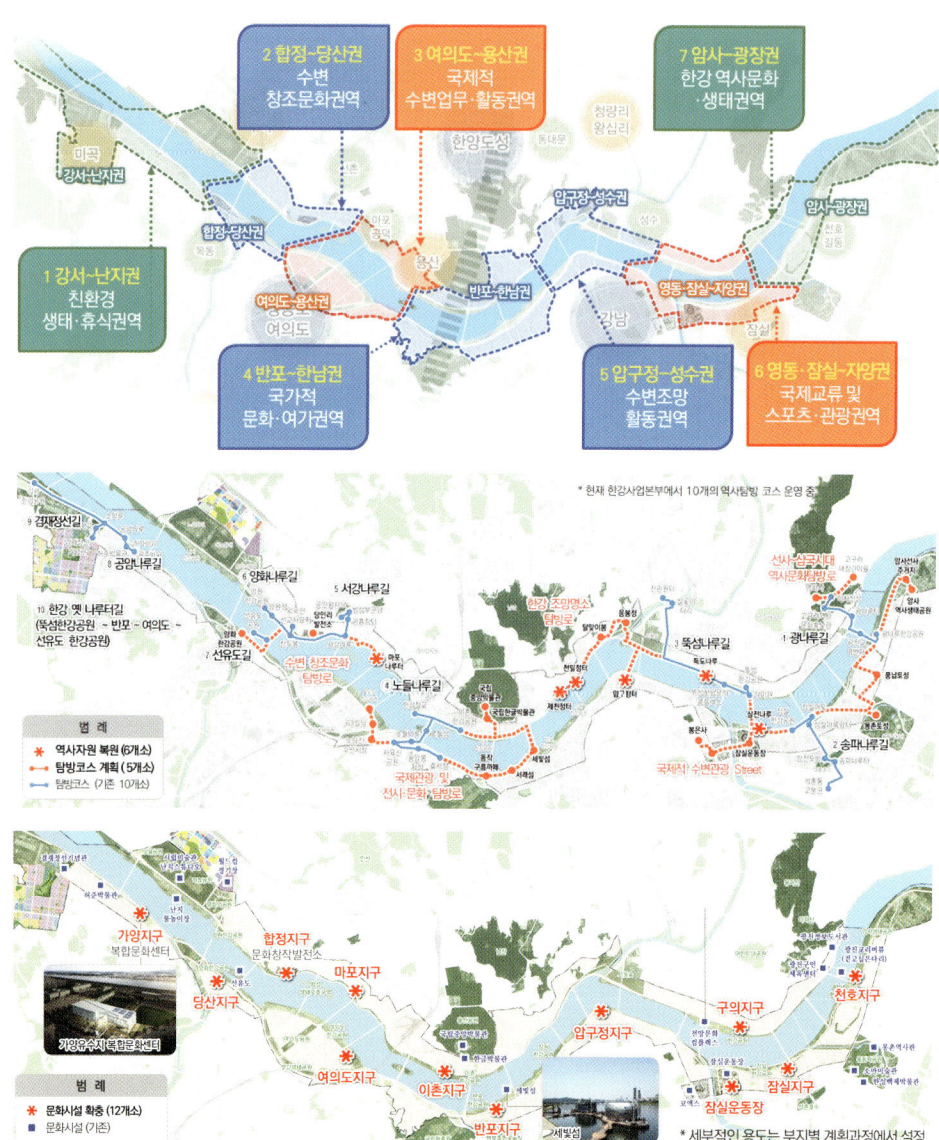

도시경관 부문

관리원칙 4-1 한강변 조망기회 확대
한강 조망공간 확충을 통해 어디서나 한강의 자연·도시경관을 쉽게 조망할 수 있게 하겠습니다.

• 세부계획 방향
기존의 한강 조망명소 _ 실외 조망명소 32개소, 한강 교량 상부 전망카페 12개소
한강 조망공간 확충 _ 접근이 쉬운 조망 우수지역을 대상으로 조망과 문화·휴식이 복합된 공간 13개소 조성
* 국공유지(7개소) 및 민간공공기여(6개소) 등 활용

관리원칙 4-2 다양한 스카이라인 창출 (일반원칙)
• 높이관리 일반원칙
한강변은「2030 도시기본계획」의 높이관리원칙을 적용하고, 경관 다양성 및 공공성 확보가 필요한 지역은 특별관리 하겠습니다.

관리원칙 4-3 다양한 스카이라인 창출 (주요산 조망)
• 주요산 자연 조망관리지역 적용원칙
주요산 자연 조망관리지역은 기준점에서의 경관 시뮬레이션을 의무화하여 배후산으로의 열린 조망을 확보하겠습니다.
* 주요산 경관시뮬레이션 기준점 10개소(경관계획 반영) 설정, 위원회 심의를 통해 열린경관 형성의 적정성 여부를 판단·운영
※ 반포대교 남단에서 남산을 조망하는 지점의 경우 남산 7부 능선 이하 경관관리 동시 고려

접근성 부문

관리원칙 3-1 녹색 교통 접근성 강화 (대중교통)
한강으로의 버스 접근성 및 한강 양안 간 수상교통 연결을 강화하겠습니다.

- 세부계획 방향
한강으로의 버스 접근성 강화 _ 버스접근 취약지역 대상으로 버스접근 나들목 4개소 및 노선 확충
* 망원지구, 이촌지구, 반포지구, 자양지구

한강 양안 수상교통 연결 검토 _ 당산~합정, 반포~한남 등 3개 권역 대상 리버버스(River Bus) 등 수상교통 운영 검토
* 잠실 ~ 뚝섬 권역은 페리노선 운항 중 ('15.5)

관리원칙 3-1 녹색 교통 접근성 강화 (자전거)
한강까지의 자전거 접근성을 개선하고, 한강 양안을 연결하는 자전거 네트워크를 구축하겠습니다.

- 세부계획 방향
한강까지의 자전거 접근성 개선 _ 배후 지하철역 ~ 한강과의 단절구간 연결 자전거 접근도로 18개소 조성
한강 양안 연결 자전거도로 조성 _ 4대 지천 ~한강 양안 연결 자전거도로 7개소 확충 숭랑천~압구정, 탄천~뚝섬구간은 장기적으로 연결 가능성 검토
* 월드컵대교(홍제천), 성산대교(안양천), 가양대교, 양화대교, 동작대교, 잠실대교, 천호대교

관리원칙 3-2 보행 접근성 개선
배후지역에서 한강까지 걸어서 10분 내외에 갈 수 있는 균등한 보행접근여건을 조성하겠습니다.

- 세부계획 방향 (나들목)
나들목 신설 _ 보행접근 불편지역을 대상으로 나들목 24개소 추가조성
* 우선 추진 7개소 (당인리, 반포, 가양 등) 중·장기 추진 검토 17개소

나들목 환경개선 _ 협소하거나 차수벽 형태의 나들목 대상 단계적 환경개선 검토
* 상수나들목, 마포나들목, 광진나들목 등

보행접근로 개설 _ 공공보행통로 등 활용 나들목까지의 보행접근로 확보 (21개소)

관리원칙 3-3 주변과의 녹지연계 강화
한강변으로 공원녹지를 확충하고
한강을 중심으로 서울의 자연·생태가 연결되는 환경을 조성하겠습니다.

- 세부계획 방향
한강변 공원녹지 확충 _ 국가상징녹지 축 주변 및 정비사업추진지역 등 대상으로 확충
* 당인리발전소 공원화, 도로 상부 공원화 등과 연계

자연·생태 연결 환경 조성 _ 주변 숲길(주요산 자락길·계절길 등)과 한강물길(한강길, 지천길)의 단절구간을 녹음길로 연결
* 가로녹화 등을 통해 한강접근로의 쾌적성, 안전성 증대

한강변관리기본계획의 이해

특별건축구역의 특별한 건축, 도시를 바꾸다

7대 권역 27개 지구 차원의 가이드라인

앞에서 설명한 부문별 관리원칙과 계획 방향을 크게 7대 권역으로 구분하고, 다시 27개 지구로 나누어서 지구별 가이드라인을 마련했습니다. 이 가이드라인은 향후 각종 행정계획이나 개별 사업계획을 수립하면서 지침 역할을 할 수 있게 될 것입니다.
그중 반포지구의 가이드라인을 보면 다음과 같습니다.

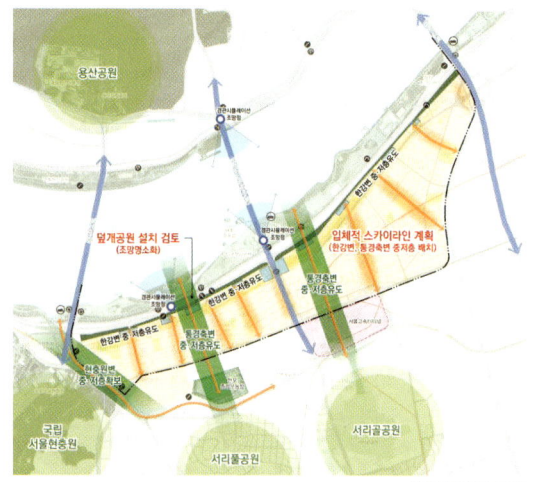

반포지구 기본구상도

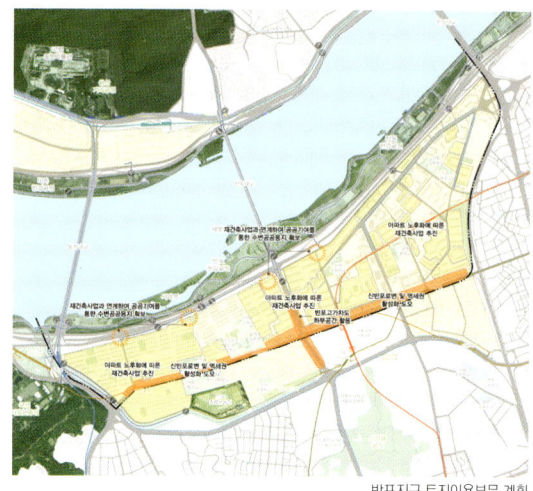

반포지구 토지이용부문 계획

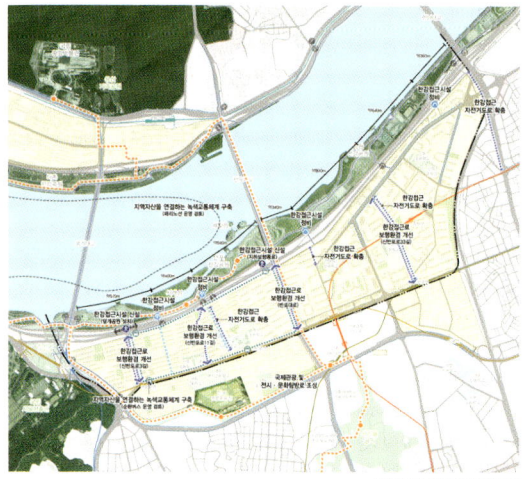

반포지구 접근성부문 계획

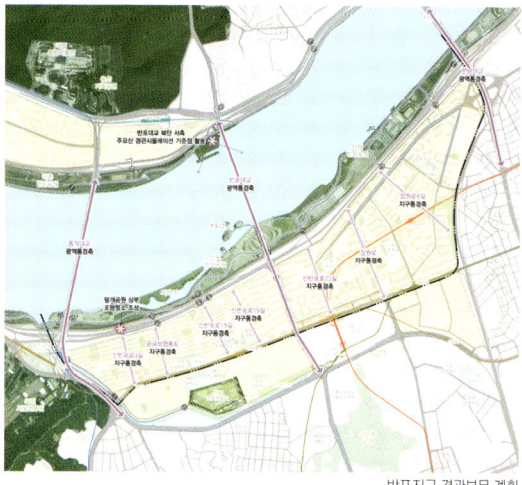

반포지구 경관부문 계획

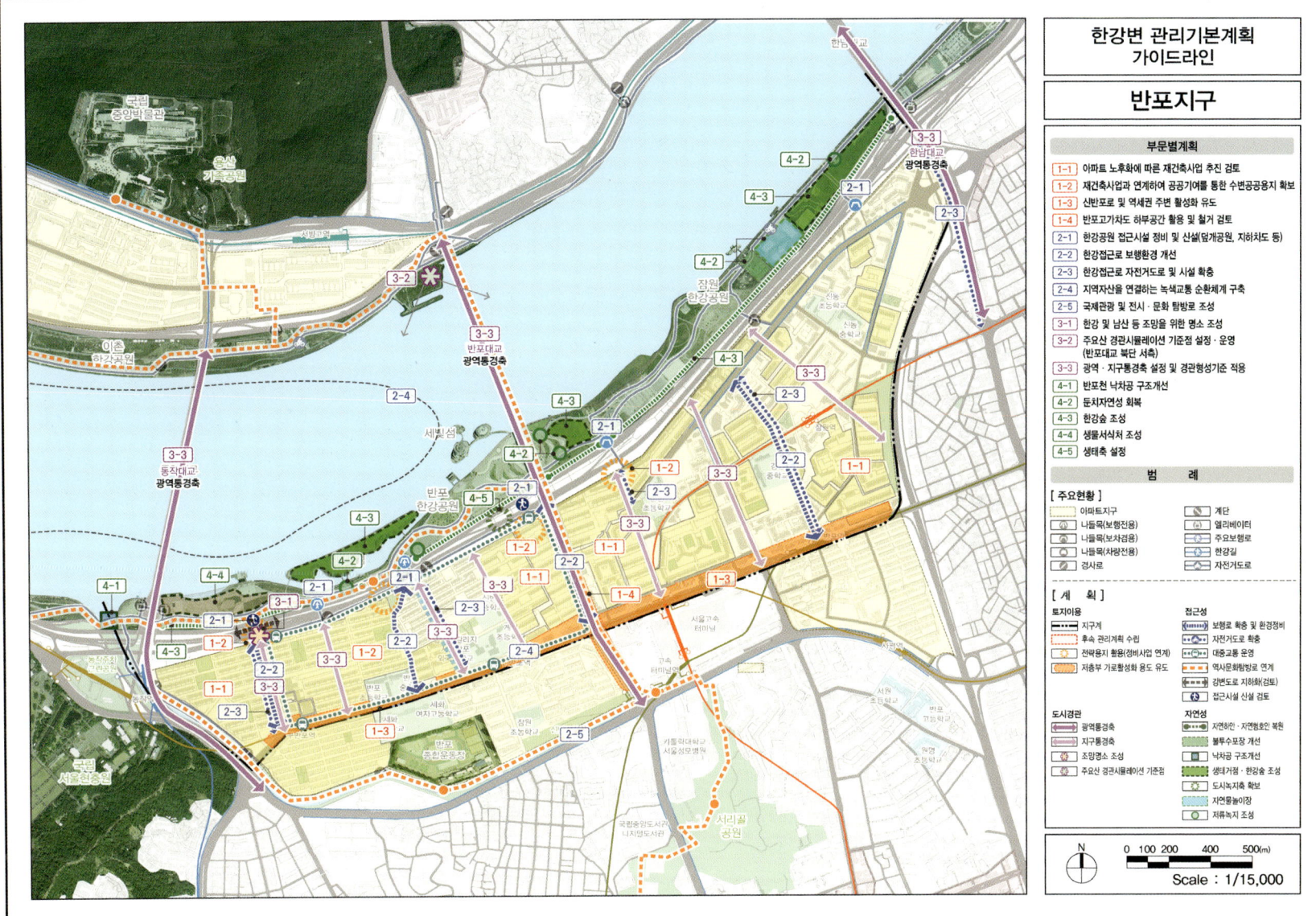

제2장

신반포1차 아파트 주택재건축정비사업

서초구 반포동 2-1번지 일대는 북측으로 올림픽대로(35m)가 있으며, 사업지에 인접하여 한강이 위치하고 있어 수변 경관이 우수한 지역이다.

신반포1차 계획안은 공동주택 15개 동 1,615세대로 조합원 및 일반분양 1,530세대, 재건축 소형(임대)주택 85세대로 계획하였으며, 공공기여 방안으로는 공공공지, 도로, 공원, 보행자 전용도로 등의 기반시설을 조성하여 기부함으로써 지역 주민의 휴식처 및 자유로운 통행에 제공하고, 구역 내 한강변 및 생활가로변으로 지역 주민에게 개방된 커뮤니티시설을 계획하여 지역 커뮤니티의 활성화를 도모하였다.

특별건축구역 제도를 적용하여 단지 내부에 적용되는 건축규제(인동간격 제한)의 완화를 통해 일조, 조망 등 주거성능 향상, 저·중·고층의 층수 변화를 통해 한강 수변 경관을 고려한 스카이라인 형성, 각 동 건축물의 디자인 향상 및 공공기여를 통한 지역 커뮤니티시설의 충분한 확보를 도모하였다.
하지만, 단지 외부와 연관된 건축규제(전면도로에 의한 높이 제한)는 엄격히 준수하여 재건축으로 인해 단지 주변에 미치는 영향을 배제하였다.

한강 수변공원으로 접근하는 보행환경을 쾌적하게 조성하고, 한강변으로부터 저·중·고층의 다양한 배치를 계획하여 기존에 일률적인 타워형 배치를 벗어나 한강 수변 경관을 고려한 스카이라인을 창출함으로써 도시경관 개선에 크게 기여할 것으로 전망한다.

| 아크로리버파크 반포 | 신반포 1차 재건축 아파트 |

아크로리버파크 반포 설계자

도시 및 사전경관계획

최윤정
도시계획위원회 심의 및
사전경관계획

이보람
도시계획위원회 심의 및
사전경관계획

이성현
도시계획위원회 심의 및
사전경관계획

특별건축구역지정 및 건축심의 · 사업계획승인 및 준공

이수형 상무
도시 및 사전경관계획
특별건축구역지정 및
건축심의 총괄

김현석 사원　　**최현순 실장**　　　　**임재규 실장**　　**신재 대리**
사업계획승인　　특별건축구역지정 및　　사업계획승인 및 준공　공공개방커뮤니티시설계획
　　　　　　　　건축심의 총괄
　　　　　　　사업계획승인 및 준공 총괄

권순현　　　　**민신홍**　　　　**최재혁**
단위세대 계획　　주동입면계획　　단위세대계획

조하륭　　　　**최윤정**　　　　**신우섭**
건축심의　　　　건축심의　　　　사업계획승인

특별건축구역의 특별한 건축, 도시를 바꾸다

아크로리버파크 반포

아크로리버파크는 특별건축구역 제도를 활용하여
조화롭고 창의적인 디자인으로 아름다운 수변 경관을 창출하고,
지역주민과 함께하는 열린 주거단지를 조성하고,
새로운 기술과 시도를 통해 혁신적인 건축물을 건설하는 것을 목표로 하였습니다.

건축개요

대지위치	서울특별시 서초구 반포동 201번지 일원
지역지구	제3종일반주거지역/ 아파트지구
주요용도	공동주택(아파트 및 부대복리시설)
대지면적	68,853.23㎡
건축면적	13,757.00㎡
연 면 적	344,412.90㎡ (지상 209,654.80㎡ 지하134,758.10㎡)
건 폐 율	19.98%
용 적 율	299.69%
규 모	지하3층, 지상38층
구 조	철근콘크리트조

시민 모두를 위한 새로운 도시경관 창출
가로변 중·저층의 건축물 배치를 통해 주변 지역과 시각적인 연속성 확보
개성 있는 건축디자인을 통해 한강변 정체성 확보
휴먼스케일의 저층부 입면 계획 및 통합디자인을 통해 쾌적한 가로경관 형성

한강변 주거지의 공공성 회복
시민공원으로 이어지는 안전한 보행자통로 설치를 통해 한강 접근성 강화
한강으로 열린 통경축 계획을 통해 공유조망 극대화
가로부에 지역 개방시설을 배치함으로써 지역 커뮤니티를 활성화하고
주거단지에 공적 가치 부여

공동주택의 혁신 도모
지반 레벨 상승 및 자유로운 배치를 통해 일조·조망·향·소음 등 주거성능 향상
창의적인 공간과 디자인 특화를 통해 변화하는 라이프 스타일에 대응
다양한 사회계층을 위한 무장애(Barrier-Free)디자인 구현
경직된 제도에 의한 획일적 입면 디자인으로부터 탈피하여 창의적 디자인 시도

「2017 건축문화대상」 공동주거부문 대상(대통령상)수상

국토교통부, 대한건축사협회, 서울경제 공동주최

'아크로리버 반포 아파트'는 국토교통부, 대한건축사협회, 서울경제신문이 공동 주최한 「2017 한국건축문화대상」에서 대통령상을 받았습니다. 1992년 시작한 한국건축문화대상은 올해 26회째가 되는 전통 있는 건축 분야의 상으로, 올해 출품작은 준공부문 100점, 계획 부분 175점 등 총 275점이 출품되었고, 이를 사회공공부문, 민간부문, 공동 주거부문, 일반주거부문 등 4개 부문으로 나누어 심사한 결과, 공동 주거부문에서 최고상인 대통령상을 받게 된 것입니다. 시상식은 2017년 11월 7일 대한건축사협회에서 있었습니다.

특별건축구역의 특별한 건축, 도시를 바꾸다

특별건축구역 제도를 도입한 민간 제1호 정비사업

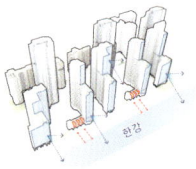

자연과 경관을 공유하는 주거단지
- 자연과 단지가 어우러진 외부공간계획
- 한강 조망을 극대화하는 배치 및 건축계획
- 자연을 담는 단위세대 계획

도시적 맥락 속에서 지속가능한 주거단지
- 도시의 다양한 주거 양식을 반영한
  다양한 주거 타입 및 단위세대 특화계획
- 도시적 맥락을 반영하는 조화로운 스카이라인 계획
- 단지 내 한강의 동선을 고려한 공공보행통로 계획

사람과 사람의 소통을 이어주는 주거단지
- 가로를 활성화하는 생활가로변 연도형
  커뮤니티 시설의 연속 배치계획
- 단지 내의 거주민들의 생활편의와 커뮤니티 웨이
  수변 특화 및 공공성을 위한 특화시설계획

아크로리버파크 반포 | 신반포 1차 재건축 아파트

한강변 새로운 경관을 창출하는
새로운 도시주거
중·고층 주동의 혼합을 통해 높이의 변화를 줌으로써
리듬감 있는 스카이라인 형성

근접 경관 : 조망점 A
올림픽대로에서 조망한 경관으로
한강을 향해 열린 배치를 통한 시각적 통경축 확보
저층과 고층을 혼합한 입체적인 배치를 통한
수변 스카이라인 창출로 아름다운 수변 경관 제공

근접 경관 : 조망점 B
신반포로 15길에서 조망한 경관으로
생활가로변에 중·저층의 주동을 배치하여
주변과 위해 되지 않는
가로환경 조성

보행자 중심의 무장애 디자인을 적용한 가로계획
한강 경관의 공공성 확보 및 접근성 향상

생활가로변 보행자를 고려한 녹화 및 휴먼스케일의 입면 디자인
고층부와 저층부의 입면을 차별화하고 단계적으로 매스를 축소하여
휴먼스케일의 생활 가로 조성

안전과 쾌적한 환경을 고려한 한강로 공공보행통로 디자인
보행자와 차량의 동선을 분리하여 안전한 가로환경 조성
한강 접근로에 대한 명확한 사인 시스템(Sign System) 적용

모두를 위한 안전하고 쾌적한 무장애(Barrier-Free) 디자인
한강변 접근로 경사로 설치, 단차 최소화 등 노약자 및 휠체어 이용자에게 편리한 보행환경 조성
보도는 보행 안전구역과 장애물 구역으로 구분하여 장애물 구역에 가로수, 가로등, 휴지통 등 공공시설물을 설치
교차로에는 음성신호기와 점자 안내 표지판, 횡단보도 내 조명시설 설치 등 장애인을 위한 계획

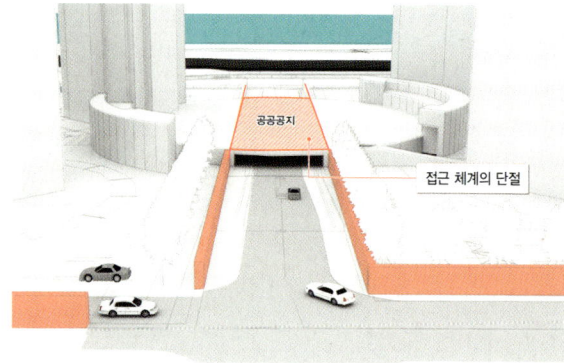

현행법에 의한 계획

특별건축구역에 의한 계획

아크로리버파크 반포 | 신반포 1차 재건축 아파트

일조 등의 확보를 위한

건축물의 높이 제한 적용배제

주거성능 및 프라이버시 침해하지 않는 경우는 인동거리를 완화했습니다.
인접 대지 주거동과 마주 보는 경우 현행법규(0.5H), 프라이버시가 확보되었을 경우 일조 성능 기준을 만족하는 거리 이상 이격하였습니다.
남측주동이 낮아 남측주동 측벽과 북측주동 채광부가 마주 보는경우와 채광부가 서로 마주보는 경우 일조성능을 만족하는 남측주동 거리이상을 이격하였습니다.

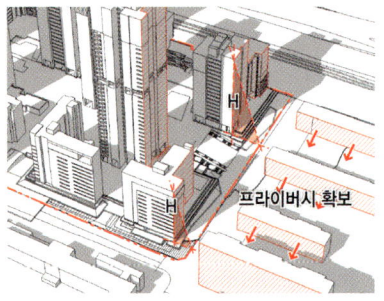
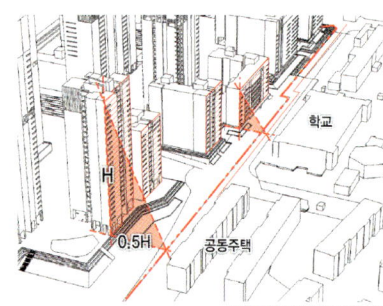

인접 대지로부터의 이격거리
좌. 주거성능 및 프라이버시 침해하지 않는 경우 인동거리 완화
우. 인접 대지 주거동과 마주 보는 경우 현행법규(0.5H), 프라이버시가 확보되었을 경우 일조 성능 기준을 만족하는 거리 이상 이격

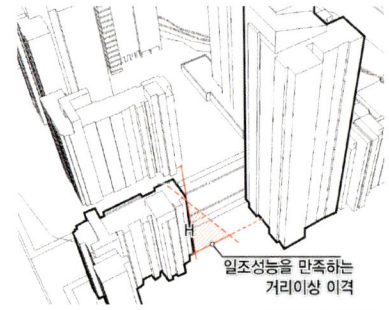
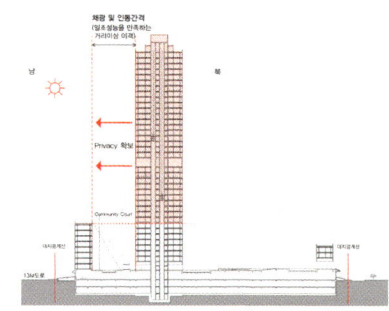

남측주동이 낮은 경우
측벽(남측주동)과 채광부(북측주동)가 마주 보는경우, 일조성능을 만족하는 남측주동 거리이상 이격

채광부가 서로 마주 보는 경우
채광부가 서로 마주 보는 경우, 일조 성능을 만족하는 남측 주동 거리 이상 이격

일조시뮬레이션

「건축법」시행령 제86조 제2항 제2호에 따른 일조란 동지를 기준으로 9시에서 15시 사이에 2시간을 계속하여 확보할 수 있는 거리 이상을 말하며, 동지 일조 시뮬레이션 결과 일조 등의 확보에 문제가 없는 것으로 판단되었습니다.

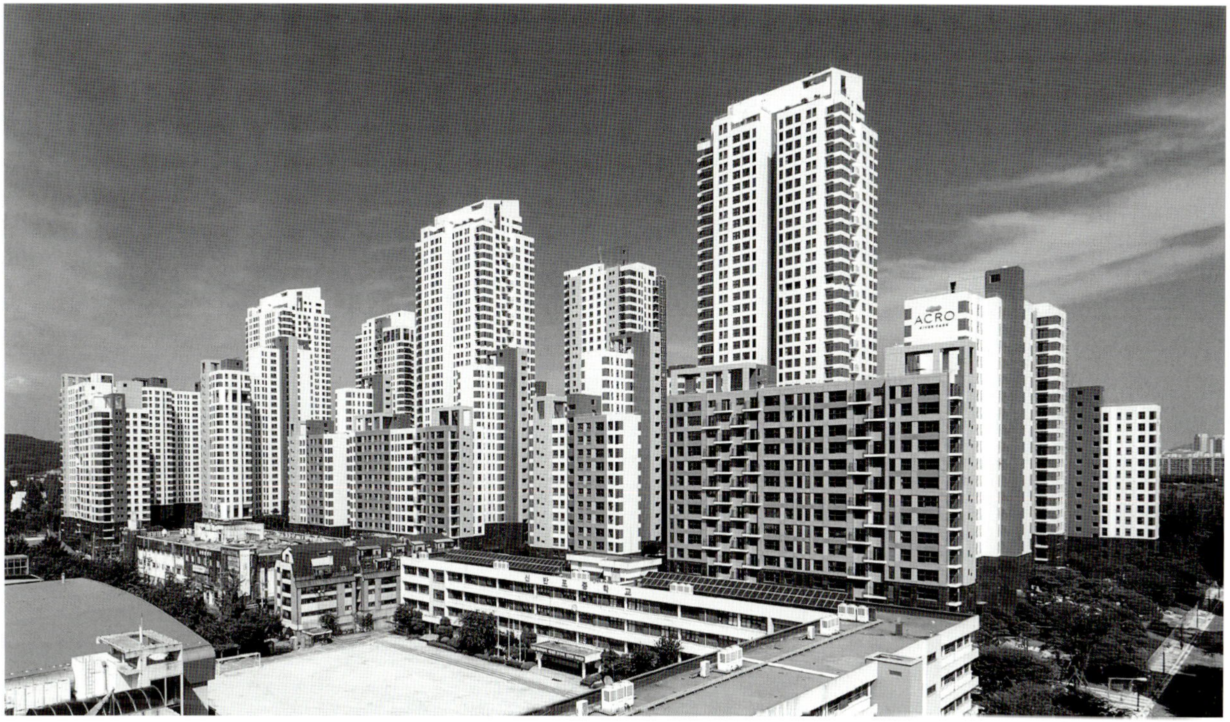

일조만족세대 증가(36.5% → 69.51%)

AM 9:00

AM 11:00

PM 1:00

PM 3:00

특별건축구역의 특별한 건축, 도시를 바꾸다

가로특화계획 및 부대 복리시설계획

저층부 커뮤니티 활성화를 통한
가로경관 특화계획

- 주변 여건을 고려하여 단지 내 가로의 위계와 특성을 부여하고 가로특성에 적합한 대응 프로그램을 배치하여 가로의 활성화 도모
- 한강으로의 접근성 향상과 단지 내 수변공간 활성화를 위한 수변 가로 특화계획
- 주변 지역과 인접한 생활 가로에 주민공동시설 배치로 지역 커뮤니티 활성화 도모
- 생활 가로가 활성화될 수 있도록 주동 하부에 근린생활시설 배치
- 거주환경 확보를 위한 단계적 공간구성 유도 및 근린생활시설 분리
- 수변 가로 저층 배치를 통한 보행환경 개선 및 단지 내 한강 조망

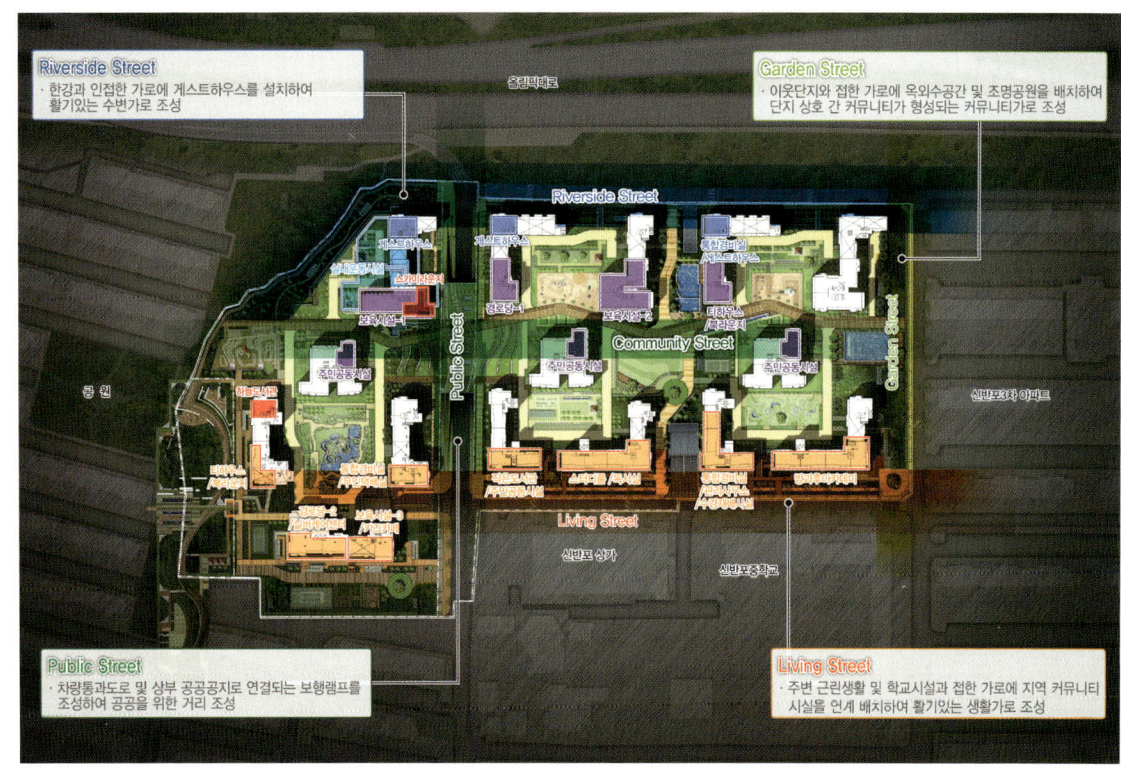

아크로리버파크 반포 | 신반포 1차 재건축 아파트

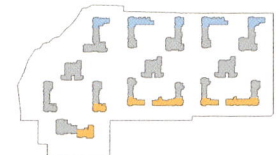
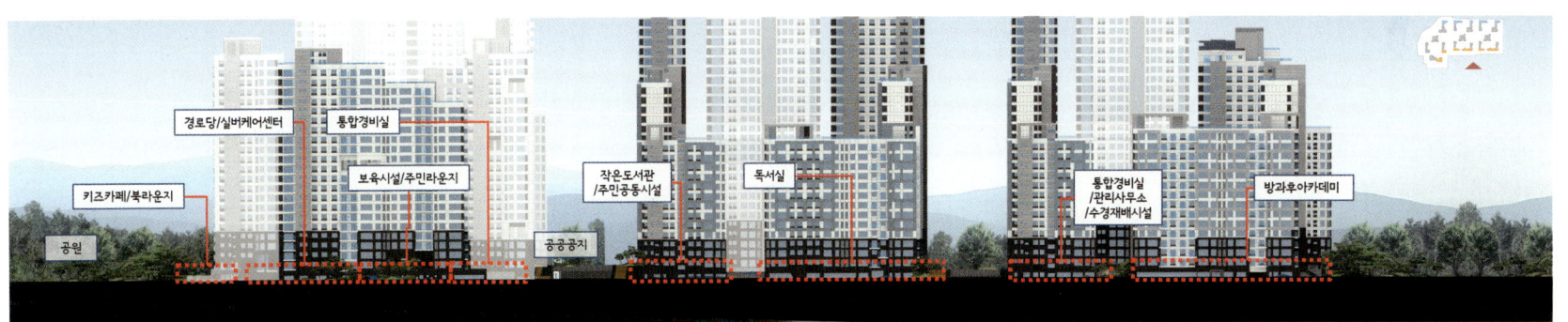

자연과 경관을 공유하는 주거단지 조성을 위한

수변 가로 통합디자인

수변 가로영역에서는 시각적 매력만을 갖는 과시적 디자인이 아닌 지역의 장소적 가치와 주민의 생활상을 반영한 수변 주거로서의 디자인을 향상시켰습니다. 한강 건너편에서의 조망과 올림픽 도로에서의 시퀀스 경관을 고려한 리듬감 있는 입면 디자인을 통해 수변 주거로서의 정체성 및 도시경관의 연속성을 구현하였습니다.

가로인접부에는 수변 특화 저층 테라스(Blue Terrace, 복층구조) 특화 주거를 도입하였으며 수변부 특화커뮤니티로 한강 조망이 가능한 게스트하우스를 설치하였습니다.

단지 중심가로와 연계된 커뮤니티 웨이를 조성하고 다양한 유형의 오픈 발코니 계획으로 주동 입면에 리듬감을 부여하였다. 보행자의 개방감 확보와 토끼굴로의 자유로운 접근, 주민 간 빈번한 만남을 유도하기 위해 필로티와 휴먼스케일로 저층부를 계획하였습니다.

도시맥락 속 지속가능한 주거단지 조성을 위한

생활 가로 통합디자인

생활 가로영역에서는 위압적 규모 · 이질적 디자인이 아닌 주변 주거지 경관과 조화되는 도시주거로서의 디자인 향상을 목표로 하였다.

길을 따라 만나는 커뮤니티를 통해 가로에 활력을 부여하고 보행자의 심리적 안정감을 위해 주동의 저층부는 휴먼스케일의 커뮤니티 디자인 계획을 하였다.
중층 스카이라인에 체감 녹지를 증가시키는 옥상녹화 및 정원을 설치하여 도시의 Green Roof Zone을 형성하고자 하였다.

근린공원 및 공공공지를 연계하고 단지 내 클러스터를 연계하는
커뮤니티 가로 영역

커뮤니티 가로 영역에서는 근린공원 접근 편의를 위해 주동 하부에 필로티 계획을 하여 단지 옆 근린공원으로의 출입을 원활하게 하였으며, 일부 주동에서는 피난층을 활용한 공중공원(Sky Garden)을 계획하여 주민 커뮤니티 공간으로 활용될 수 있게 하였습니다.

주변 주거지에 열린 동선과 시각적 개방감을 위해 데크를 계획하였으며, 쾌적한 커뮤니티 가로환경을 위해 선큰을 계획하였습니다.

지역 커뮤니티 활성화를 도모하기 위해 단지 내 주요 주민 이용시설인 어린이집과 놀이터를 연계하여 계획하였고, 그린 테라스(공용녹화공간)를 통한 이웃 간의 커뮤니티 화목 도모하였습니다.

| 아크로리버파크 반포 | 신반포 1차 재건축 아파트 |

한강을 조망할 수 있는
스카이라운지

한강 조망이 가능한 랜드마크 주동에 스카이라운지를 계획하고 지역 주민에게 개방하여 한강의 공공성을 회복하였습니다.

지역주민의 한강 조망 및 휴식을 위해, 스카이라운지의 접근은 공공공지를 통해 접근하여 이용할 수 있도록 하였으며, 별도 스카이라운지 전용 엘리베이터 설치로 입주민의 정주성을 보호하였습니다.

특별건축구역의 특별한 건축, 도시를 바꾸다

하늘 도서관 & 그린 테라스

하늘 도서관은 한강 조망이 가능한 수변 조망 대응형 주동 21~22층에 계획하였습니다.
하늘 도서관은 다양한 분야를 갖추고 지역 주민에게 개방하여 한강을 바라보며 여유를 즐길 수 있는 문화커뮤니티 공간으로 구성하였습니다.

주동 내 피난층에는 6세대를 오픈한 그린 테라스 계획을 통해 한강 조망이 가능한 커뮤니티 공간을 조성하였습니다. 그린 테라스는 일반분양과 임대 세대의 차별을 최소화하고 시각적·심리적 Social Mix 추구를 위해 민간 임대 최초로 여러 세대가 공유하는 커뮤니티 공간으로 활용될 수 있도록 하였습니다.

아크로리버파크 반포 | 신반포 1차 재건축 아파트

특화계획

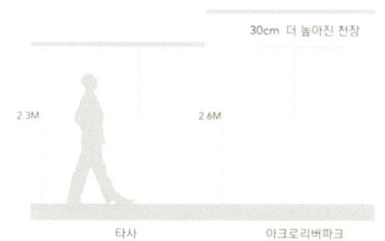

30cm 더 높은 2.6m 천장높이

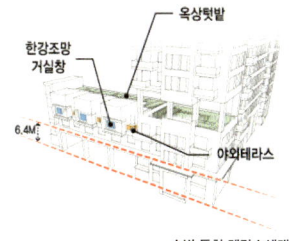

수변 특화 테라스세대

저층부 개방 및 커뮤니티 계획

입체적 평면 구성

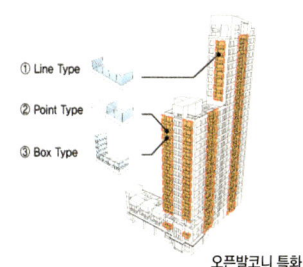

오픈발코니 특화

배치계획

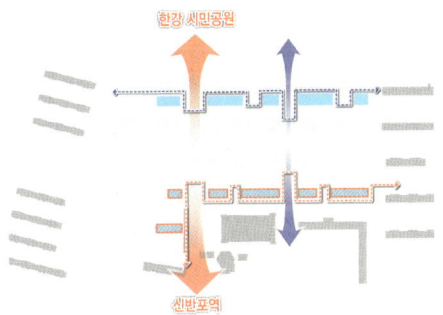

한강접근성 개선과 커뮤니티 공유를 통해
공공성을 회복하는 단지조성

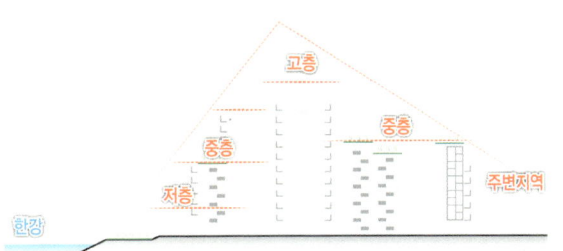

도시의 맥락을 고려한 스카이라인과 특화계획을 통한
창의적 도시경관 공유

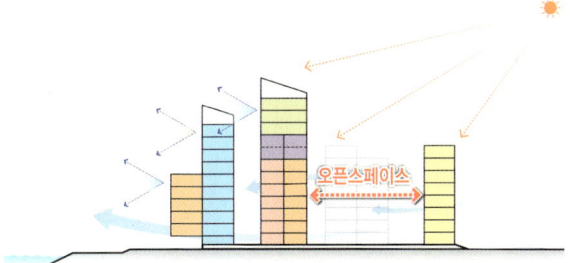

주거성능 기준과 수요자의 기호를 만족하는
정주성 확보

특별건축구역의 특별한 건축, 도시를 바꾸다

외부공간계획

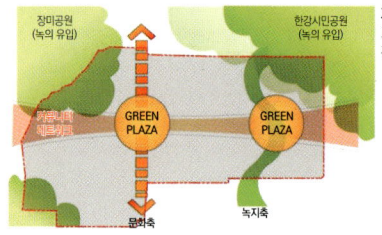

지형, 녹지
기존녹지와 연계된 녹지 축 구성
강한 방향성을 갖는 커뮤니티 축 형성

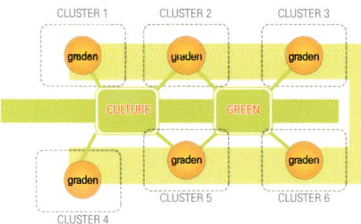

단위 공간
단지 중심으로 형성된 2개의 중심공간
커뮤니티와 중심공간을 중심으로 구성된
6개의 확장형 테마 가든 조성

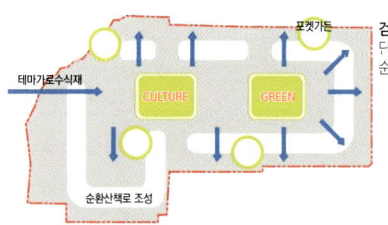

걷고 싶은 길
단지 외각에 포켓 가든 조성
순환형 산책로 조성

특별건축구역의 특별한 건축, 도시를 바꾸다

경관계획

랜드마크 계획
타워형 랜드마크 주동의
단지 중심 배치로 인지성 확보

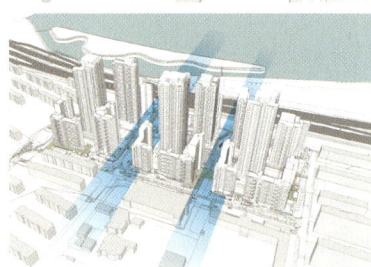

도시 통경축 계획
한강의 공공성 극대화를 위한
열린 구조의 어반하우징 계획

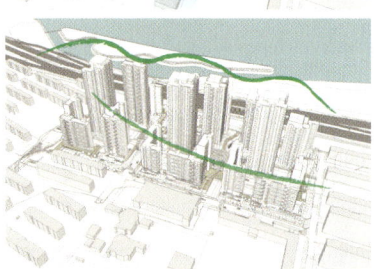

스카이라인 계획
한강변의 다양한 경관연출을 위한
리듬감 있는 스카이라인 형성

특별건축구역의 특별한 건축, 도시를 바꾸다

건축계획

"1,612세대 8개 평형 36개 타입"

아크로리버파크 반포 | 신반포 1차 재건축 아파트 |

59 D타입
LDK배치로 공간감 극대화
확장을 고려한 공간 계획

84 E타입
채광과 환기를 고려한 4bay 평면계획
입면 특화를 통한 오픈 테라스 적용

112 D타입
3면 개방형 평면계획
입면 특화에 의한 개방형 발코니 계획

129 A타입
2면 개방형 평면과 개방형 발코니 계획
LDK형태의 오픈형 대형 주방 계획

특별건축구역의 특별한 건축, 도시를 바꾸다

아크로리버파크 반포 | 신반포 1차 재건축 아파트

주동 입면 계획
아크로리버파크는 강남 반포 한강변에서 최초로 38층 규모로 지어지는 대단지
한강변의 스카이라인을 바꾸며 대한민국 랜드마크로서의 품격에 걸맞은 아름다운 건축물로 완성

건축 단면 계획

주차장은 모두 지하에 배치하고
지상에는 크고 작은 정원, 체육시설, 그리고 산책
로를 조성하여 쾌적한 단지, 안전한 생활의 보행자
위주의 단지 완성

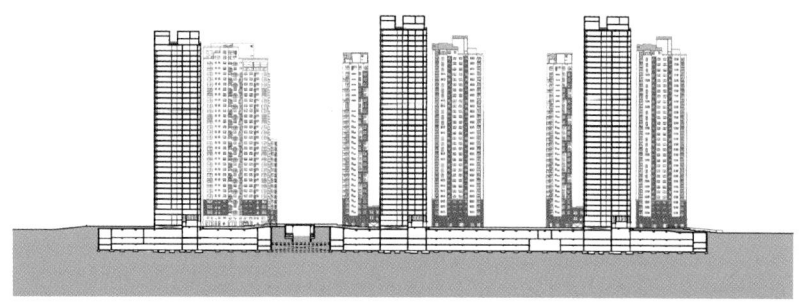

아크로리버파크 반포 | 신반포 1차 재건축 아파트

스카이라운지

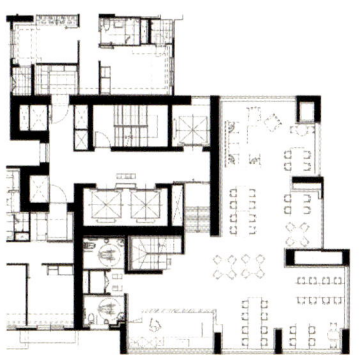
스카이라운지 1층 평면도

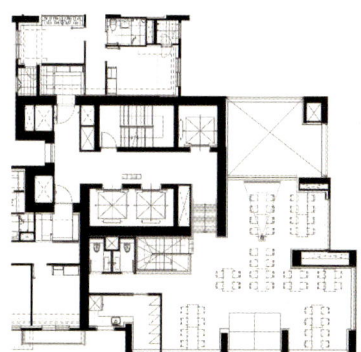
스카이라운지 2층 평면도

티하우스(106동)

스카이라운지(2층)

스카이라운지
전망형 스카이라운지(104동 1호 라인 30, 31층)로 조성되어 파티가 가능한 소규모 연회장으로 활용

티하우스
단지 내 모임이나 손님 방문 시 즐겁고 편리하게 이용할 수 있는 주민 카페

특별건축구역의 특별한 건축, 도시를 바꾸다

하늘 도서관

하늘 도서관(102동)

하늘 도서관 출입구

스카이라운지 1층 평면도

스카이라운지 2층 평면도

하늘 도서관

다양한 분야의 도서를 갖추고 한강을 바라보며 여유를 즐길 수 있는 도서관(102동 5호 라인 21, 22층)으로 조성되어 자녀들이 단지 내에서 안심하고 공부하거나 독서할 수 있는 쾌적한 공부방

실내수영장

필라테스

골프 연습장

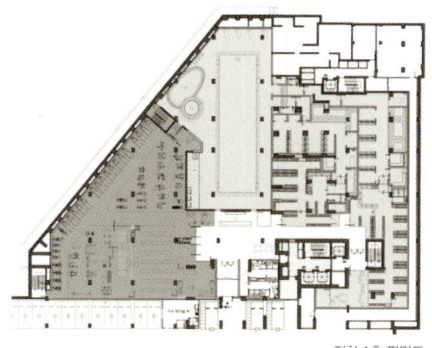
지하 1층 평면도

휘트니스 센터

수영장
25m 길이의 3개 레인인 수영장과 키즈풀로 구성

휘트니스&체력측정실
입주민의 건강과 생활 리듬을 취한 최신 시설과 다양한 운동장비를 갖춘 공간

실내골프연습장&스크린골프장
여유로운 타석을 갖춘 실내 골프연습장과 스크린 골프장을 조성

기암이초원(奇巖異草原)
기이한 돌과 이채로운 초화

암석과 물, 초화가 조화를 이루는 정원을 조성
석가산, 폭포, 연못, 소나무 군식으로 웅장한 경관 연출

기이한 돌과 이채로운 초화가 있는 정원

기암이초원 연못과 산책로

향나무 플랜터

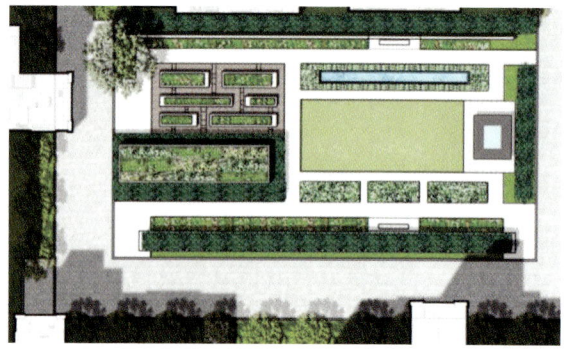

허브 노트 가든
허브의 군 식미와 어울리는 정형식 정원조성
다양한 향기, 색, 질감을 갖는 허브를 도입한 감각 정원
파고라, 앉음 벽을 도입해 휴게기능 보완

허브 플랜터와 파고라

어린이 놀이터
서릿개에 살던 생물들을 주제로 한
테마 놀이터로 조성
레벨을 활용한 창의적 놀이 공간 특화
조형성이 가미된 유럽형 놀이시설 도입

다슬기 놀이터
다슬기를 형상화한 지형 놀이터

소금쟁이 놀이터
물위의 소금쟁이가 되어보는 그물 놀이터

가재 놀이터
집게발을 닮은 미끄럼틀과 터널이 있는 모험 놀이터

플라워리버가든

수련지

케스케이드

노르딕티가든

특별건축구역의 특별한 건축, 도시를 바꾸다

101동

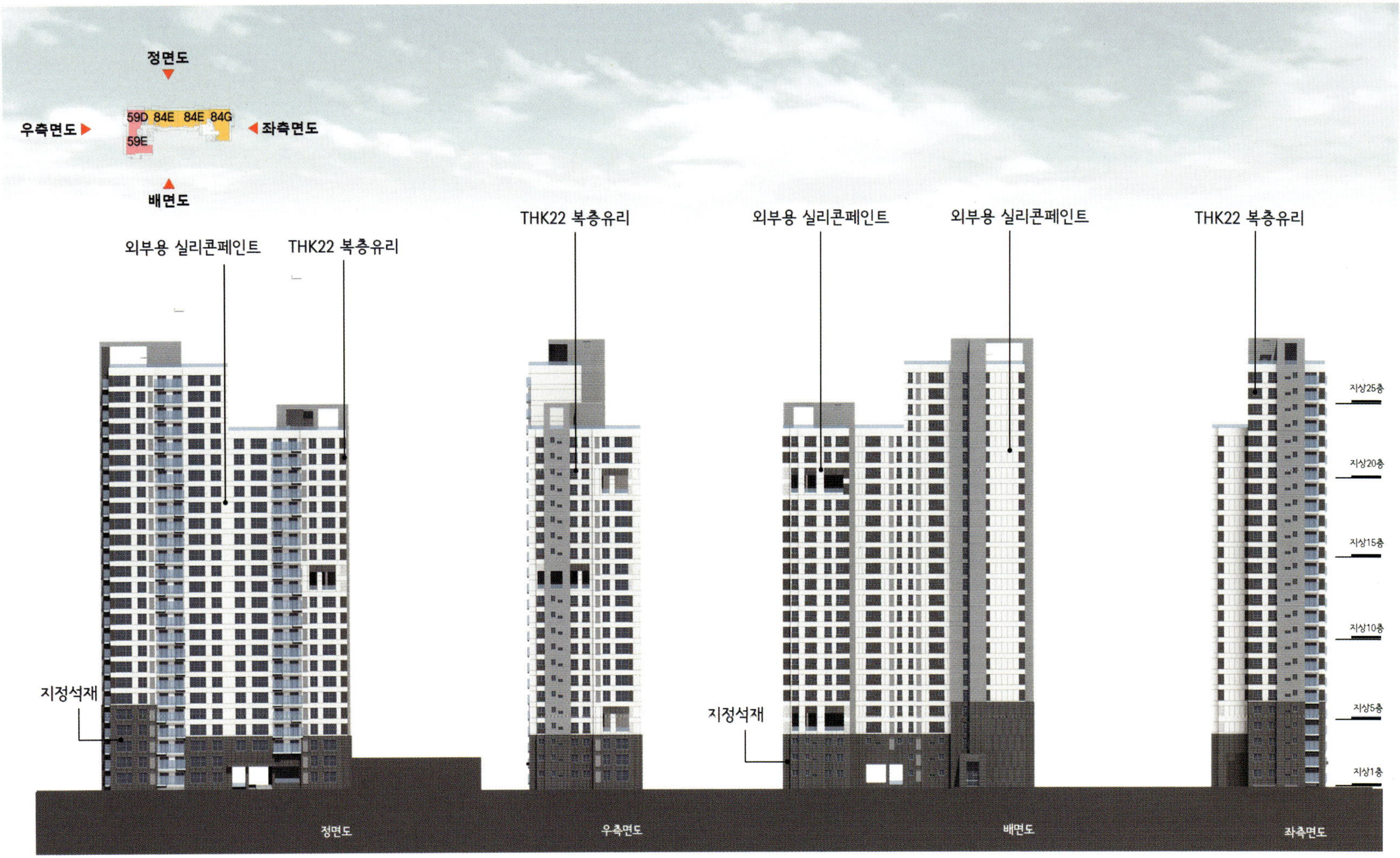

정면도
우측면도 ▶ 59D 84E 84E 84G ◀ 좌측면도
59E
▲
배면도

외부용 실리콘페인트 — THK22 복층유리 — THK22 복층유리 — 외부용 실리콘페인트 — 외부용 실리콘페인트 — THK22 복층유리

지상25층
지상20층
지상15층
지상10층
지상5층
지상1층

지정석재 — 지정석재

정면도 — 우측면도 — 배면도 — 좌측면도

아크로리버파크 반포 | 신반포 1차 재건축 아파트 |

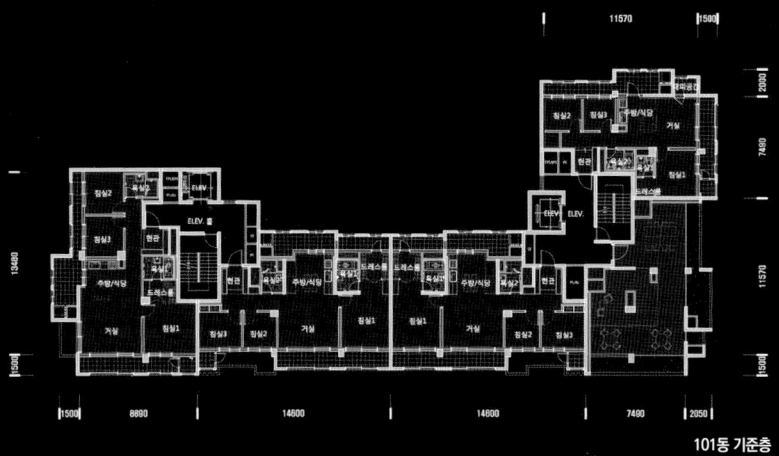

101동 기준층

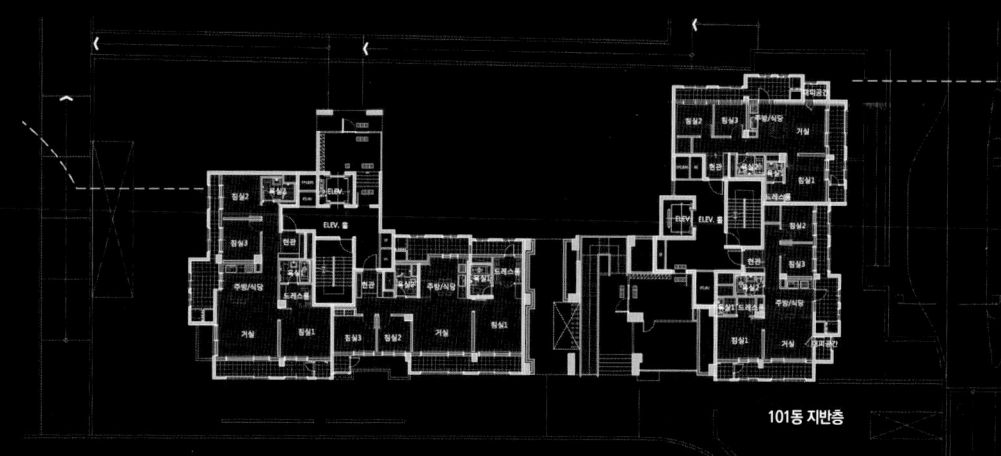

101동 지반층

특별건축구역의 특별한 건축, 도시를 바꾸다

103동

배면도
129A 112E
좌측면도 ◀ ▶ 우측면도
112D 84D
정면도

외부용 실리콘페인트
외부용 실리콘페인트
THK22 복층유리
외부용 실리콘페인트
수성페인트 위 커튼월
외부용 실리콘페인트
수성페인트 위 커튼월

지정석재
지정석재
지정석재

지상40층
지상35층
지상30층
지상25층
지상20층
지상15층
지상10층
지상5층
지상1층

정면도　　　우측면도　　　배면도　　　좌측면도

아크로리버파크 반포 | 신반포 1차 재건축 아파트 |

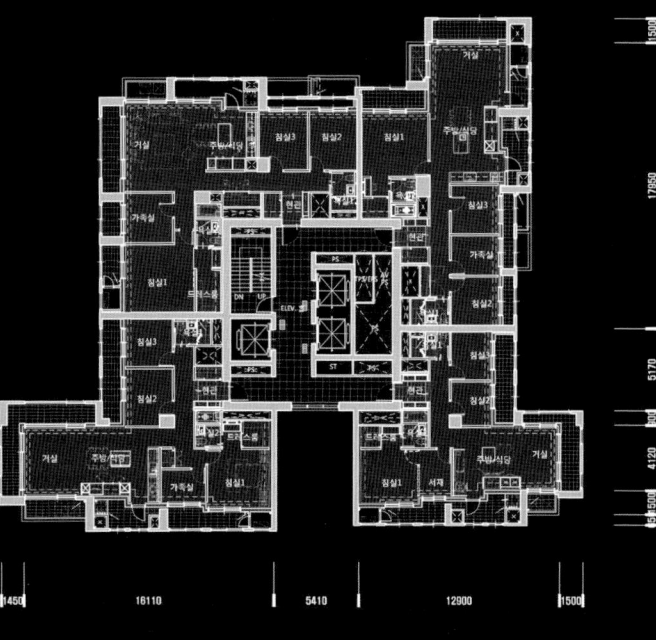

103동 기준층

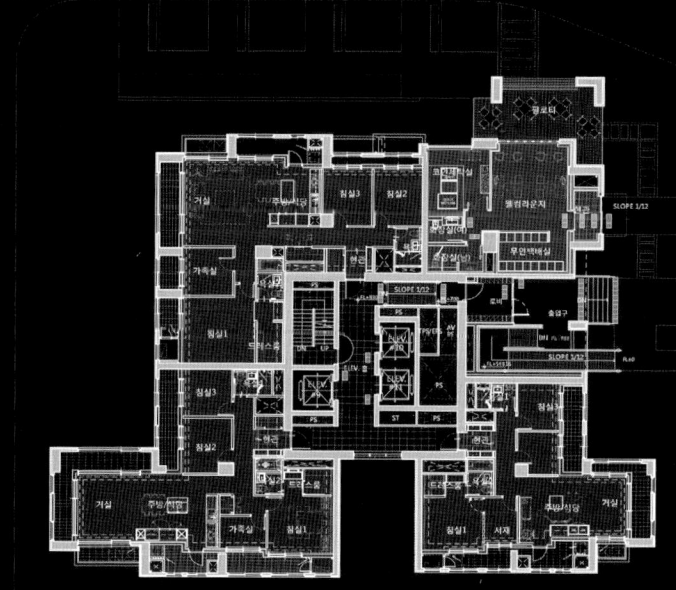

105동, 110동

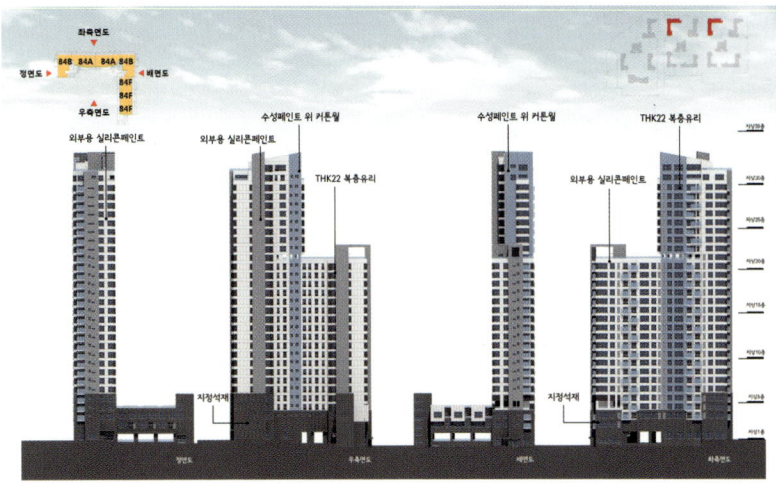

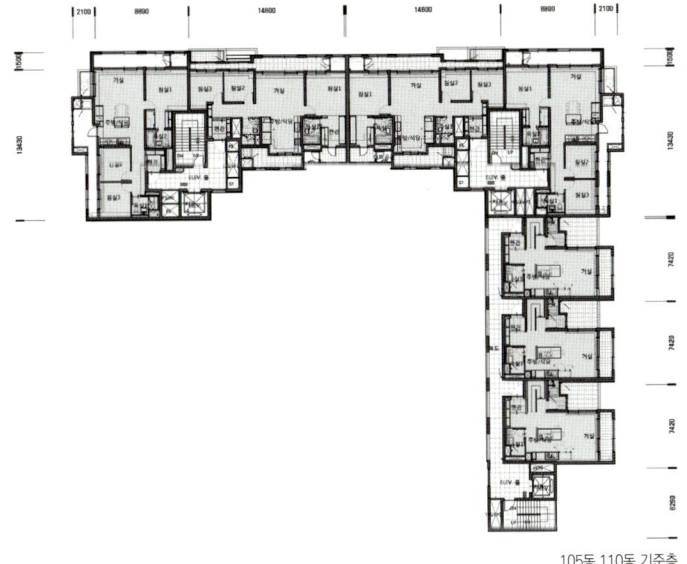
105동 110동 기준층

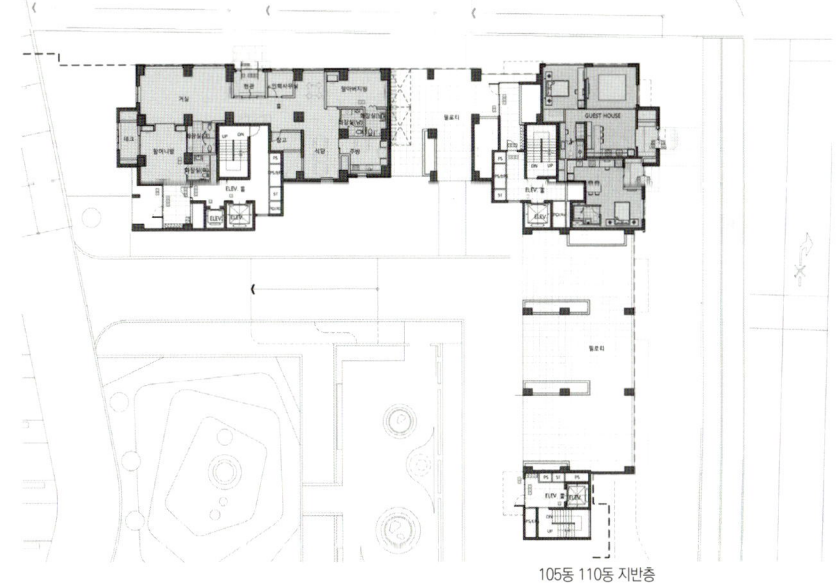
105동 110동 지반층

106동

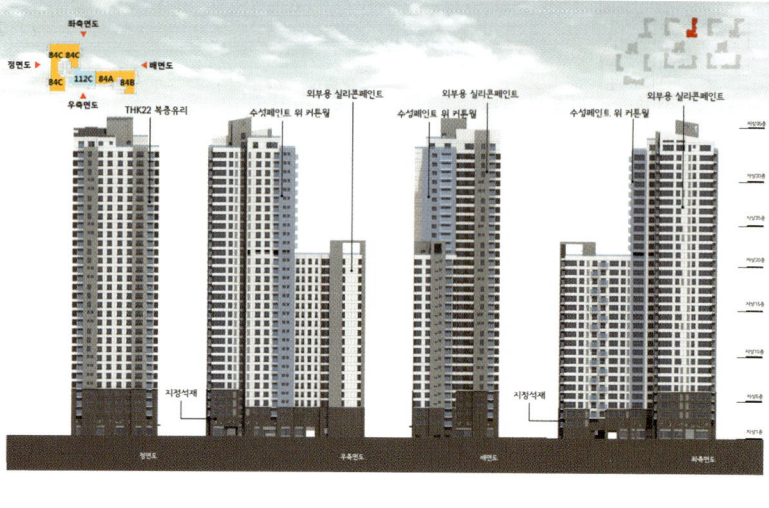

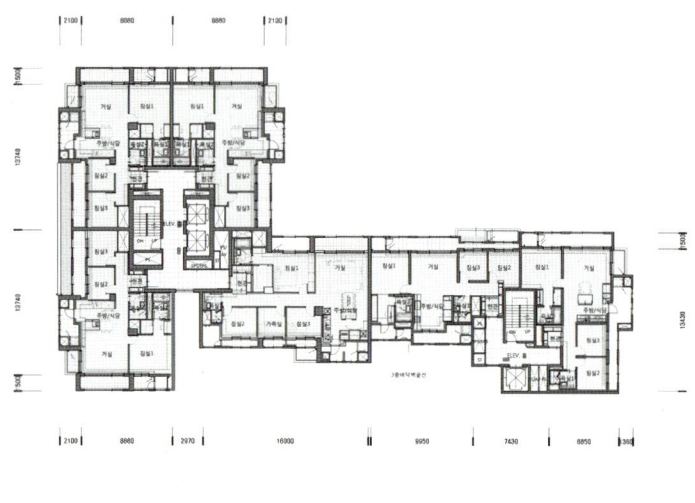

105동 110동 기준층

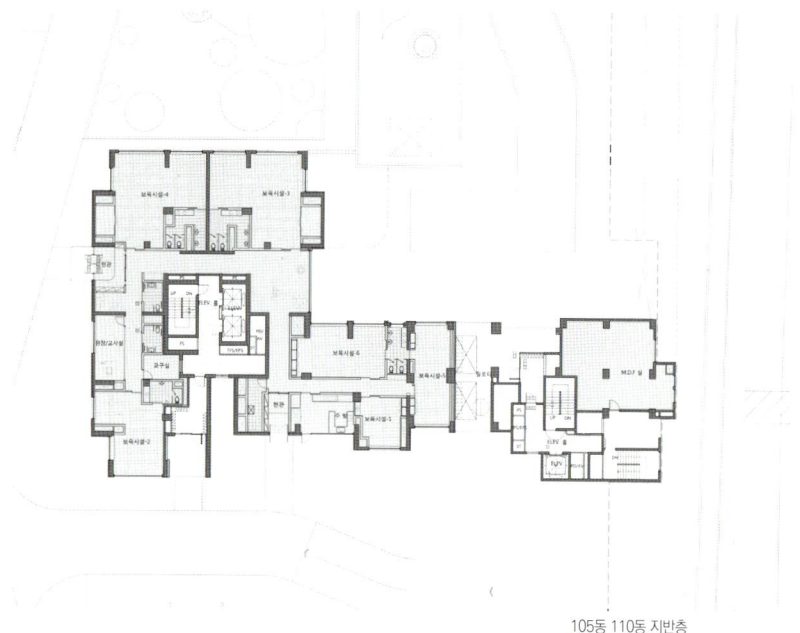

105동 110동 지반층

111동

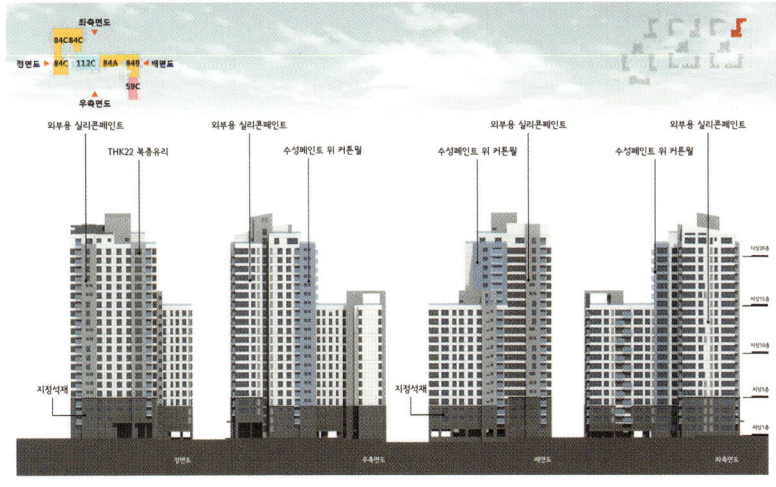

105동 110동 기준층

105동 110동 지반층

특별건축구역의 특별한 건축, 도시를 바꾸다

관리사무소/주민문화시설/방과후 아카데미

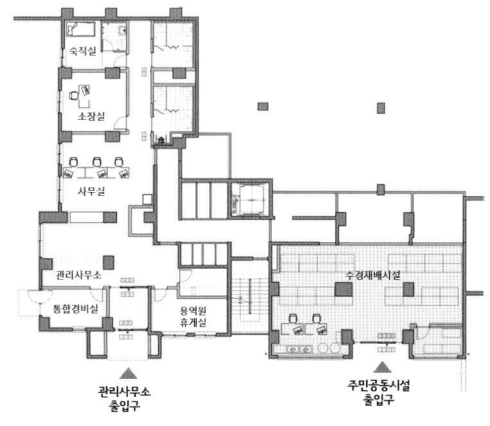

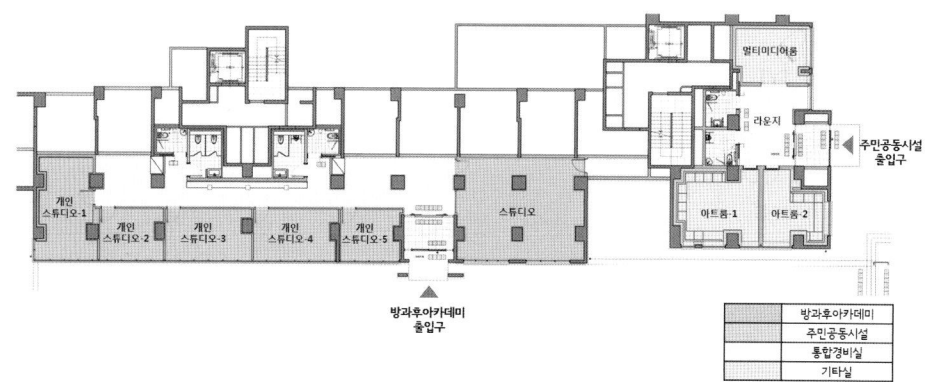

관리사무소 / 주민문화시설 / 방과 후 아카데미 평면도

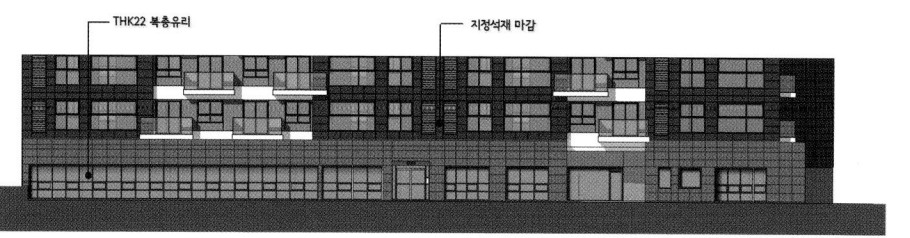

관리사무소 / 주민문화시설 / 방과 후 아카데미 입면도

보육시설/북라운지

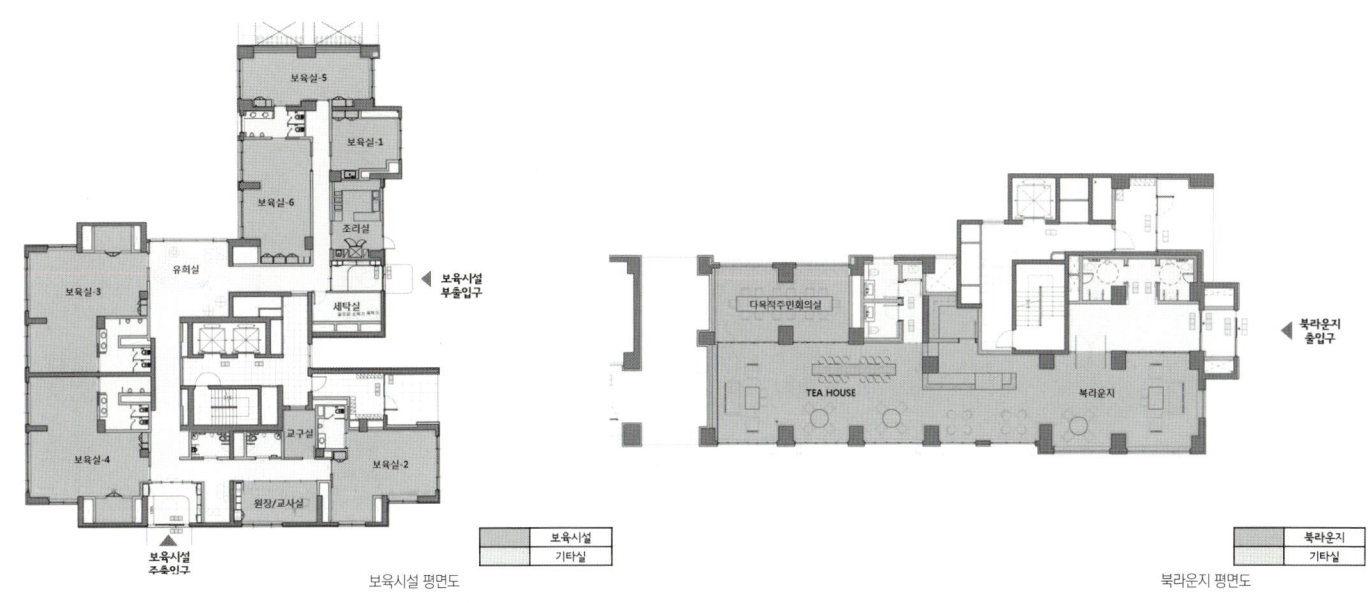

보육시설 평면도

북라운지 평면도

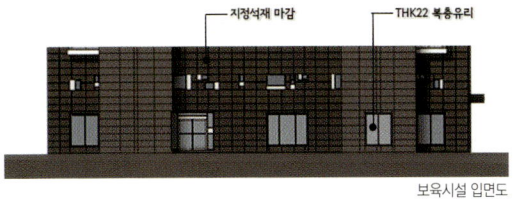

보육시설 입면도

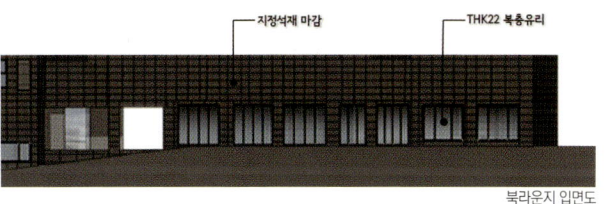

북라운지 입면도

특별건축구역의 특별한 건축, 도시를 바꾸다

사우나/수영장/휘트니스/주민공동시설

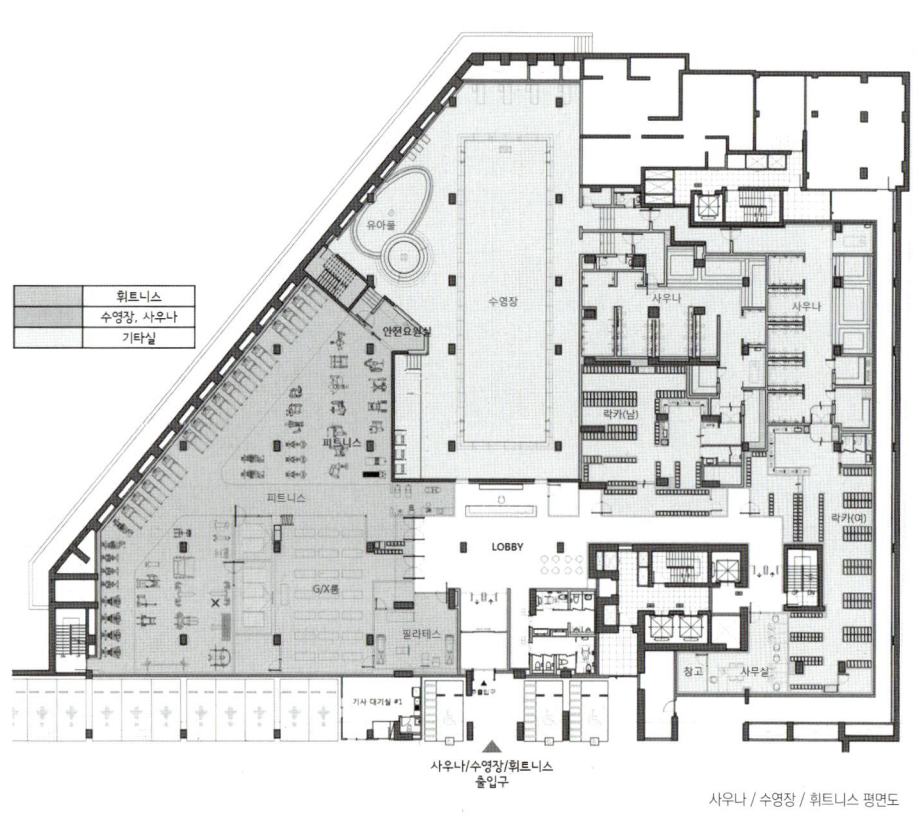

사우나 / 수영장 / 휘트니스 평면도

게스트하우스 평면도

스카이라운지 평면도

주민공동시설 입면도

주민공동시설/작은도서관

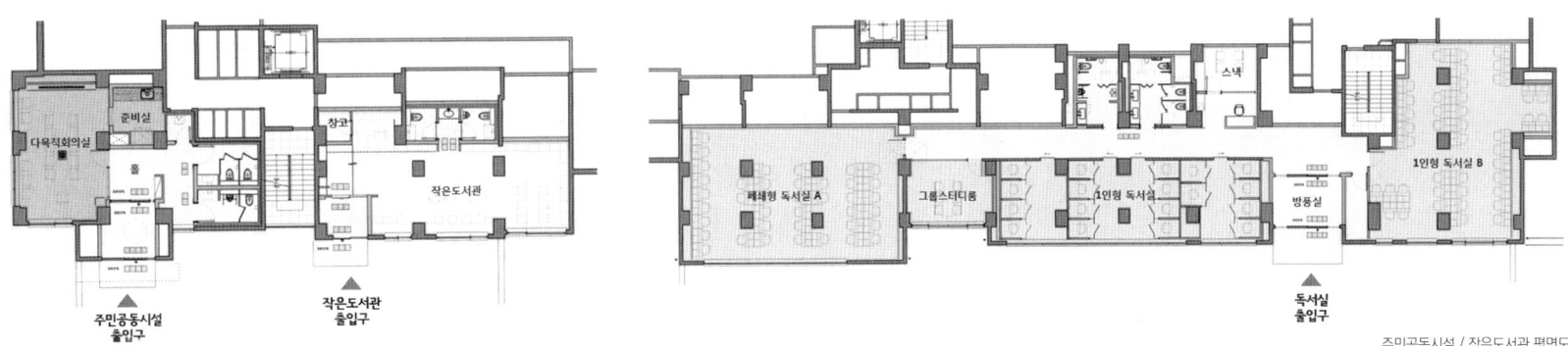

주민공동시설 / 작은도서관 평면도

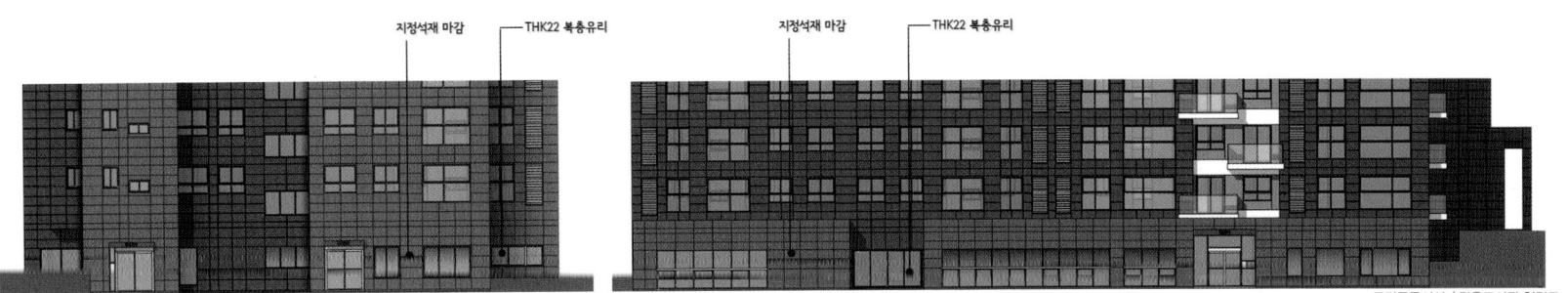

주민공동시설 / 작은도서관 입면도

특별건축구역의 특별한 건축, 도시를 바꾸다

하늘도서관/티하우스/키즈카페

하늘도서관(102동 상부) 평면도

티하우스/키즈카페(102동 하부) 평면도

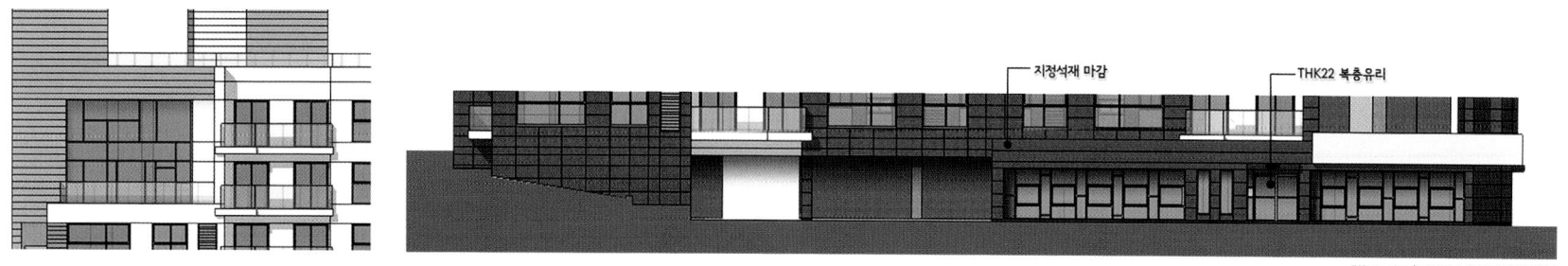

하늘도서관/ 티하우스/북라운지 입면도

경관특화입면계획

북측(한강) 입면도

남측 입면도

특별건축구역의 특별한 건축, 도시를 바꾸다

조경 식재계획

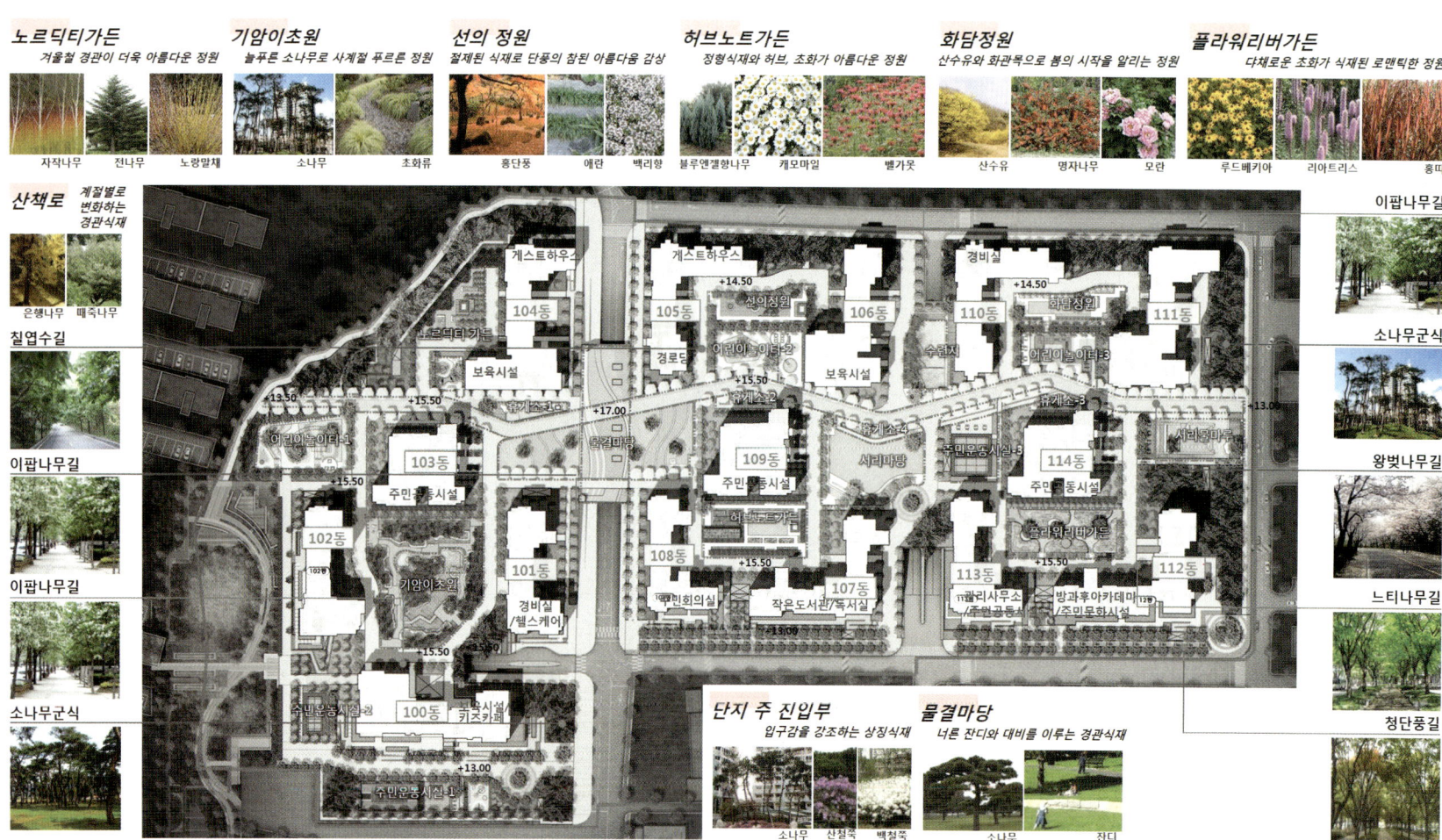

옥외공간계획

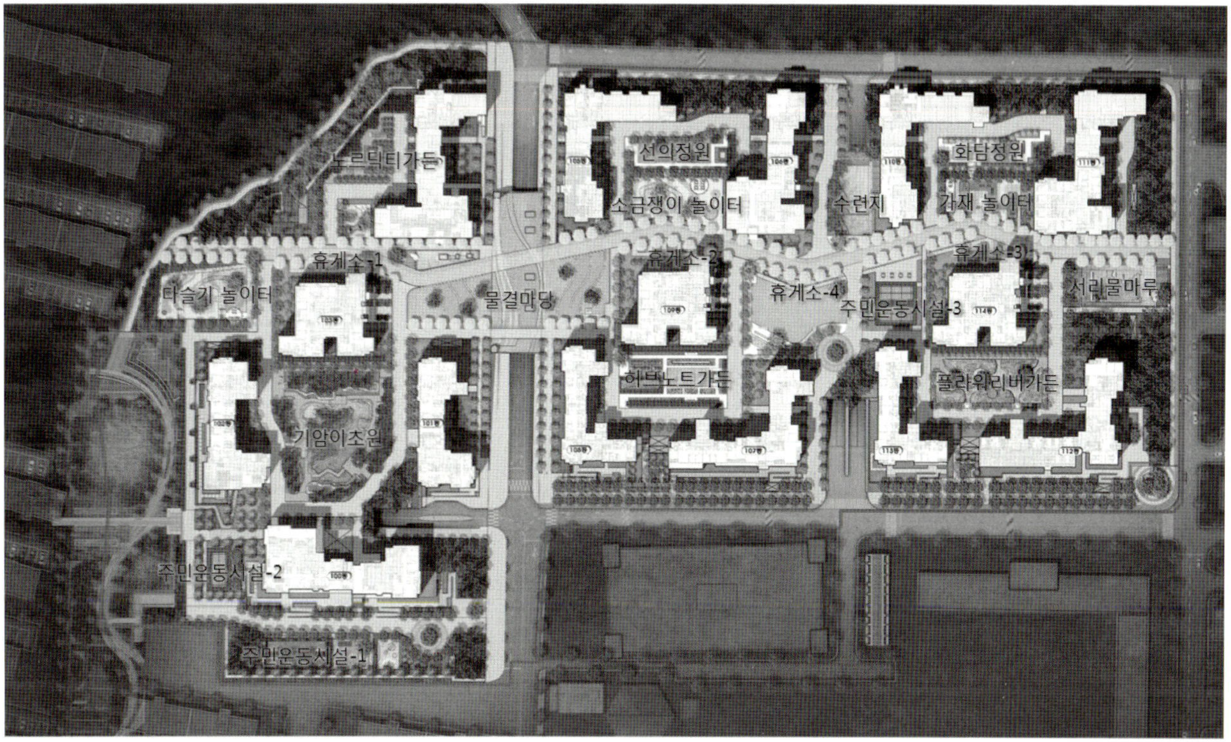

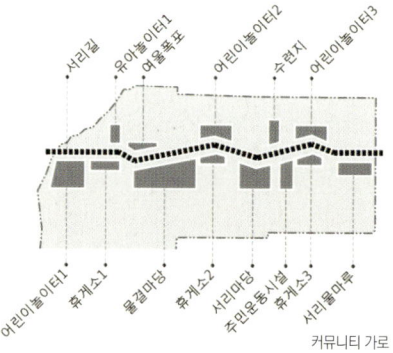

커뮤니티 가로

6개의 명품정원

단지내 아름다운길

신반포3차, 경남아파트 주택재건축정비사업

서초구 반포동 일대는 반포한강공원, 세빛섬, 서래섬과 인접하여 우수한 한강 경관 자원을 보유하고 있어 지역 활성화 및 한강의 관광 자원화 계획과 연계할 수 있다. 또한, 단지 주변으로 서래섬과 반포한강공원으로 이어지는 진입 보행로와 인접하고 계성초등학교, 신반포중학교 및 서울반포외국인학교가 주변에 위치하여 자연 및 교육 환경이 우수한 지역이다.

신반포3차, 경남아파트 주택재건축정비사업은 공동주택 22개 동 2,938세대와 부대 복리시설, 근린생활시설, 공공개방커뮤니티시설을 계획하였으며, 공공기여 방안으로는 사업지 일부를 소공원, 보행자 전용도로, 공개공지를 제공하여 한강으로 이어지는 보행 환경에 활력을 더하였다.

한강을 고려한 중·저층, 고층의 주동 배치로 한강의 통경축 및 조망권을 확보하였으며, 계성초등학교 및 인접한 주거지와의 조화를 고려한 단계별 스카이라인을 계획하여 생활가로변 및 한강변의 활력 있고 정감 있는 경관을 창출하였다.

공공개방커뮤니티 시설은 한강으로 이어지는 반포대로 및 신반포로19길에 면하여 지상, 지하입체보행 가로로 계획함으로써 지역주민 및 한강 이용자의 이용률을 높여 한강 활성화에도 기여할 것으로 기대된다.

유욱종 본부장 / 프로젝트 총괄

경력
A&U 도시디자인1 본부장 / 건축사
국민대학교 건축학과
서울시립대학교 도시과학대학원
(주)건축사사무소 어반엑스
㈜공간종합건축사사무소

대표작
압구정 아파트지구개발 기본계획(정비계획 변경)
코엑스 잠실운동장 일대 도시관리계획수립
판교창조경제밸리 기업지원 허브센터 건립공사
행복 도시 6-4 생활권 (L1, M1) 공동주택용지 현상설계
김포한강 Ab-04BL 기업형 임대 리츠 사업 민간사업자 공모
고양시 일산문화센터 건립공사 TK

이수형 본부장 / 프로젝트 총괄

경력
A&U 도시디자인2 본부장
중앙대학교 건축학과 겸임교수

대표작
한강변 관리 기본계획
2020 서울특별시 도시·주거환경정비기본계획
창조적 도시 공간을 창출하는 정비모델 개발
압구정 아파트지구 개발 기본계획(정비계획)변경
행복 도시 6-4 생활권 (L1, M1) 공동주택용지 현상설계

신반포3차 · 경남아파트 주택재건축정비사업 설계자

도시 및 사전경관계획 · 특별건축구역 지정 및 건축심의

류정식 이사
도시 및 사전경관계획
특별건축구역지정 및
건축심의 총괄

조광묵 실장
마스터 플랜

이내현 팀장
분구중심 계획

정동현 팀장
공공개방커뮤니티시설계획

이종원 팀장
주동 및 단위세대 계획

강성균 대리
주동 및 입면 계획

박선영 팀장
특별건축구역 심의

전설희 사원
분구중심 계획

신재 대리
공공개방커뮤니티시설계획

이하연 사원
공공개방커뮤니티시설 계획

강봉석 사원
주동 및 입면 계획

특별건축구역의 특별한 건축, 도시를 바꾸다

신반포 3차 · 경남아파트 주택재건축정비사업

신반포 3차 · 경남아파트는 특별건축구역 제도를 활용하여
입체적 스카이라인 형성된 아름다운 수변 경관을 창출하고,
공공성 확보를 통한 열린 주거단지를 조성하고,
새로운 기술과 시도를 통해 혁신적인 건축물을 건설하는 것을 목표로 하였습니다.

한강 중심의 도시 공간구조로 개편
남산~한강공원~우면산을 연결하는 녹지네트워크구축
수변 인접하는 가로변 녹지체계와 커뮤니티 완충공간 확보

다양한 경관관리로 새로운 도시경관을 창출
수변 경관 창출을 위해 특별건축구역 제도 활용 및 입체보행데크 조성
반포대로변, 학교변, 한강변 등 주변 여건을 고려한 특화 디자인
단지 내 공중커뮤니티, 스카이 브릿지 조성을 통한 도시경관 공유

한강과 도심 간의 긴밀한 네트워크 구축
신반포로(구반포역)~단지~한강 접근로까지 연계되는 가로 활성화 및
동서측 수변 커뮤니티 벨트 조성
토끼굴, 지하보도(신설)를 통한 한강 접근체계 개선

건축개요

대지위치	서울특별시 서초구 반포동 1-1번지 일원
지역지구	제3종일반주거지역/ 아파트지구
주요용도	공동주택(아파트 및 부대복리시설)
대지면적	168,467.6㎡
건축면적	23,682.450㎡
연 면 적	704,930.652㎡ (지상 360,272.854㎡ 지하344,657.798㎡)
건 폐 율	19.86%
용 적 율	299.95%
규 모	지하4층, 지상35층
구 조	철근콘크리트조

신반포 3차 · 경남아파트 주택재건축정비사업

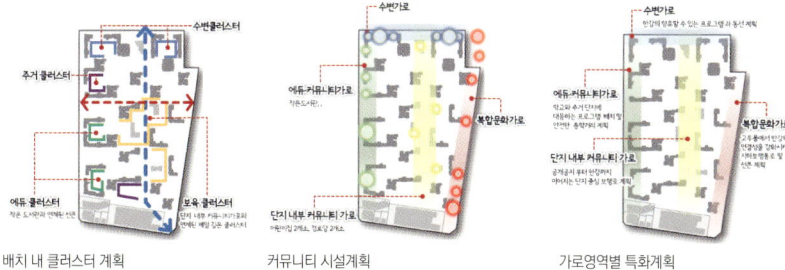

배치 내 클러스터 계획   커뮤니티 시설계획   가로영역별 특화계획

단지 내 클러스터 중심 배치 계획
클러스터 계획을 통한 단지의 영역성을 강화하여 입주자들의 프라이버시를 강화하고 클러스터별 특성과 주변 현황을 파악하여 클러스터별 커뮤니티시설 및 부대·복리시설을 배치하였습니다.

영역별 커뮤니티시설 계획
가로로 인하여 나눠진 영역에 맞춰 각 가로에 맞는 프로그램들을 배치하여 가로와 프로그램 그리고 주변 환경이 프로그램적 조화를 이루도록 계획하였습니다.

가로영역별 특화 계획
고투몰에서 한강을 연결하는 복합문화가로의 지하통로와 지상 보도를 통해 입체보행통로를 계획하고 이를 공공개방커뮤니티시설로 연계함으로 한강과 도시를 더 밀접하게 연결하였습니다.
초등학교와 중학교 그리고 주거단지와 접한 에듀·커뮤니티 가로에 도서관 등 공공개방 커뮤니티시설을 배치하여 안전하고 편리한 생활 가로를 계획하였습니다.
완충녹지와 연계된 수변 가로에 입체보행데크를 설치하여 각 공공개방커뮤니티시설 및 수변 가로의 활성화를 유도하였습니다.

한강으로 열린 공유경관 형성,
한강변 스카이라인 향상을 위한 배치계획

한강으로 열린 공유경관을 위한

입체적 스카이라인과 통경축 계획

한강을 향한 시각 통로 및 통경축을 형성함으로써 도시주거로서의 공공적 디자인 가치를 향상했습니다.
반포대교 광역통경축을 포함한 통경축 계획과 통경축 변 특색있는 수변주거지경관을 형성하였습니다.
영역마다 중첩되는 다양한 층수 계획을 통해 주변 주거지 및 수변 경관과 조화로운 스카이라인을 형성하였습니다.

도시 맥락을 고려한 배치계획을 통해

수변 및 지역 경관과 조화로운 경관 형성

주변 환경 및 가로영역별 특성을 반영하고 동네 풍경과 도시맥락에 순응하는 다양성을 담은 공간영역을 설정하였습니다. 한강으로의 차폐 조망을 개선하고 주변 지역과 주요보행로에서 한강을 조망할 수 있도록 공공을 위한 열린 통경축을 확보하였습니다.
모두의 자원인 한강변의 다양한 경관 연출을 위한 층수 변화를 통한 리듬감 있는 스카이라인 형성합니다.

경관 다양성 창출을 위한 창의적인 디자인 계획

창의적인 도시경관을 창출하는
가로영역별 건축디자인 계획

영역마다 중첩되는 다양한 층고 계획과 색채 및 패턴의 통일성을 부여합니다.
창의적 입면 계획으로 조화로운 스카이라인구현 및 도심과 한강 경관의 공공성을 추구합니다.

수변문화가로 경관

에듀커뮤니티가로 경관

도심가로 경관

복합문화가로 경관

특별건축구역의 특별한 건축, 도시를 바꾸다

경관 다양성 창출을 위한
창의적인 디자인 계획

창의적 디자인을 통해
지역 풍경에 보탬이 되는 특화 주동 계획

한강을 향한 시각 통로 및 통경축을 형성함으로써 도시주거로서의 공공적 디자인 가치를 향상했습니다.
반포대교 광역통경축을 포함한 통경축 계획과 통경축 변 특색있는 수변 주거지 경관을 형성하였습니다.
영역마다 중첩되는 다양한 층수 계획을 통해 주변 주거지 및 수변 경관과 조화로운 스카이라인을 형성하였습니다.

수변가로 주거동

한강변 중첩 경관을 연출하는 수변 가로 주거동

중저층 주거동 조합을 통한 점층적 스카이라인 형성
스카이커뮤니티, 입체보행데크, 복층 유닛 등
한강변 저층형 특화 주동계획

한강의 새로운 경관을 연출하는 수변 조망 주거동

수변부 중저층 주거동과 중첩 경관을 이루는
한강변 고층형 특화 주동계획
한강 조망세대, 펜트하우스, 오픈발코니를
통한 디자인 특화

수변조

랜드마크 주거동

한강을 대표하는 디자인특화 랜드마크 주거동

단지, 지역을 대표하는 디자인 주동을 통한
새로운 경관창출

신반포 3차 · 경남아파트 주택재건축정비사업

반포대로변 주거동

한강과 도시를 리듬감 있게 잇는 반포대로변 주거동

반포대로 변으로 낮아지는 스텝형 주거동 조합
측벽세대 매스 분절을 통한 리듬감 있는 경관 형성

반포대로 특화 주동

자연감시기능이 가능한 에듀가로변 주거동

자연감시 기능이 가능한 테라스형 평면계획을 통한
입체적 주동계획
복층 및 테라스형 평면 등 다양한 수요자의 요구를
반영한 디자인 특화 주동

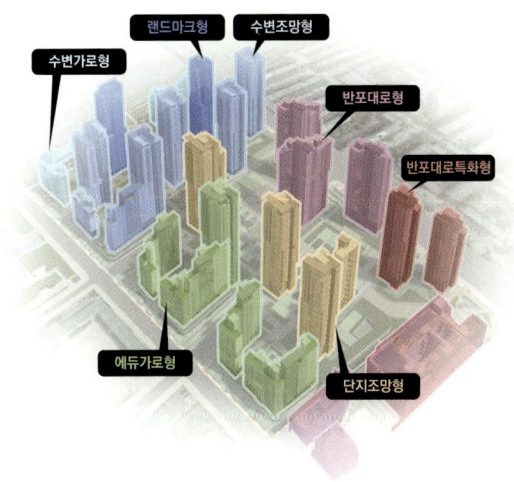

여러 가로를 연계하는 반포대로 변 특화 주동

도심 가로변 디자인 특화 중층주동 계획을 통해
단지 상징성 강화
필로티 및 틸트형 주동을 통한 단지 초입부 인지성 확보

에듀가로변 주거동

단지 통경축에 접한 단지 조망형 주거동

단지 통경축에 접한 주동으로 남향배치와
디자인의 연속성을 갖는 주동계획
중고층 배치를 통한 단지 내 스카이라인 형성

단지조망형 주거동

도시환경과 지역 경관을 고려한 친환경 건축설계 계획

주동 옥상 부에 옥상녹화와 태양광 패널 등을 설치하는 친환경계획을 설계하였습니다.
경사 지붕, 펜트하우스 등 경관을 고려한 디자인 특화계획을 설계하였습니다.

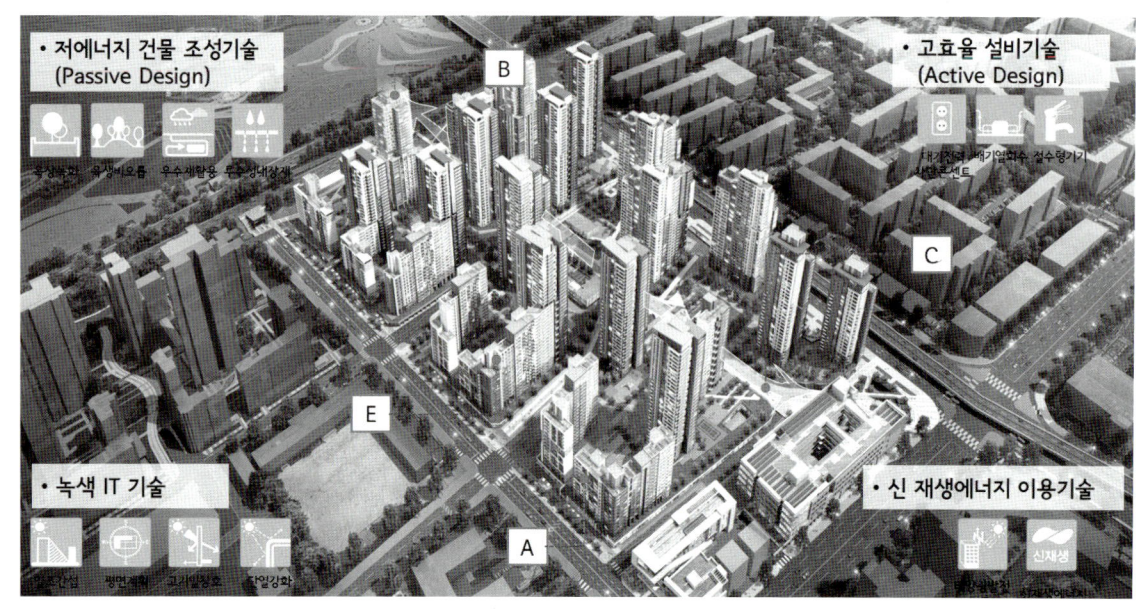

A. 주동테라스 녹화

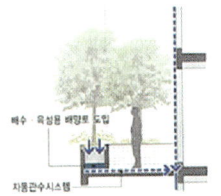

B. 한강조망 펜트하우스, 태양광 패널

C. 환경친화형 단지조성

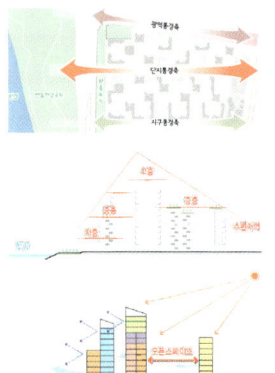

D. 에너지 저소비형 친환경 건축설계 계획

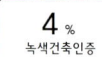 

E. 주동 옥상녹화, 벽면녹화

단지 출입구 지하고투몰에는 선큰에서 공개공지로 단절 없이 연계되는 입체적 보행 동선을 계획하였습니다.
분구 중심, 주구 중심, 공공청사, 문화시설을 연계하는 보행자 우선의 가로체계를 구축하였습니다.

특별건축구역의 특별한 건축, 도시를 바꾸다

단지 친환경 조경계획은

클러스터별 테마에 맞는 세부 식재 계획 수립 및
단지 내 생태환경 및 수목 생육에 적합한 생태기반조성

주진입부 경관식재는 소나무를 군식하고, 주 보행로와 순환 보행로는 왕벚나무와 이팝나무 등 화목류 위주로 식재하였습니다. 동서쪽 대로변에 무성한 가로 경관을 위해 느티나무, 메타세콰이어 등의 녹음 수를 식재하였습니다.
입구 마당, 상가 인접부, 사면부에는 각각 팽나무 정자목, 중국단풍, 매화나무 군식으로 경관을 형성하였습니다.

조경계획의 기본방향은

GARDEN FRAME

내 집 마당에 멋진 풍경을 담다
내 집 마당에 추억을 담다
다채로운 빛깔의 정원을 담다

잔디 마당
- 너른 잔디마당이 펼쳐진 단지 중앙광장

물빛 정원
- 보육시설과 연계한 유아풀장이 있는 정원

열매 정원
- 열매가 열리는 수종이 식재된 정원

꽃빛 정원
- 왕벚나무 숲림 속 취미활동이 가능한 마당

치유 정원
- 경로당과 연계한 텃밭이 조성된 정원

노랑빛 정원
- 노란빛의 낙엽을 감상할 수 있는 휴게 정원

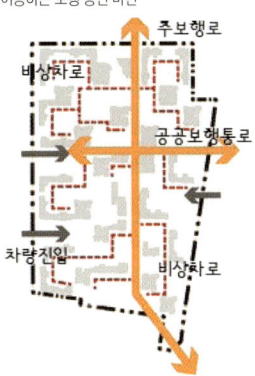

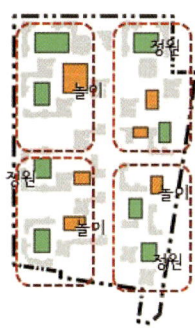

동선체계
십자형 주보 행로에서 각 주동으로 이동하는 보행 동선 마련

공간 성격
공적-반공적-사적 공간의 위계 설정

정원
놀이, 정원, 운동 기능이 배분된 클러스터 마련

특별건축구역의 특별한 건축, 도시를 바꾸다

다양한 수요자의 요구를 반영한 평형 구성

수요자 요구를 만족하는 유연한 주거유형 개발을 통해
지속가능한 주거 유형 제시

다양한 수요자의 요구를 반영한 평형 구성을 설계 하였습니다.
- 가구원 수 변화에 따른 평형대 수요를 85㎡ 미만 (66.88%) 중심의 평형 배분
- 59㎡, 84㎡를 기본평형대로 평형대 특성에 따라 9가지 평형대 위계설정
- 단위세대 조합방식 및 가로의 성격에 따라 81개 TYPE의 다양한 주거형태

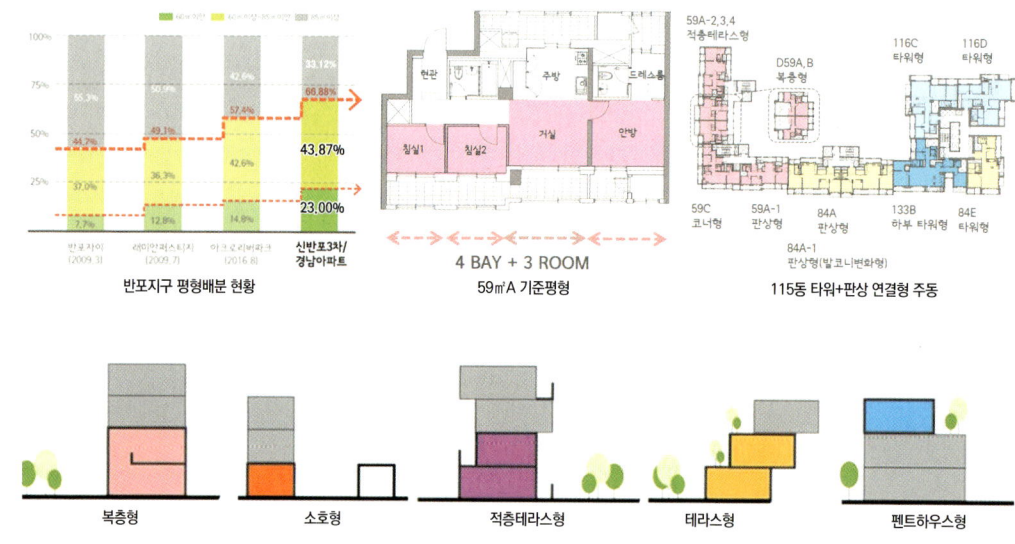

규모와 성격에 따른 다양한 형태, 주거유형별 특화 아이템을 적용한 평면계획을 하였습니다.
- 평형대별 라이프스타일에 따라 구별되는 5가지 주거유형 특화아이템 개발

가구 구성 및 생애주기(라이프사이클)에 따라 가변이 쉬운 구조로 계획하였습니다.
- 가족 구성원 및 생활패턴의 변화에 따라 단지 내 70% 이상 변화가 가능한 구조 적용

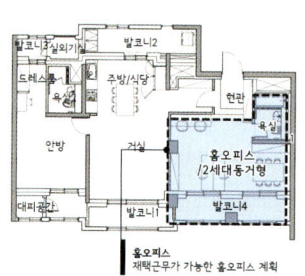

길 중심의 지역에 열린 주거문화 창출

방음벽과 담장이 없는 아파트 구현 및 4가지 가로 시스템 계획

주변 지역 특성에 따른 4가지 가로별 성격 부여 및 가로시스템을 설정하였습니다.
첫째, 수변 문화가로는 한강의 공공성을 강화하고 한강변 활성화를 위한 입체보행 시스템으로 조성하였습니다.
둘째, 복합문화가로는 중심상업지역과 한강의 도시 기능적 연계를 위한 침상형 가로 시스템으로 조성하였습니다.
셋째, 에듀커뮤니티 가로는 생활 가로로 주거 및 주변 학교에 대응하는 연도형 가로 시스템으로 조성하였습니다.
넷째, 단지 내부 커뮤니티 가로 단지 내 주 진입광장에서 한강전망데크를 연결하는 선형 가로 시스템으로 조성하였습니다.

한강변 주거지의 공공성 강화 및 열린 주거문화 형성을 위한 가로와 연계된 외부공간을 계획하였습니다.

가로별 성격에 따른 공공개방시설 계획으로 지역 주민들이 자연스럽게 만나고 소통할 수 있는 공간 계획을 하였습니다.

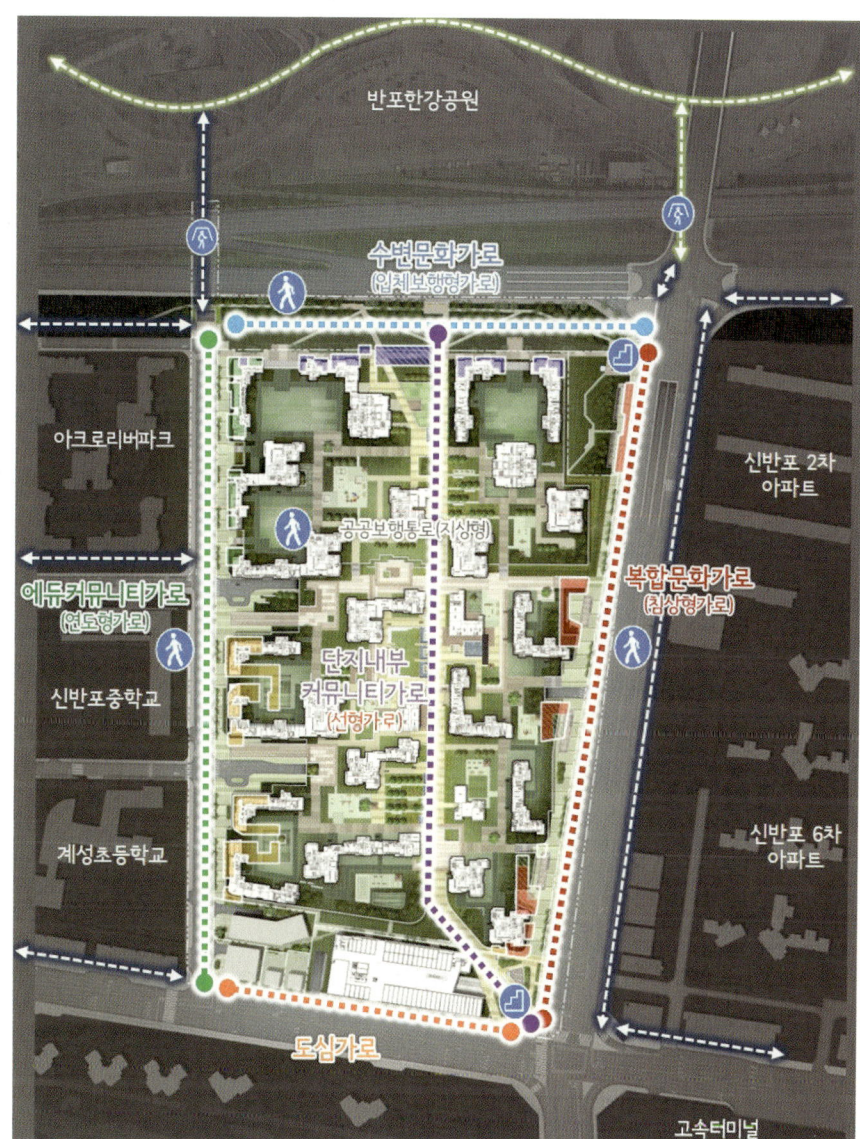

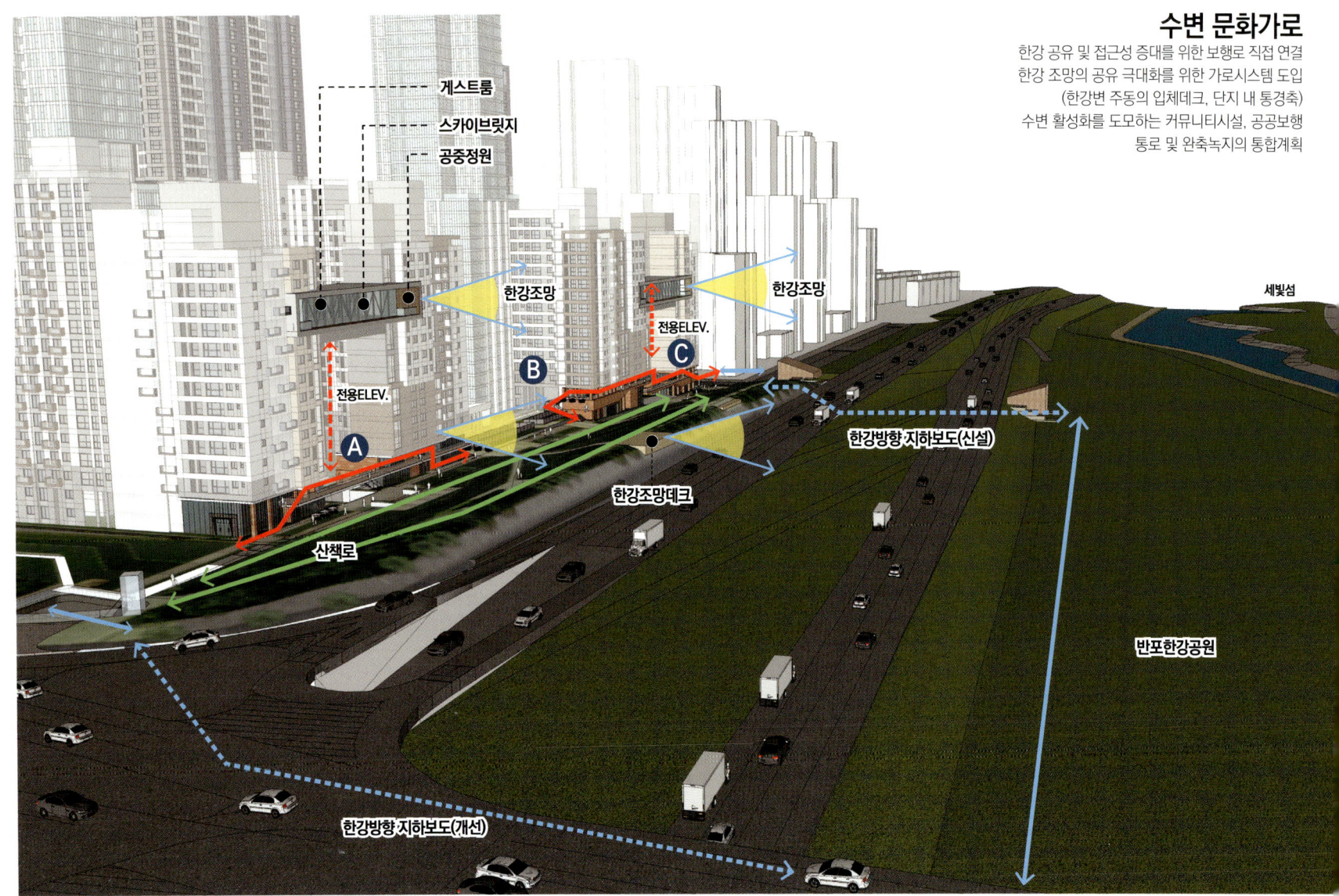

신반포 3차 · 경남아파트 주택재건축정비사업

썬큰공원 A
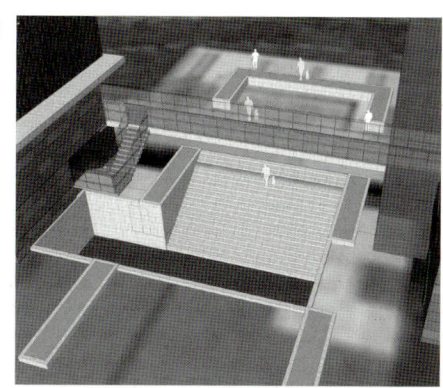

파머스마켓프라자 B

입체가로 C

복합문화가로

역세권의 활력을 한강으로 유입시키기 위해, 고속터미널 지하상가에서 반포공원까지 지하보행통로 조성
복합문화 가로에는 생활권 내에 부족한 문화프로그램을 배치하여, 단순 통로가 아닌 새로운 문화 거점으로서의 역할 부여
공개공지 면에 위치한 지하상가부터 사업대상지 내까지 직접 진·출입할 수 있는 동선을 계획하여 편리한 보행환경 조성

문화공연 및 체험존 Ⓐ

문화전시존 Ⓑ

문화창업지원센터 Ⓒ

소공원(지상)/ 한강 레저커뮤니티존(지하) Ⓓ

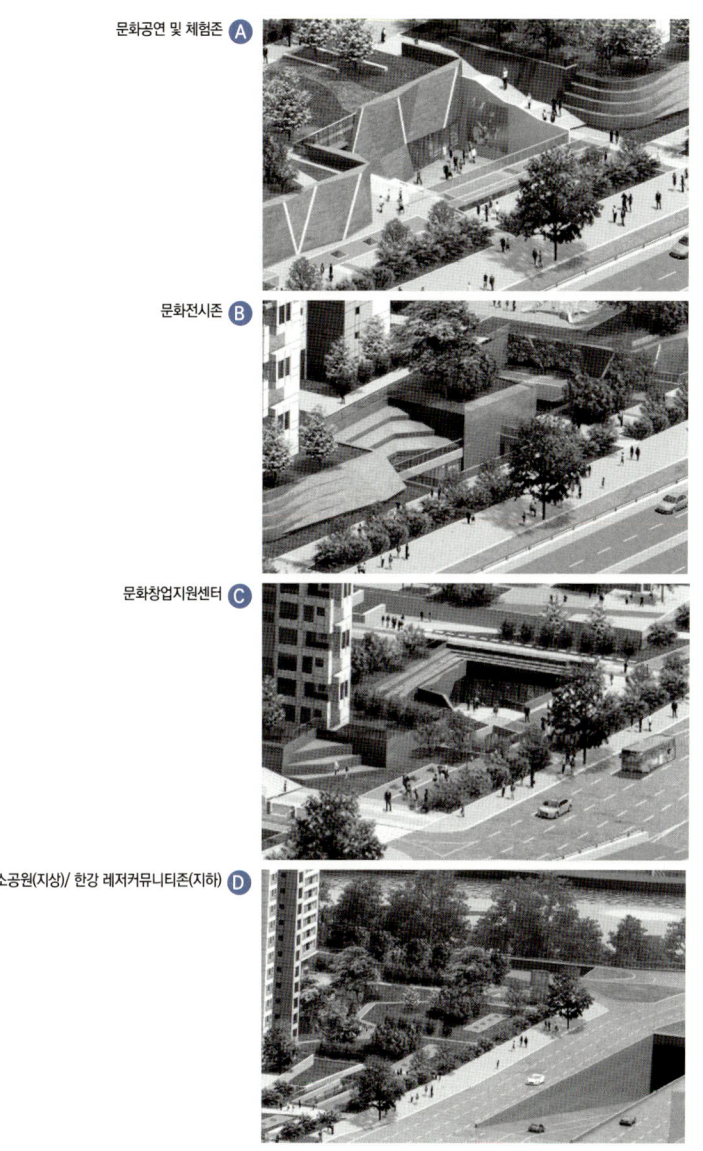

A 맘스카페
- 어린이도서관과 영역과 맘스카페를 같이 계획
- 회차 공간 계획을 통해 편의 향상

B 작은 도서관, 어린이도서관
- 신반포중학교와 개성초등학교에 대응하여 연령별 특성에 맞는 도서관 계획

C 생활가로변 회랑
- 포켓 공원, 녹지공간, 휴게공간등과 더불어 다양한 가로공간요소

D 포켓공원
- 시설과 진입광장 사이에 완충공간 역할
- 회랑, 녹지공간, 휴게공간 등과 더불어 다양한 가로공간요소

에듀커뮤니티 가로
커뮤니티 배치를 통해 자연감시가 가능하며, 무장애 경사로(1/18)의 안전한 통학로 계획
공공개방커뮤니디를 배치히여 주변 지역과 공유, 활력 있는 가로 구현
주변 지역과 공유하는 커뮤니티와 단지 내 주민들의 공간을 분리하여 정주성 보호

특별건축구역의 특별한 건축, 도시를 바꾸다

단지 내부 커뮤니티 가로

단지 주 진입광장과의 연계를 위한 선형 보행로 직접 연결, 또한 한강 전망데크로 보행 동선 연계를 위해 가로 끝부분에는 파머스마켓프라자 계획
단지 내 주 보행 동선을 따라 주민운동시설, 어린이집, 경로당을 배치하여 접근성 및 인지성 강화
커뮤니티시설과 외부공간을 연계하여 공간 효율을 높이고 외부공간 특성에 따른 특색있는 조경계획

신반포 3차 · 경남아파트 주택재건축정비사업

도심 가로

역세권의 활력을 한강으로 유입시키기 위해, 고속터미널 지하상가에서 반포공원까지 지하보행통로 조성
복합문화 가로에는 생활권 내에 부족한 문화프로그램을 배치하여, 단순 통로가 아닌 새로운 문화거점으로서의 역할 부여
공개공지 면에 위치한 지하상가부터 사업대상지 내까지 직접 진·출입할 수 있는 동선을 계획하여 편리한 보행환경 조성

특별건축구역의 특별한 건축, 도시를 바꾸다

모두에게 안전하고 편리한 가로환경

건축물, 가로시설물, 식재 등 가로공간요소의 통합계획을 통해
보행자 중심의 주거단지 및 가로형성

공공보행통로를 확대 계획하여 거리의 활성화 및 걷기 좋은 환경을 조성하였습니다.
저층부 주변 대응 또는 필요 공공개방커뮤니티시설 계획으로 옹벽발생을 방지하고 거리의 활성화를 꾀하였습니다.
주동 형태의 다양성을 통하여 휴먼스케일 거리로 조성하였습니다.

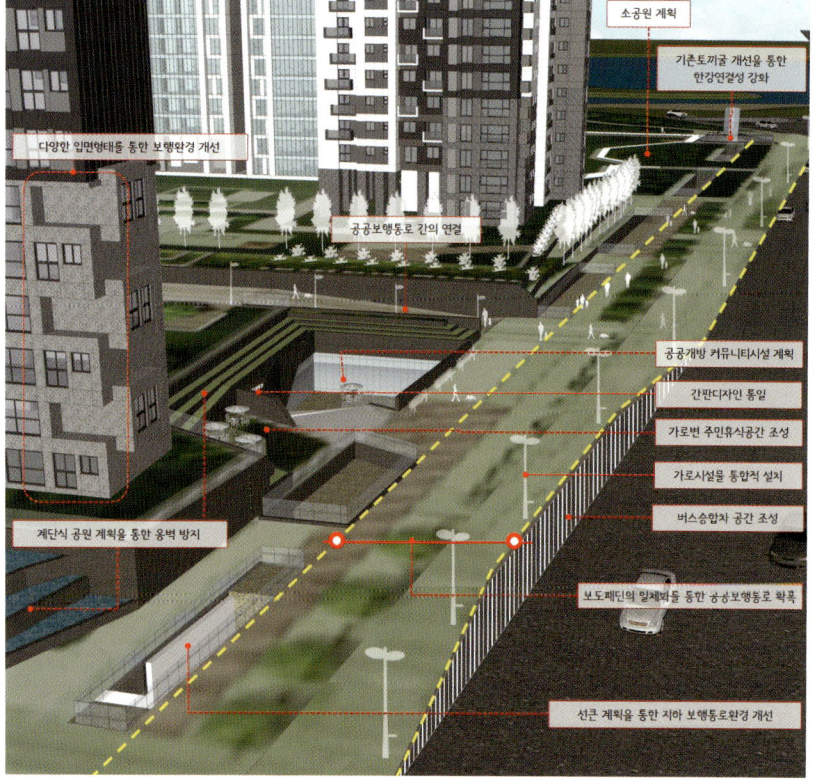

범죄예방을 고려한 안전한 단지계획(CPTED)

무장애 디자인과 범죄예방 환경설계를 통해
보행자 중심의
안전안심 주거단지 형성

클러스터 기반 단지 배치 계획으로 자연감시 극대화를 통한 안전한 단지를 조성하였습니다.
단지 경계부에 조경, 패턴, 스트리트 퍼니처 등을 공공가로변과 통합 디자인화하여 경계를 허물고 통일감 있는 거리를 조성하였습니다.
노약자, 임산부, 장애인 등이 단지를 보행하면서 편리하게 이용할 수 있도록 다양한 건축적 장치(무단차, 램프, 엘리베이터, 점자블록 등)를 단지 곳곳에 설치하였습니다.
범죄 발생 가능성이 높은 공간을 알고리즘 분석 시스템을 통해 예방할 수 있도록 건축계획 전반에 반영하여 여성과 아이가 안심할 수 있는 단지를 조성하였습니다.

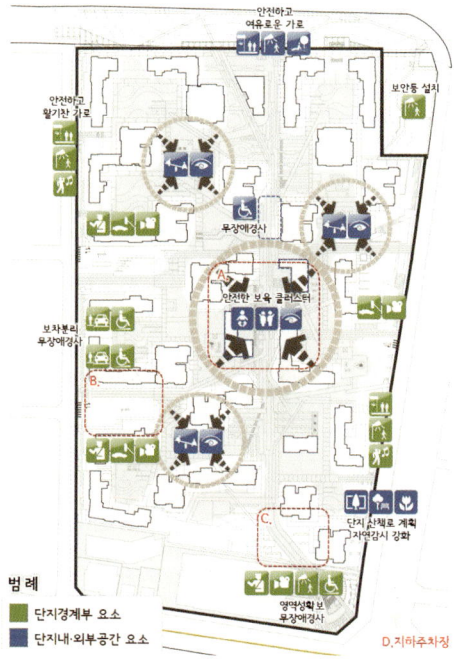

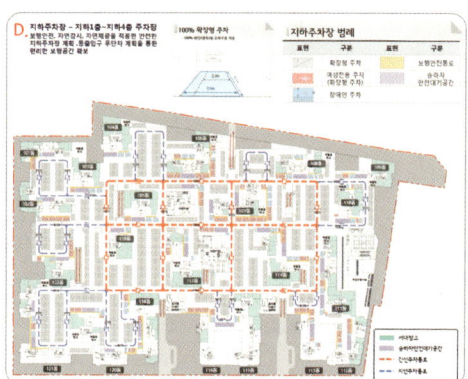

특별건축구역의 특별한 건축, 도시를 바꾸다

공동체를 위한 공유 커뮤니티

지역의 커뮤니티 수요 조사를 통한 공공개방커뮤니티 시설 유형 도출

단지 내 공공보행통로에 의무·권장 커뮤니티 시설을 집적하여 이용이 편리하게 배치하고 다양한 프로그램을 추가하여 이웃 간의 커뮤니티가 활성화 될 수 있도록 유도하였습니다.

유사 시설을 연계하여 시너지 효과를 유도하고 실·내외 커뮤니티가 복합적으로 일어날 수 있도록 외부공간과 적극적인 연계계획을 세웠습니다.

단지 외곽, 주요 도로 및 한강변에 지역주민을 위한 공공 개방시설을 배치하여 생산·소비의 커뮤니티가 가로를 중심으로 성장할 수 있도록 배치하였습니다.

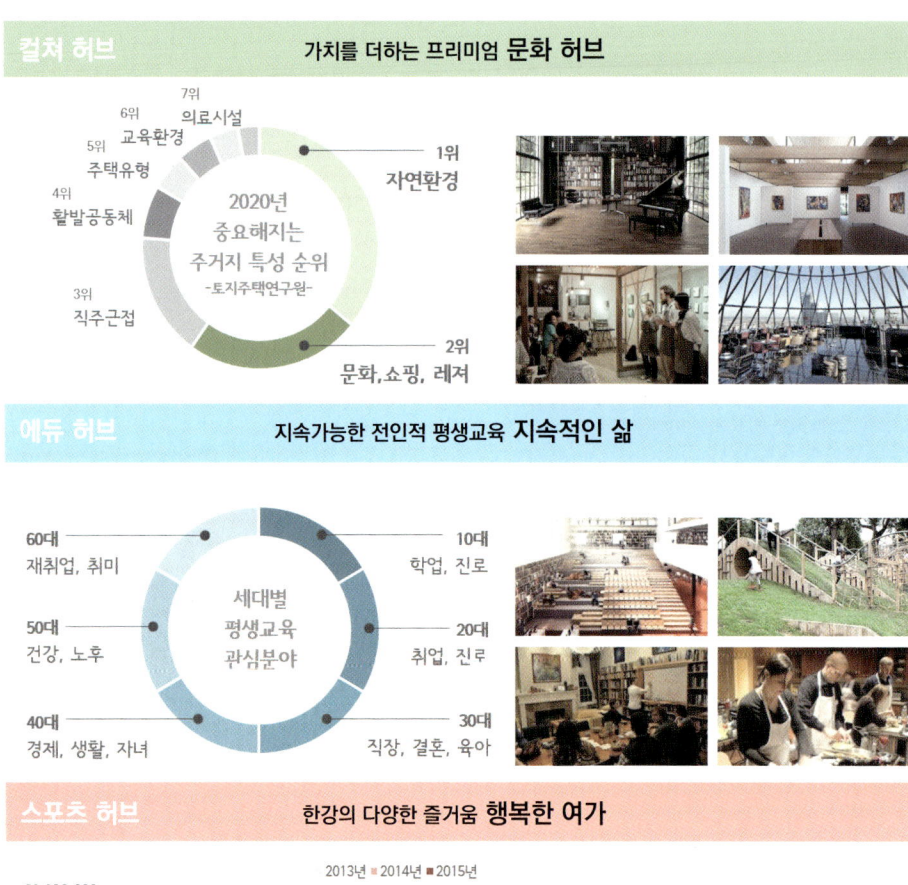

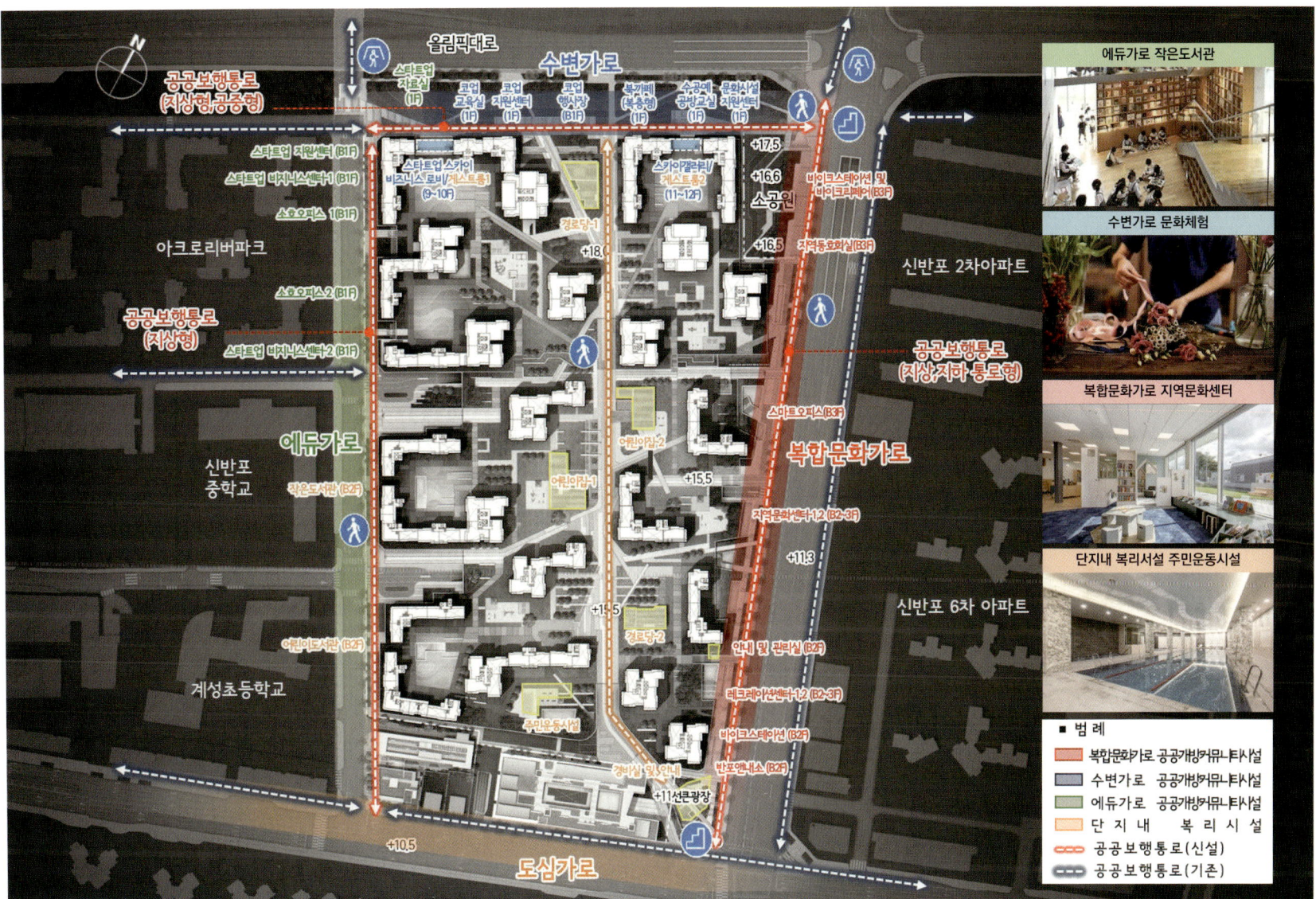

특별건축구역의 특별한 건축, 도시를 바꾸다

공동체를 위한 공유 커뮤니티

자치구와 사업 주체인 조합(입주자 대표회의) 간 구체적인 협약 마련을 통해
공공개방시설 지속적 운영 담보

시민들이 자유롭게 걷고 만나며, 삶의 질을 공유하는 공공개방시설과 비영리단체의 운영 프로그램을 융합하여 다양한 이벤트 제공하도록 계획하였습니다.

문화육성공간, 사회적 협동조합, 스타트업 기업을 위한 인큐베이터 공간으로 다양한 사회참여 기회를 제공할 수 있습니다.

공공재로서의 한강 경관을 지역사회와 공유하고, 합리적인 유지관리 운영으로 공공개방시설의 지속 가능성 확보합니다.

주민 간 차별 없는 공동주택

임대주택과 분양주택의 혼합배치를 통한
주민 간 차별 없는 주거단지 조성

임대수요 대응 및 임대주택과 분양주택을 혼합하여 다양한 생활패턴에 맞게 소셜믹스를 도모하였습니다.

하나의 주동에 다양한 주거유형 혼합 배치를 하여 다양한 생애주기 및 생활패턴에 따라 거주할 수 있도록 계획하였습니다.

영역별 특성화한 입면 디자인에 통합적 재료사용으로 하나의 단지라는 통일감을 형성하였습니다.

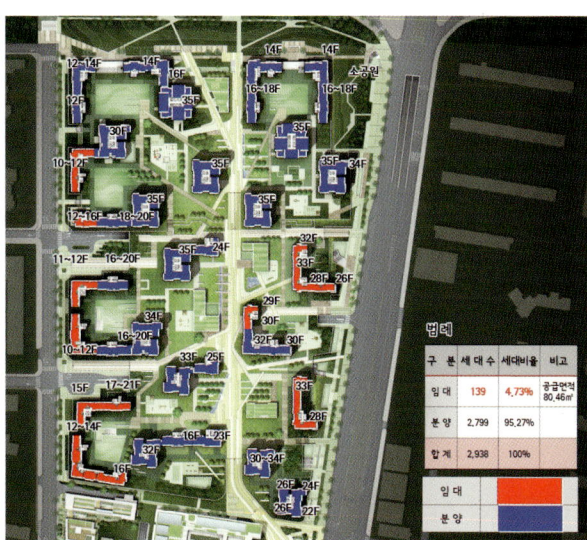

단지 내 균등한 임대주택 배치계획

임대주택의 소셜믹스 및 특화계획

특별건축구역의 특별한 건축, 도시를 바꾸다

111동

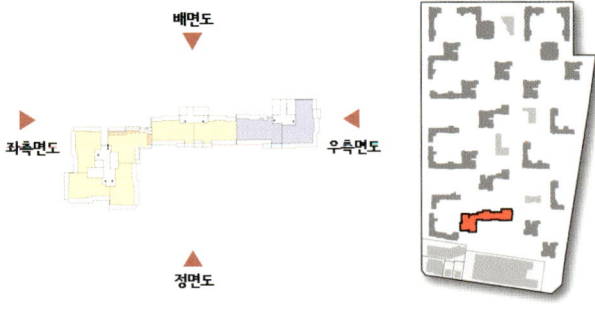

신반포 3차 · 경남아파트 주택재건축정비사업

111동 1층

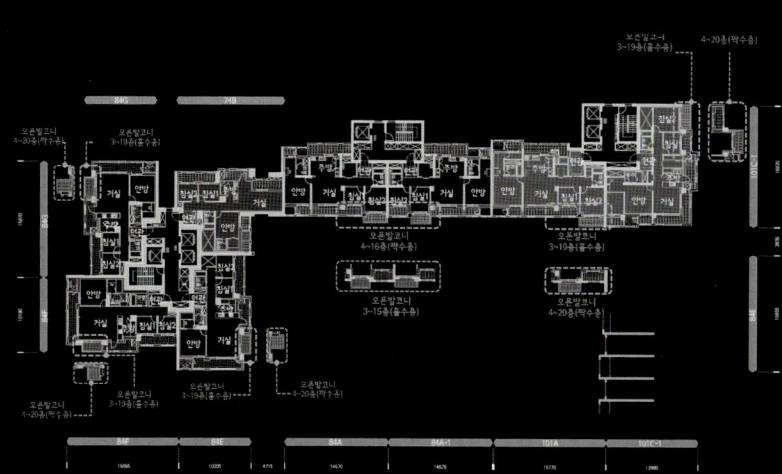

111동 기준층

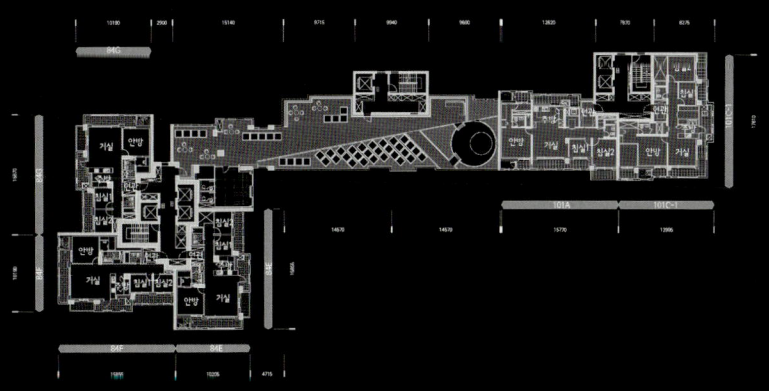

111동 17층

111동 18-32층

특별건축구역의 특별한 건축, 도시를 바꾸다

115동

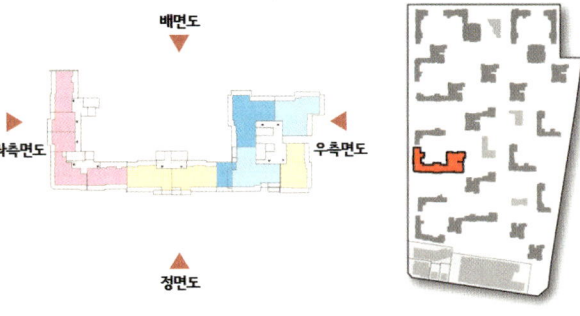

신반포 3차 · 경남아파트 주택재건축정비사업

115동 1층

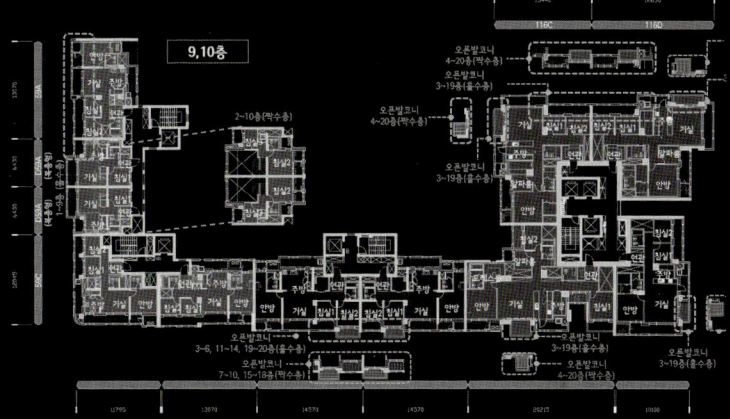

115동 기준층

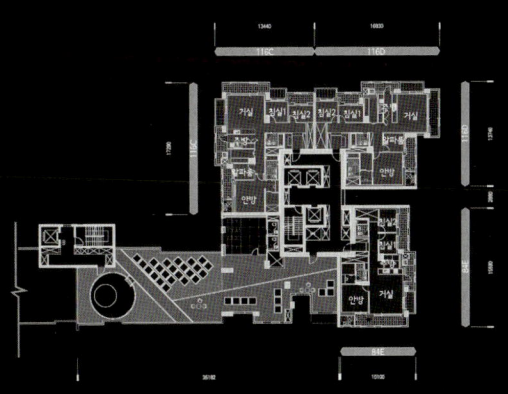

115동 21층

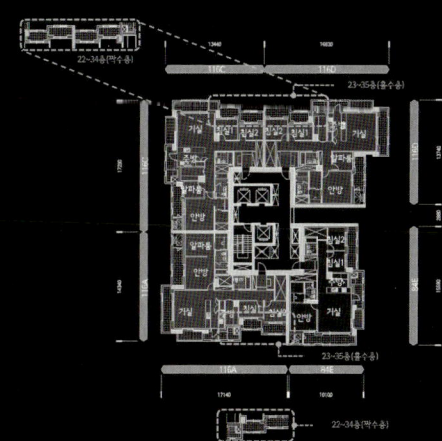

115동 22-35층

114동

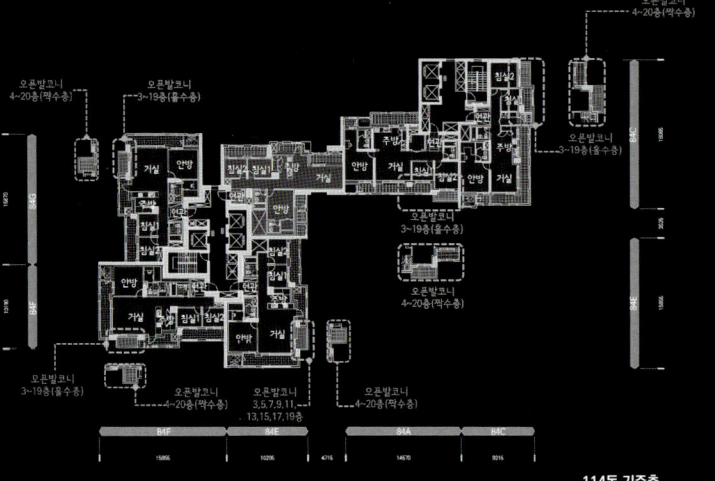

114동 기준층

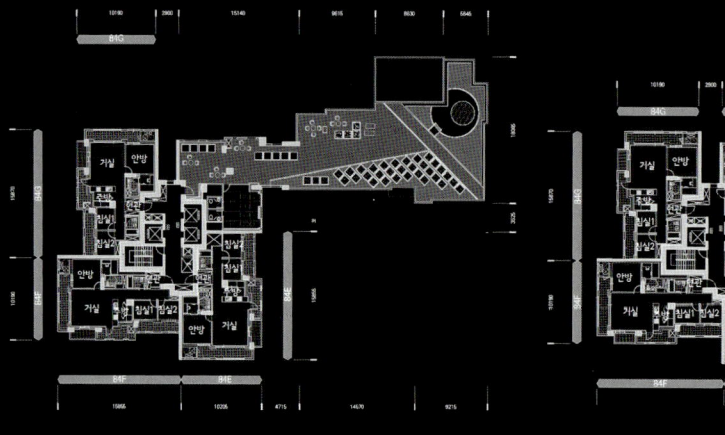

114동 26층　　　　　114동 27-32층

117동

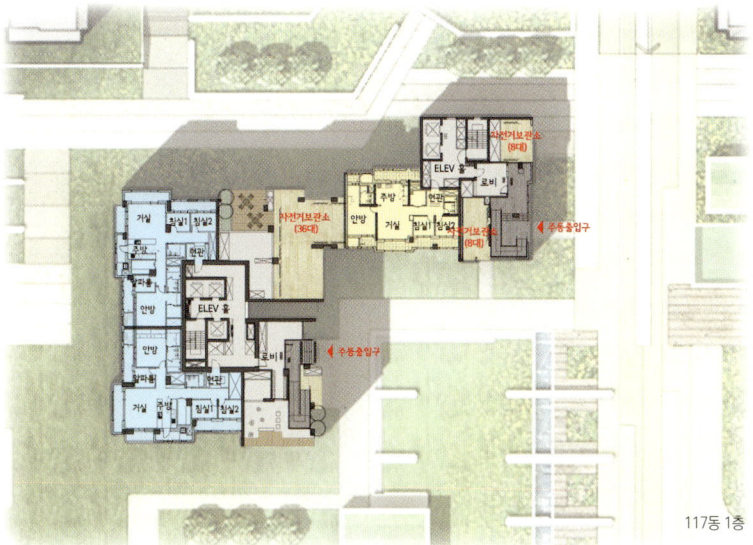

117동 1층

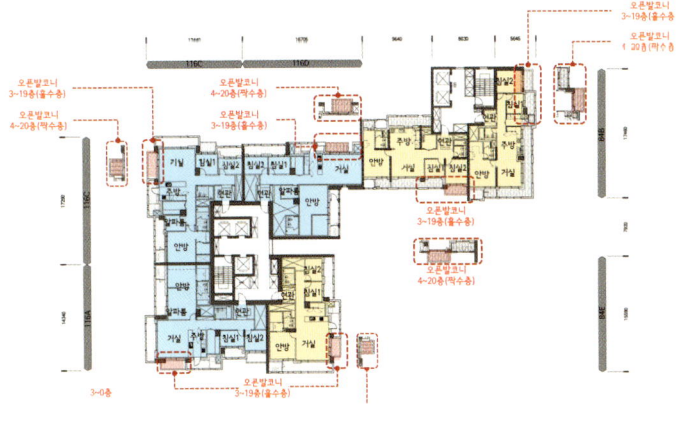

117동 기준층

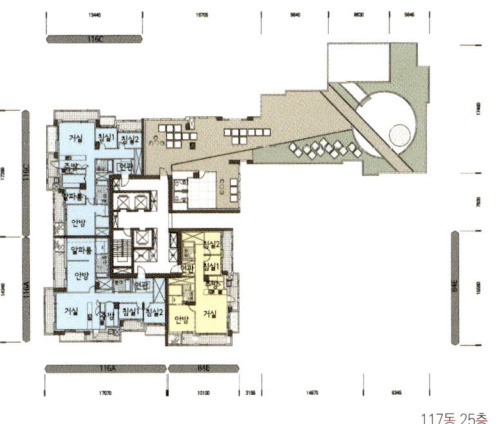

117동 25층

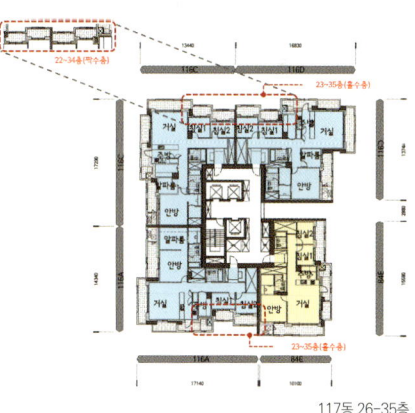

117동 26-35층

특별건축구역의 특별한 건축, 도시를 바꾸다

119동

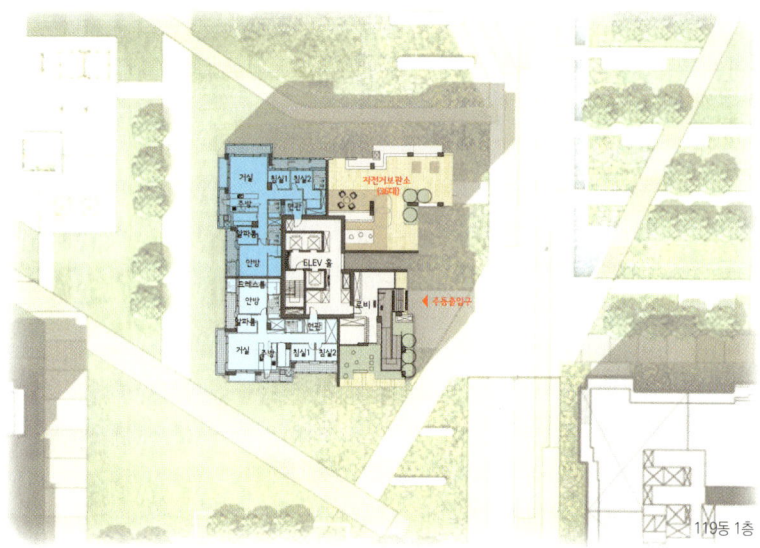
119동 1층

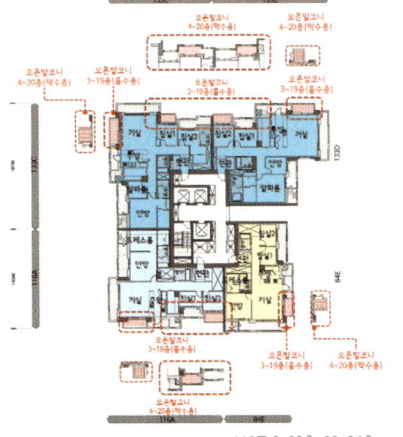
119동 3-20층, 22-34층

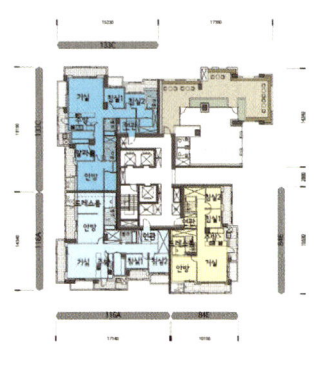
119동 21층

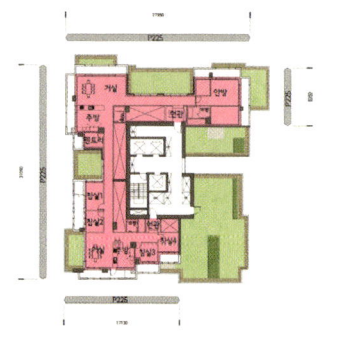
119동 35층

119동 지붕층

122동

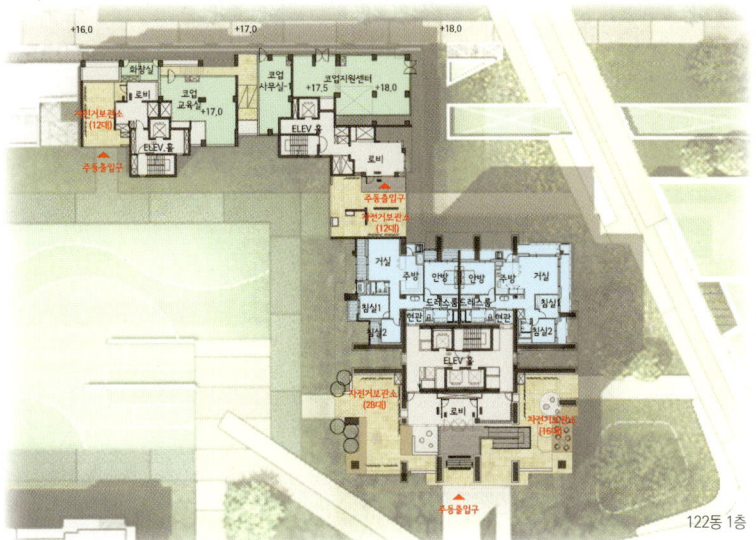

122동 1층

122동 2층

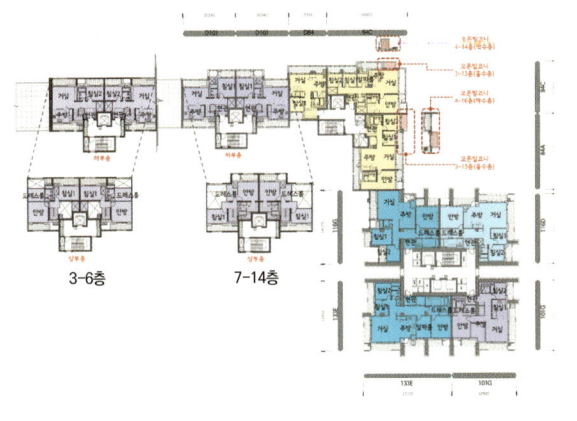

3-6층　　7-14층

122동 3-6층, 7-14층

122동 17-19층

122동 20-35층

특별건축구역의 특별한 건축, 도시를 바꾸다

레크레이션센터/안내 및 관리실

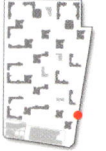

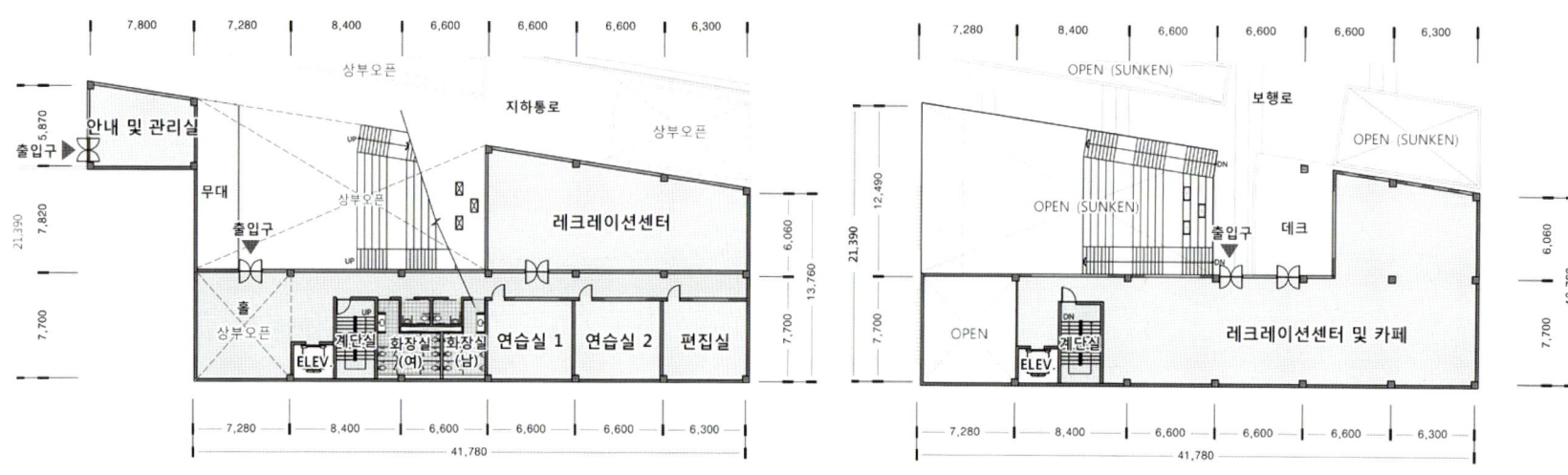

레크레이션센터, 안내 및 관리실 평면도

레크레이션센터, 안내 및 관리실 평면도

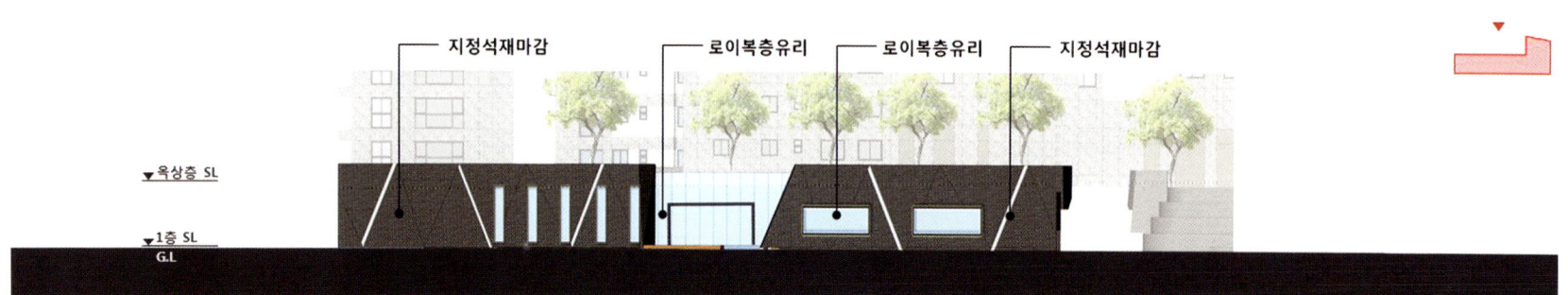

레크레이션센터, 안내 및 관리실 입면도

신반포 3차 · 경남아파트 주택재건축정비사업

에듀가로 공공개방커뮤니티시설

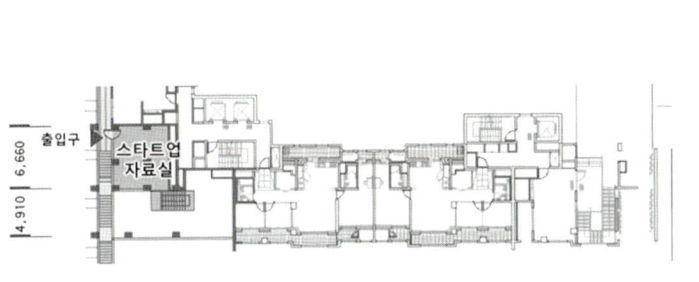

공공개방커뮤니티시설(스타트업시설-1) 평면도

공공개방커뮤니티시설(스타트업시설-1) 평면도

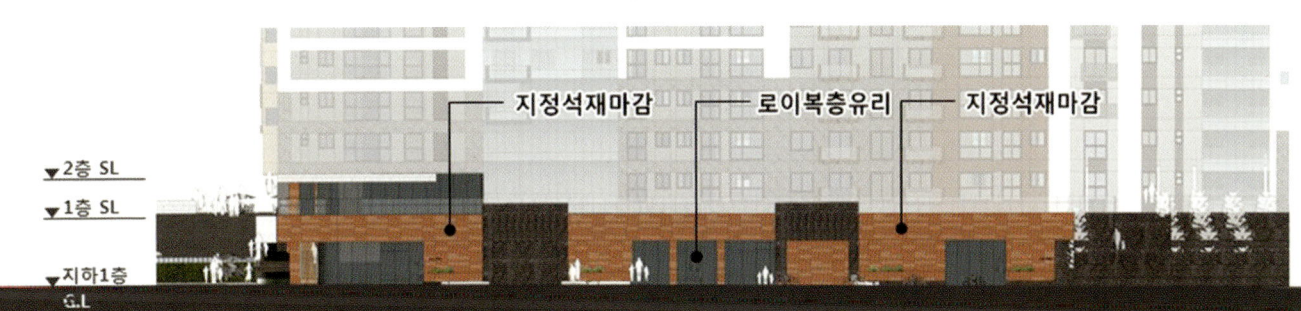

공공개방커뮤니티시설(스타트업시설-1) 입면도

특별건축구역의 특별한 건축, 도시를 바꾸다

수변가로 공공개방커뮤니티시설(코업시설)

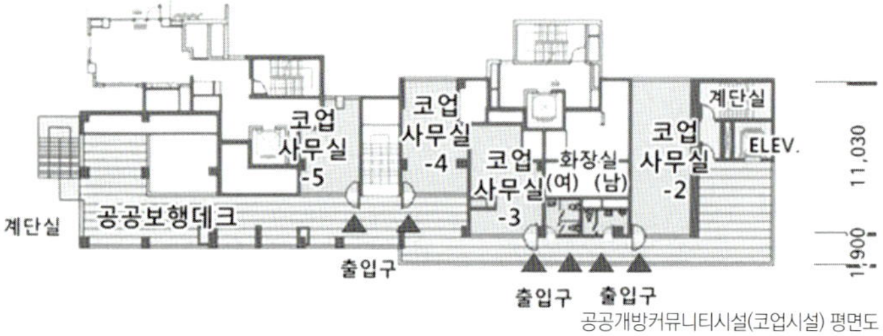

공공개방커뮤니티시설(코업시설) 평면도

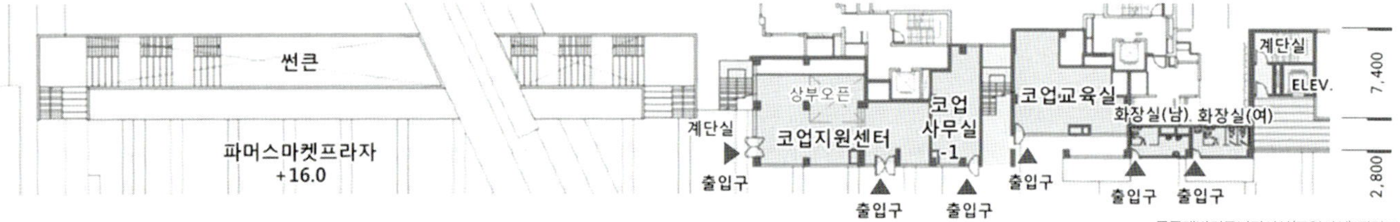

공공개방커뮤니티시설(코업시설) 평면도

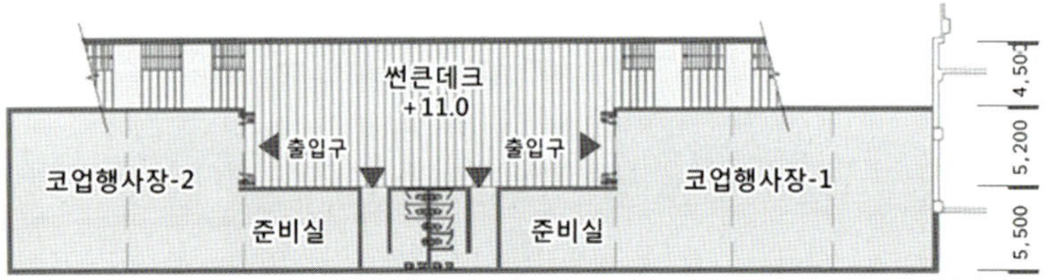

공공개방커뮤니티시설(코업시설) 평면도

공공개방커뮤니티시설(코업시설) 입면도

수변가로 공공개방커뮤니티시설(문화시설)

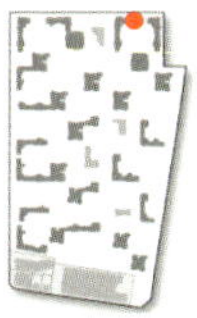

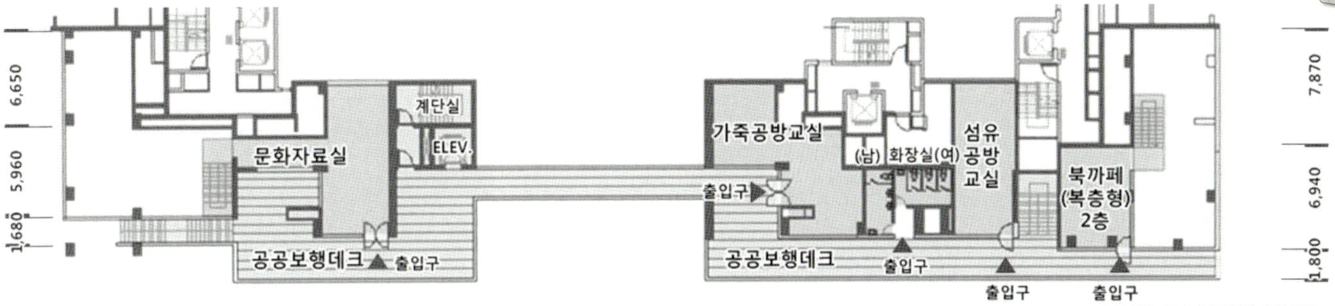

공공개방커뮤니티시설(문화시설) 평면도

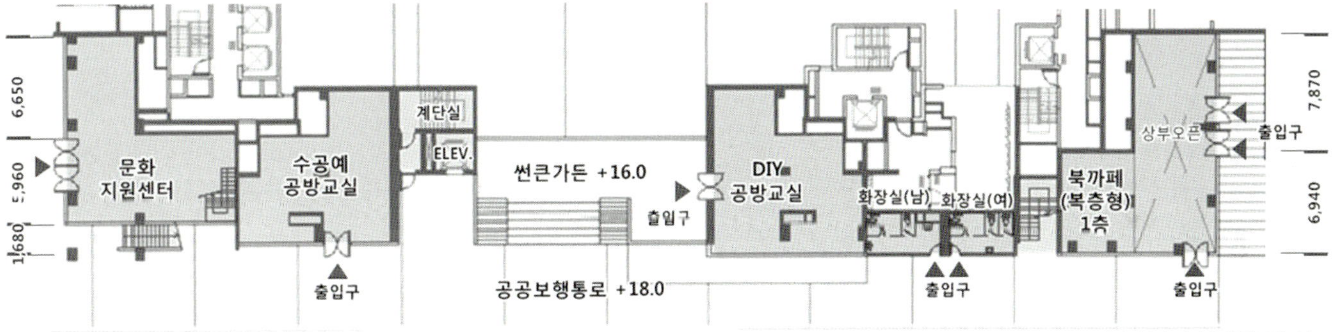

공공개방커뮤니티시설(문화시설) 평면도

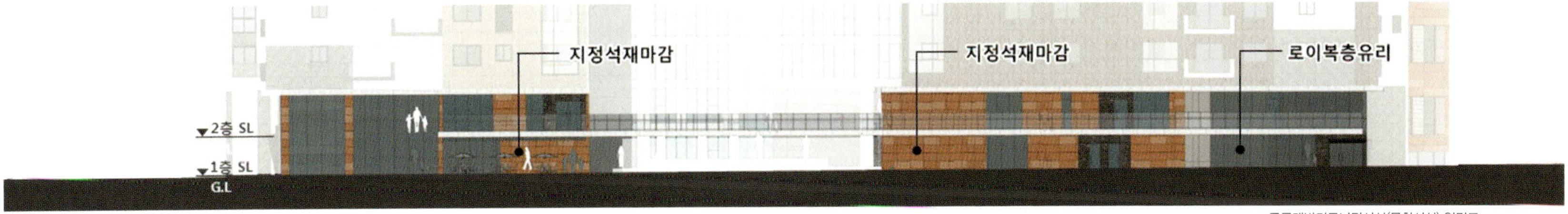

공공개방커뮤니티시설(문화시설) 입면도

특별건축구역의 특별한 건축, 도시를 바꾸다

수변가로 공공개방커뮤니티시설(스카이브릿지)

공공개방커뮤니티시설(스카이브릿지01) 평면도

공공개방커뮤니티시설(스카이브릿지02) 평면도

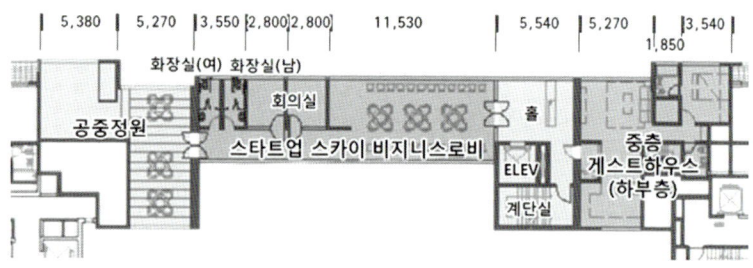

공공개방커뮤니티시설(스카이브릿지01) 평면도

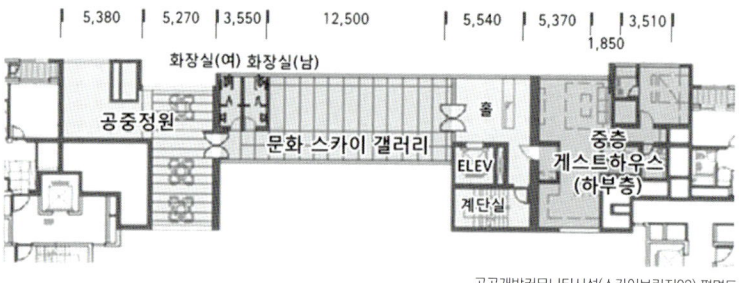

공공개방커뮤니티시설(스카이브릿지02) 평면도

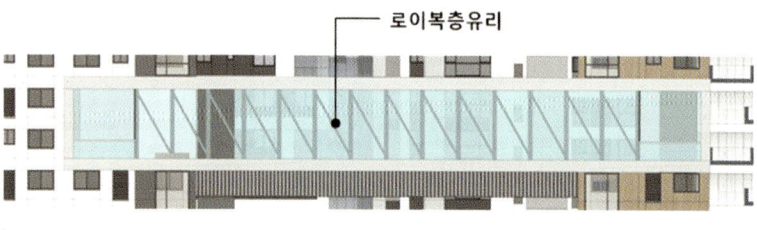

공공개방커뮤니티시설(스카이브릿지01) 입면도

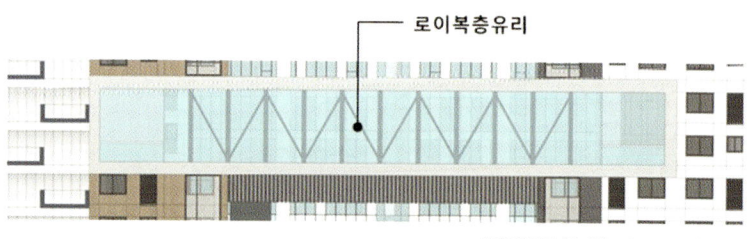

공공개방커뮤니티시설(스카이브릿지02) 입면도

레크레이션센터/안내 및 관리실

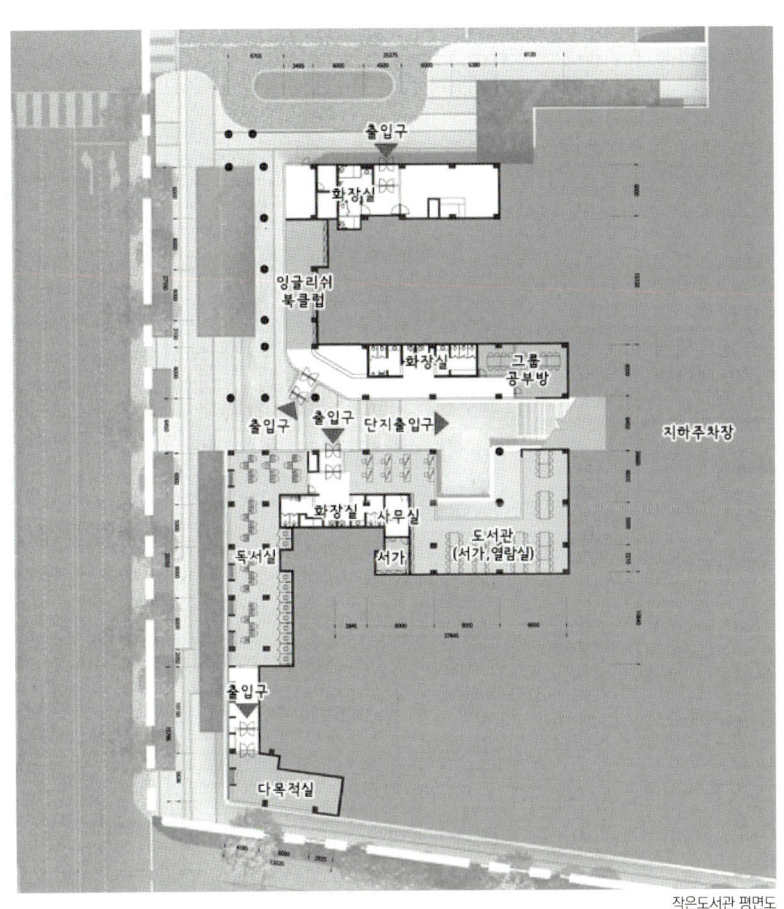

작은도서관 평면도

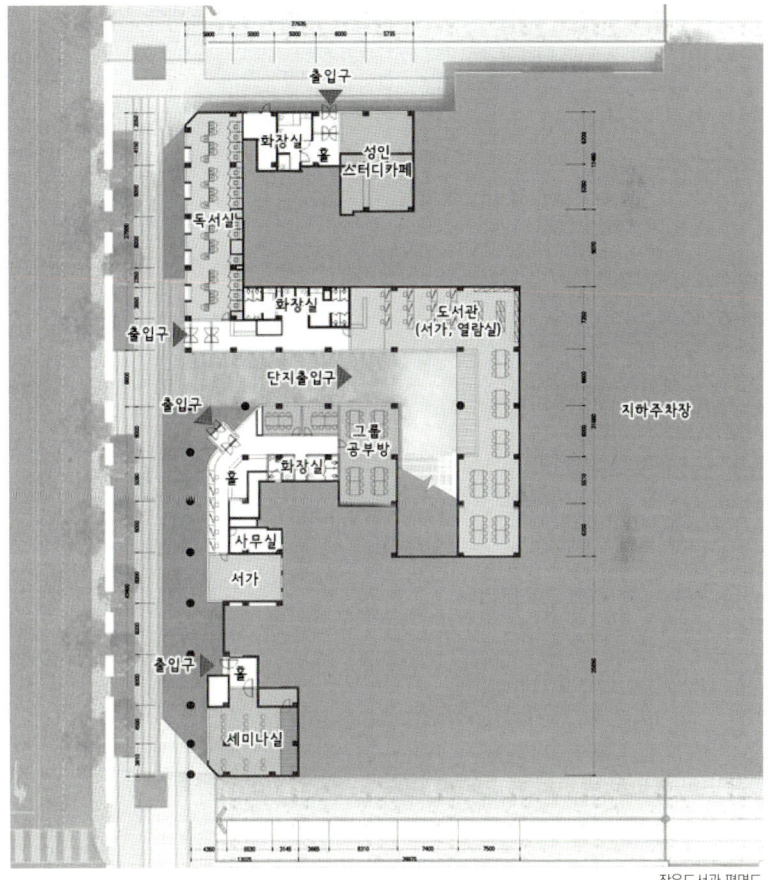

작은도서관 평면도

조경계획 식재계획도

건축심의 체크리스트 가로별 통합디자인 계획

주변 대중교통과의 접근성을 고려한 수변문화가로

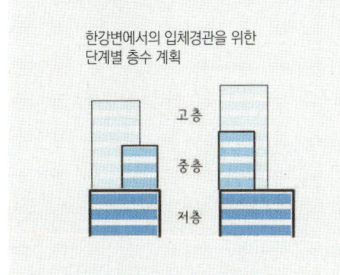
한강변에서의 입체경관을 위한 단계별 층수 계획

문화거점인 세빛섬과 중심상업지역을 연결하는 복합문화가로

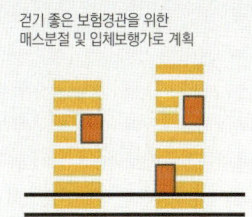
걷기 좋은 보행경관을 위한 매스분절 및 입체보행가로 계획

신반포중 계성초 등의 학교 부지와 마주하는 에듀 커뮤니티가로

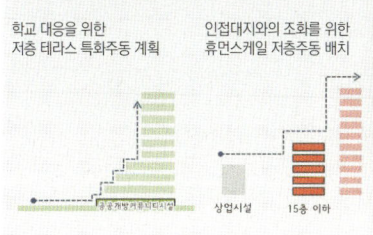
학교 대응을 위한 저층 테라스 특화주동 계획 / 인접대지와의 조화를 위한 휴먼스케일 저층주동 배치

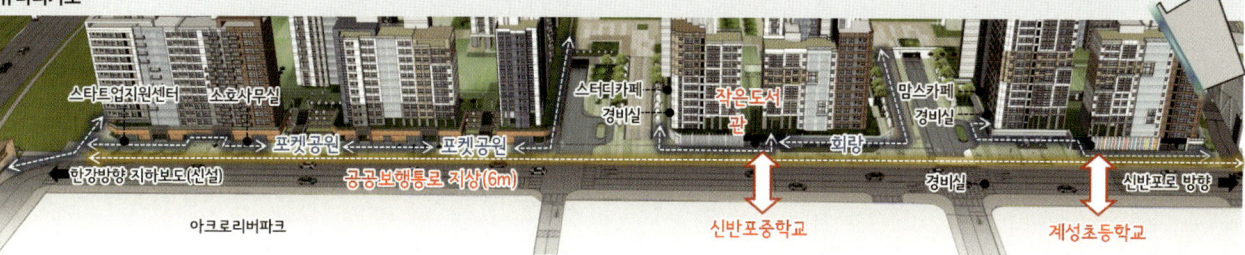

반포주공1단지(1,2,4주구) 주택재건축정비사업

서초구 반포동 810번지 일원은 반포아파트지구의 북서 측에 위치하며, 한강, 한강시민공원, 서래섬, 현충원, 반포천 등 녹지공간이 풍부한 지역이며, 대상지 남측의 지하철 9호선 구반포역, 서측의 지하철 4,9호선 동작역이 위치하여 역세권에 위치하고, 올림픽대로와 신반포로에 접한 교통여건이 우수한 단지이다.

반포주공1단지 주택재건축정비사업은 공동주택 55개 동 5,388세대와 부대 복리시설, 근린생활시설, 공공개방커뮤니티시설 등을 계획하여 지역에 열린 커뮤니티 공간을 제공하며, 공공기여 방안으로는 사업지 일부를 문화공원(덮개 공원), 소공원, 지하차도, 공공청사, 초등학교 및 중학교를 제공하여 한강 접근성 및 지역에 교육환경을 개선하였다.

한강을 고려한 중·저층, 고층의 주동 배치로 한강의 통경축 및 조망권을 확보하였으며, 반포초등학교 및 인접한 주거지와의 조화를 고려한 단계별 스카이라인을 계획하여 생활가로변 및 한강변의 활력 있고 정감 있는 주거경관을 구현하였다.

공공개방커뮤니티 시설은 한강으로 이어지는 한강변 공공보행통로 및 신반포로3길에 면하여 계획함으로써 지역주민 및 한강 이용자의 이용률을 높이고 한강 활성화에도 기여할 것으로 기대된다.

유욱종 본부장 / 프로젝트 총괄

경력
A&U 도시디자인1 본부장 / 건축사
국민대학교 건축학과
서울시립대학교 도시과학대학원
㈜건축사사무소 어반엑스
㈜공간종합건축사사무소

대표작
압구정 아파트지구개발 기본계획(정비계획 변경)
코엑스 잠실운동장 일대 도시관리계획수립
판교창조경제밸리 기업지원 허브센터 건립공사
행복 도시 6-4생활권 (L1, M1) 공동주택용지 현상설계
김포한강 Ab-04BL 기업형 임대 리츠사업 민간사업자 공모
고양시 일산문화센터 건립공사 TK

이수형 본부장 / 프로젝트 총괄

경력
A&U 도시디자인2 본부장
중앙대학교 건축학과 겸임교수

대표작
한강변 관리 기본계획
2020 서울특별시 도시·주거환경정비기본계획
창조적 도시 공간을 창출하는 정비모델 개발
압구정 아파트지구 개발 기본계획(정비계획)변경
행복 도시 6-4생활권 (L1, M1) 공동주택용지 현상설계

반포주공 1단지(1,2,4주구) 주택재건축 정비사업

반포주공1단지(1,2,4주구)주택재건축 정비사업 설계자

도시 및 사전경관계획

박경희 소장
도시 및
사전경관계획 총괄

특별건축구역지정 및 건축심의

남덕우 소장
특별건축구역 지정 계획
및 실무 총괄

이우진 사원
도시계획위원회 심의

최현순 실장
마스터 플랜

남희경 실장
디자인 전략

임승민 실장
디자인 전략

정동현 팀장
디자인 전략

황은석 팀장
주동 및 입면계획

김훈종 대리
주동 및 입면계획

윤관일 사원
주동 및 입면계획

장규연 사원
공공개방커뮤니티시설 계획

염인영 사원
공공개방커뮤니티시설 계획

정선영 과장(삼하)
공공청사 계획

한대만 부장(삼하)
공공청사 계획

특별건축구역의 특별한 건축, 도시를 바꾸다

반포주공1단지(1,2,4주구)주택재건축 정비사업

지역 경관을 고려한 역동적인 스카이라인으로 한강조망경관을 형성하고,
방음벽과 담장이 없는 가로와 소통하는 열린 주거단지를 형성하며,
다양하고 넉넉한 커뮤니티 확보로 새로운 주거문화형성,
이웃과 교류하는 단지를 조성하였습니다.

한강 중심의 지역사회 문화명소

한강변 공공보행통로와 공공개방시설 집중 배치한 한강 공유공간
지구녹지축 자연유입, 덮개 공원 조성으로 새로운 문화녹지축 형성
제약 없이 한강 조망이 자유로운 지역에 열린 주거단지 형성

가로중심의 생활교류공간

가로의 확장을 통해 주민간 소통이 가능한 생활교류공간 형성
포켓 쉼터와 연도형 공공개방시설 배치로 지역주민 유입 유도
주변 자연의 확장 및 유입으로 보행경관을 이루는 한강 가는 길

거점커뮤니티계획으로 지역 활성화

학교와 연계하여 학습과 토론, 소통이 가능한 에듀 거점커뮤니티
주 진입로, 생활 가로와 연계한 생활편의공간 라이프 거점커뮤니티
한강변 문화시설 계획으로 도심 속 수변 문화 여가 중심거점 조성

건축개요

대지위치	서울특별시 서초구 반포동 810번지 일원
지역지구	제3종일반주거지역, 중심지미관지구, 아파트지구
주요용도	공동주택(아파트 및 부대복리시설)
대지면적	233,632.00㎡
건축면적	56,886.47㎡
연 면 적	1,484,814.04㎡ (지상 714,130.28㎡ 지하770,683.76㎡)
건 폐 율	24.35%
용 적 율	299.89%
규 모	지하4층, 지상35층
구 조	철근콘크리트조

지역 경관과 조화를 이루는 디자인

가로 영역별 차별화를 통해

창의적 가로경관 형성

한강변 보행가로 경관
한강 건너편에서의 경관과 올림픽대로에서의 시퀀스 경관을 고려한 리듬감 있는 입면 디자인으로
수변 주거경관과 도시 경관의 연속성 구현

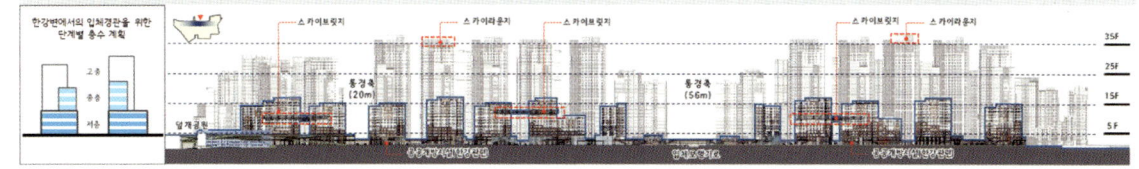

생활 가로 경관
도시변 상업시설과 대응하는 중·저층을 중심으로 한 다양한 중첩 경관을 형성 및 색채 및 패턴의 리듬 있는 변화를 통한
지루하지 않은 가로경관 형성

지구커뮤니티가로 경관
보행 동선의 시각적 개방감 확보와 입체 가로를 통한 입체적
보행경관 형성

반포천변 경관
반포천의 자연 생태의 흐름과 연계한 테라스 주동계획으로
보행경관 형성

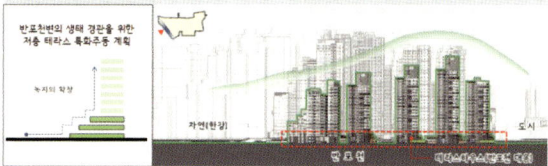

특별건축구역의 특별한 건축, 도시를 바꾸다

한강 가는 길과 단지 내 보행로변 다채로운 테마설정으로
영역별 차별화된 외부공간조성

반포주공 1단지(1,2,4주구) 주택재건축 정비사업

도시환경과 지역 경관을 고려한
친환경 건축설계를 통해 녹색 주거단지 형성

주동 옥상 부에 옥상녹화와 태양광 패널 등을 설치하는 친환경계획을 설계하였습니다.
경사 지붕, 펜트하우스 등 경관을 고려한 디자인 특화계획을 설계하였습니다.

주동녹화, 태양광 패널 등의 친환경계획
경사 지붕, 펜트하우스 등의 특화계획

한강과 도심을 연결하는 다양한 통경축 계획을 통한 도심 지역과 수변 경관을 공유하는 단지 조성
한강변 저층 계획 및 점층적 층수 계획을 통한 한강 조망 공유 극대화

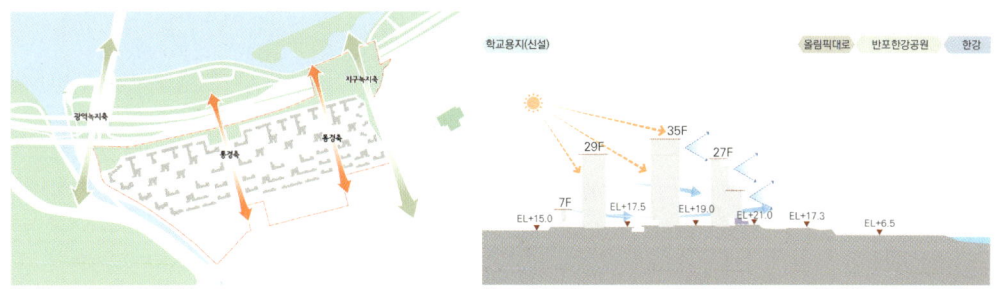

에너지 저소비형
친환경 건축설계 계획

특별건축구역의 특별한 건축, 도시를 바꾸다

창의적 주동디자인 특화를 통한
주변과 차별성을 지닌 하나의 주거단지 형성

도시맥락을 고려한 영역별 배치, 층수 배분에 따라 주동디자인의 유형을 나누고 대단지로서의 전체적인 일관성이 있으면서도 개개의 특색이 있는 주동디자인을 특화했습니다.

① 한강변 블루타워형

한강변에 연접한 입지성을 특화하여
물결의 느낌을 주동에 담아
원경에서의 한강변 주요 경관 형성

수변 인접 주동으로 한강 조망성을
강조한 테라스 및
주민 공동커뮤니티인 스카이 브릿지 계획

② 워터프론트 랜드마크형 주동

한강변에서 가장 큰 단지 내 가로로
진입하는 위치에 있는 주동으로
편안한 느낌을 주는 색채로 계획

한강변 조망이 가능한 특징을 살려
전망형 복층 및 옥상 텃밭을 특화하여
주민 커뮤니티를 활성화

③ 커뮤니티 가로 대응 주동

틸트형 주동과 돌출형 발코니를 통해서 입체적인 입면을 형성해
다채로운 보행경관 형성

레벨 차이를 활용해 주동 저층부에
연도형 커뮤니티 시설을 계획하여
가로를 활성화하는데 기여

반포주공 1단지(1,2,4주구) 주택재건축 정비사업

④ 생활가로 대응 주동

박공형태의 지붕을 가진 저층 주동을 통해 학교 가는 길을 정감 있는 보행가로로 형성

다양한 커뮤니티 공간과 시각적 개방감을 줄 수 있도록 저층부 오픈스페이스 계획으로 상가변 대응

⑦ 반포천변 그린테라스 타워형

반포천을 마주하는 주동으로 테라스 하우스를 담아 입체감 있는 입면으로 시각적 공간적 다양성 제공

반포천 허밍웨이길과 연계된 필로티 하부 공간 특화를 통해 개방감을 느낄 수 있는 보행경관을 형성

⑤ 블루시티 랜드마크 타워형

고층 타워를 커튼월로 구성하여 한강을 담은 도시 경관의 랜드마크 주동 역할 부여

스카이라운지에서의 한강 조망으로 다양한 레벨에서 한강을 경험할 수 있게 계획

⑧ 허밍웨이 게이트 주동

문화공원 변에 위치한 특징을 살려 단독주택의 특징을 담아 마당을 갖도록 계획(1층 세대 특화)

필로티를 통해 자연과 가까이할 수 있도록 개방적인 보행경관을 형성

⑥ 시티 인터레스트 타워형

고층부를 커튼월로 구성하여 도시에서 바라보는 단지 인지성을 강화

도심에서 중첩 경관을 형성하며 남측 전면부가 탁트인 주동

⑨ 그린파크 단독형 주동

문화공원변에 위치한 특징을 살려 단독주택의 특징을 담아 마당을 갖도록 계획(1층 세대 특화)

필로티를 통해 자연과 가까이 할 수 있도록 개방적인 보행경관을 형성

특별건축구역의 특별한 건축, 도시를 바꾸다

다양한 수요에 맞는 다양한 주거유형

수요자 요구를 만족하는 유연한 주거유형 개발을 통해
지속가능한 주거환경 조성

가구원 수 변화에 따른 중·소형 중심의 7단계 평형 위계를 설정하고, 66타입 유형을 개발하였습니다.
- 수요 증가세인 85㎡ 미만 평형 배분 후 7가지 평형대의 점진적 위계설정 및 특화아이템을 통한 특성화 유닛개발, 다양한 평형대 결합에 따른 개성 있는 단위세대 타입 개발

59㎡	4 BAY + 3 ROOM	A-기본형/A1-다락형/A2-직출입형/B-코너형/C-코너형/D-복층형/E-소호형/THA,THB,THC,THD-테라스하우스
84㎡	4 BAY + 3 ROOM + 팬트리	A-기본형/B-코너형/C-복층형/THA 테라스하우스
115㎡	4 BAY + 4 ROOM	A-기본형/B-코너형/C-코너T형/D-코너T형/E-복층형
135㎡	4 BAY + 4 ROOM + 와이드키친	A-기본형/B-코너형/C-코너T형/D-복층형
168㎡	4 BAY + 5 ROOM	A 기본형/B,C,D,E-복층형(세대통합형)/PHA,PHB-팬트하우스
212㎡	5 BAY + 5 ROOM + 가족실	A B,C-복층형(세대통합형)/D,E-세대통합형/PHA,PHB-팬트하우스

다양한 평형대 주거유형 조합

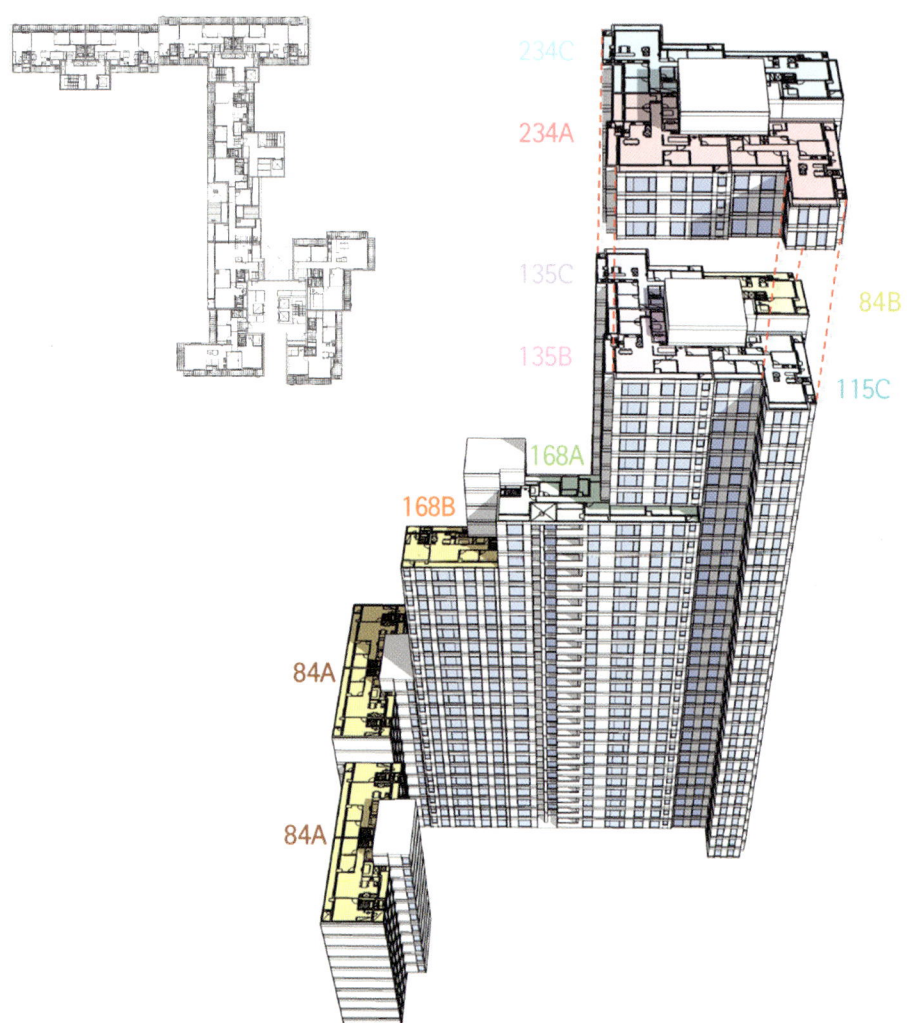

반포주공 1단지(1,2,4주구) 주택재건축 정비사업

주변 컨텍스트와 평형대별 거주자의 라이프 스타일에 따라 7가지 유형별 특화 평면을 개발하였습니다.
- 주변 지역을 고려하여 가로 성격에 부합하는 다양한 형태의 특화아이템 부여, 가로와 직간접적으로 소통하고 풍경을 조망하는 다양한 공간계획으로 지역적 특색 극대화

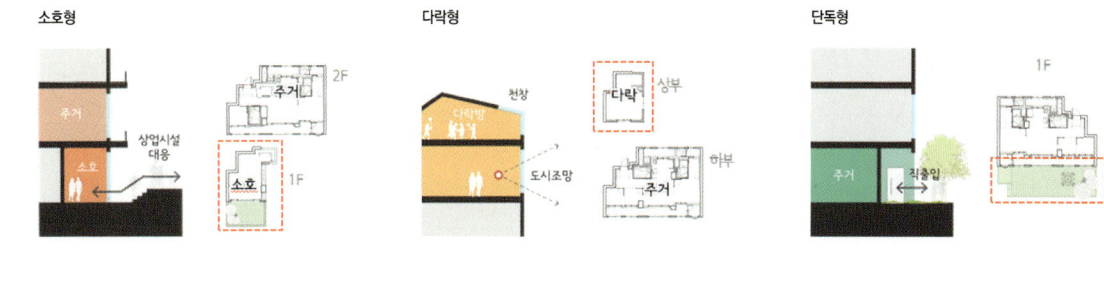

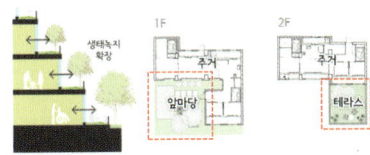

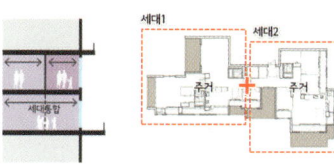

생애주기 변화에 따라 리모델링이 용이한 무량판 구조의 가변형 주거 70% 이상 적용하였습니다.
- 내력벽 및 기둥을 제외한 벽체를 가구구성원 생활패턴에 따라 가변할 수 있도록 구조계획을 하고 생애주기의 변화에 따른 가족의 분리와 독립이 가능한 가변형 단위세대 계획

특별건축구역의 특별한 건축, 도시를 바꾸다

반포지구의 자연자원을 만끽할 수 있고 다양한 삶을 표출하는 발코니 공간 조성
'한강 조망, 자연 향유, 옥외활동이 가능한 발코니 계획'

옥외 돌출형 발코니 계획을 통해 한강을 조망하고 주변 자연자원을 느낄 수 있는 주거 내 차별화된 공간을 조성하였습니다.
입지별, 타입별 발코니 형식에 따라 주동디자인 특화요소가 되는 발코니 계획을 하였습니다.

감상하는 즐거움

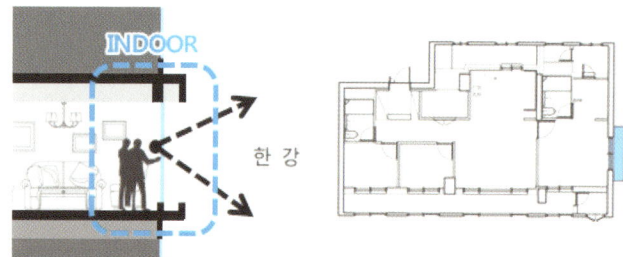

반포주공 1단지(1,2,4주구) 주택재건축 정비사업

향유하는 즐거움

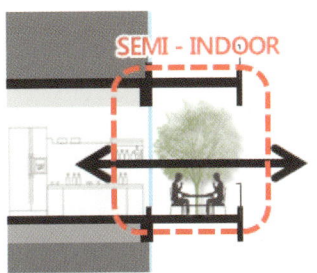
SEMI - INDOOR

느끼는 즐거움

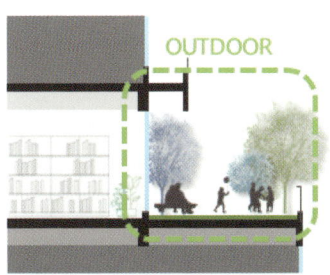
OUTDOOR

특별건축구역의 특별한 건축, 도시를 바꾸다

길 중심의 지역에 열린 주거문화 창출

보행 가로확장을 통한 주민소통공간 형성으로
7가지 가로중심의 열린 주거문화 조성

담장이 없는 열린 가로, 주요 대중교통과 연계하여 도심과 한강을 잇는 공공보행통로를 중심으로 이벤트가 가능한 오픈스페이스 공유를 통한 가로 활성화를 유도하였습니다.

[범례]
1. 한강변 보행가로 (한강조망-건강-스포츠-지역문화)
2. 생활가로 (교육-맘스카페)
3. 지구커뮤니티 가로 (지역문화-스포츠-지역커뮤니티)
4. 단지커뮤니티 가로 (주민공동시설-옥외공간-산책)
5. 단지 내 가로 (취미-공유-나눔)
6. 문화공원변 (자연-문화-이벤트-교류)
7. 반포천변 (자연-체험-힐링-교류)

수변 문화 여가 공간으로서의 한강변 보행 중심 특화 가로
'한강변 보행가로'

완충녹지와 동일레벨(+21)로 연계한 한강변 공공 보행통로 조성 및 공공보행데크(+25.05)를 계획하였습니다.
인접 주거동 저층부에 공공개방시설 및 한강 조망 커뮤니티 공간을 계획하여 한강변 활성화를 도모합니다.

인접 상가에 대응하고 휴먼스케일을 고려한 주민 편의 생활 중심가로
'생활 가로'

상업지구 및 학교에 대응한 커뮤니티 시설과 포켓쉼터 등을 통해 주변 지역에 열린 생활 가로를 형성하였습니다.
생활 가로레벨(+15.5)과 데크 하부레벨(+17.5) 단차를 활용한 지역주민과의 소통공간을 형성하였습니다.

특별건축구역의 특별한 건축, 도시를 바꾸다

모두에게 안전하고 편리한 가로환경

가로변 공간의 단계별 영역 분리를 통한
거주성 확보로 안정한 주거단지 형성

한강변 보행가로변

커뮤니티시설 및 입체 공공 보행데크를 통한 영역 분리

지구커뮤니티 가로변

지역주민을 위한 커뮤니티 시설을 통한 영역 분리

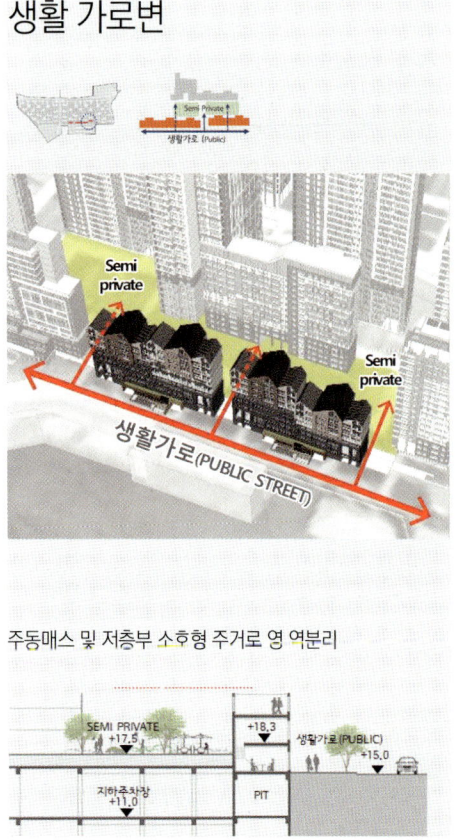

생활 가로변

주동매스 및 저층부 소호형 주거로 영역분리

반포주공 1단지(1,2,4주구) 주택재건축 정비사업

보행 안전, 자연감시, 자연채광을 통한
쾌적하고 안전한 지하주차장 계획

지하주차장 자연채광 계획(상부 오픈, 광덕트)

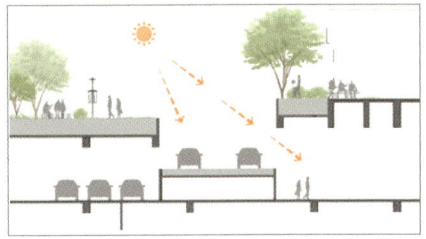

여성 전용주차공간 설치

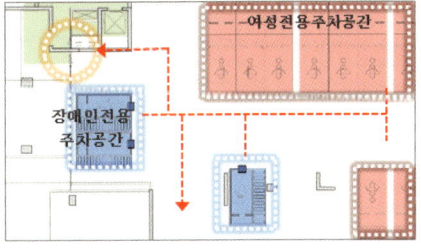

보행 약자를 배려한 안전보행통로 계획

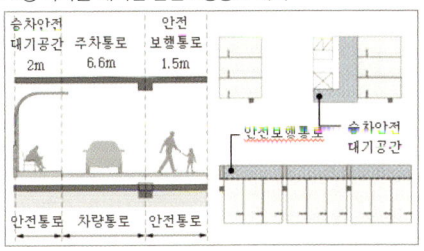

신속하고 체계적인 피난·방재계획으로
효율적인 소방방재시스템 구축

소화 시스템 계획

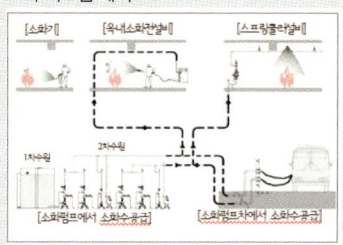

소화 기구 및 옥내소화전 설비를 이용한 소화
(접근 용이한 곳에 설치)

스프링클러 설비 등 자동소화설비에 의한 소화

소화 활동 계획/ 방재 녹지망계획

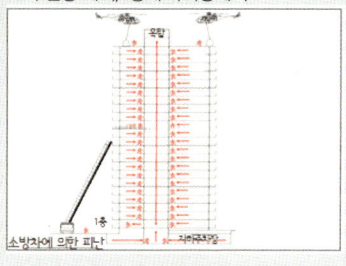

화재 시 인명구조 활동 및 건물의 연소 확대 방지 계획

재난위험장소에 방재녹지 계획으로 자연재해 발생 시 인명피해 최소화

비상시 안전매트 설치를 위해 잔디 및 관목 식재

소방차 공간확보

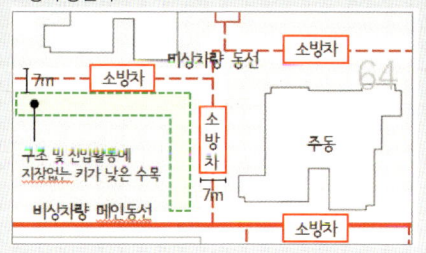

건축물 배치계획 시 소방차의 원활한 진입을 위한 충분한 소방차 진입로 폭과 주차공간 확보

소방차 진입로 폭과 소방차 부서 공간 폭은 7m 이상 확보

201

특별건축구역의 특별한 건축, 도시를 바꾸다

공동체를 위한 공유 커뮤니티

자치구와 사업 주체간 구체적 협약 마련을 통해
공공개방시설 지속적 운영 담보

자치구 위탁관리에 대한 세부사항(운영, 관리, 지원금 등)을 입주자대표회의 의결을 거쳐 공동주택 관리규약에 반영하여 공공을 위한 커뮤니티 시설의 활성화를 유도하였습니다.

통합관리 운영권역
위탁 운영 관련 해당 시설의 유지·관리를 담보할 수 있도록 자치구와 조합(입주자대표회의) 간의 구체적인 협약을 마련하여야 합니다.
사업 완료 이후, 사업 주체(조합)에서 입주자대표회로의 관리업무 인계/승계 시 공공개방시설 운영계획 내용을 포함한 관리규약을 제정하여 공동주택의 관리방법 신고 시 자치구의 관리를 통해 일반 시민들의 이용을 담보·관리하도록 하여야 합니다.

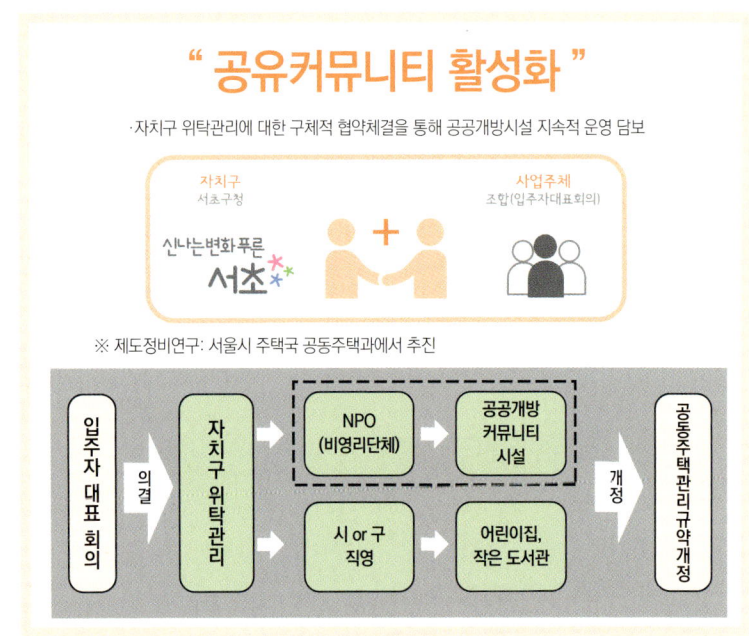

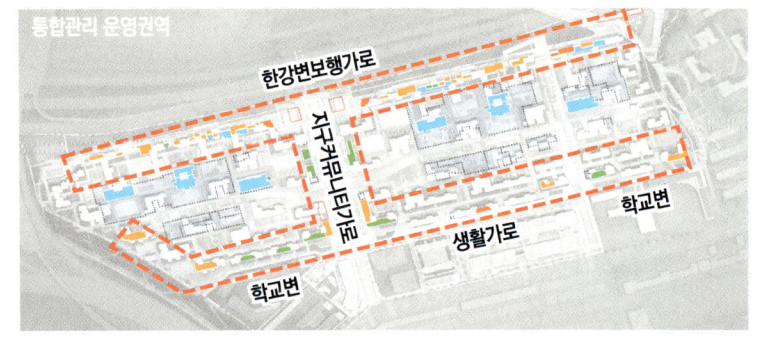

한강을 조망하며 독서, 휴식, 만남, 토론 등을 할 수 있는 복합 도서관 계획

한강변 공공개방시설

도시에서 한강으로의 접근이 용이하고 모두가 한강에서 문화 여가를 즐길 수 있는 문화 인프라를 조성하였습니다.
- 주민 모두가 이용 가능한 커뮤니티 시설을 수변부 주동 일부 구간에 설치하여 한강 조망 공유
- 주동 중층부에 도서관과 게스트하우스 계획으로 180도 파노라마 뷰가 가능한 특화 커뮤니티 공간 조성
- 한강변 랜드마크로서 한강을 대표하는 커뮤니티 공간 구현(총 3개소 : A-1BL 1개소, A-2BL 2개소)

문화, 체험, 이벤트, 교육, 모임, 나눔 등의 소통하는 공유 커뮤니티를 활성화하였습니다.
- 주동과 분리된 별도의 출입구, 로비 및 승강기 계획
- 옥상 정원 등과 통합 운영을 통한 실·내외 한강 조망과 단지, 도시 조망 등 360도 파노라마뷰가 가능한 공간계획
- 파노라마 전망 프로그램 및 외관 디자인을 통해 반포한강지구를 대표하는 랜드마크 라운지 계획

파노라마 라이브러리(스카이 브릿지 총 3개소)

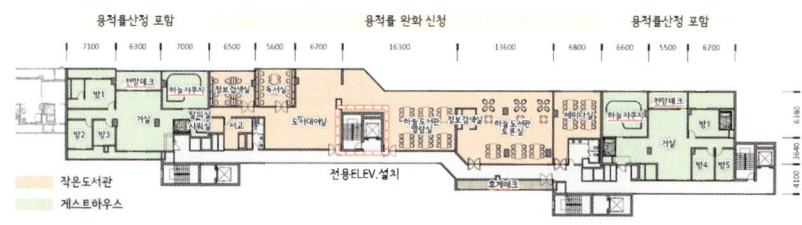

최상층 주민 휴게공간(스카이라운지)

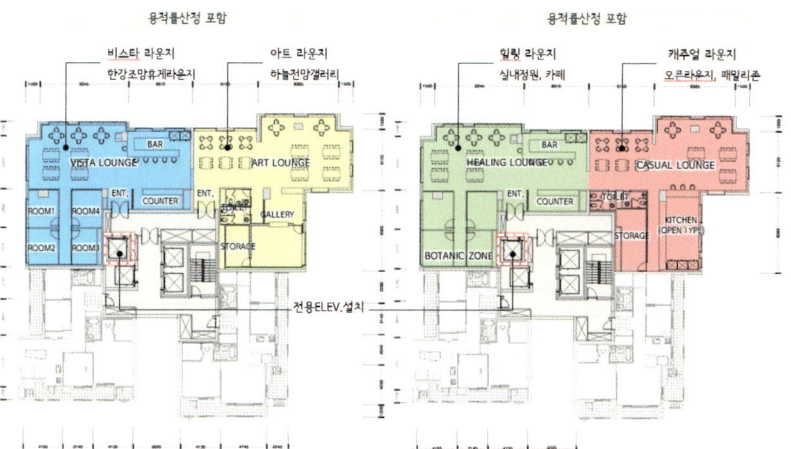

옥상 공간을 활용하여 한강 조망,
주민 옥외활동이 이루어지는 OUTDOOR COMMUNITY
루프탑 스테이케이션

주동의 옥상 공간을 단순녹화가 아닌 주민이 빈번하게 사용할 수 있도록 단위 클러스터에 반복적으로 배치하였습니다.
옥상 공간을 단순 녹화가 아닌 텃밭, 커뮤니티 다이닝, 유기농 장터, 캠핑장, 조망 쉼터 등 생활영역을 확장하였습니다.
스카이 커뮤니티 등과 함께 연계하여 이웃과의 우연한 만남과 빈번한 교류와 소통이 일어날 수 있도록 조성하였습니다.

루프탑 스테이케이션

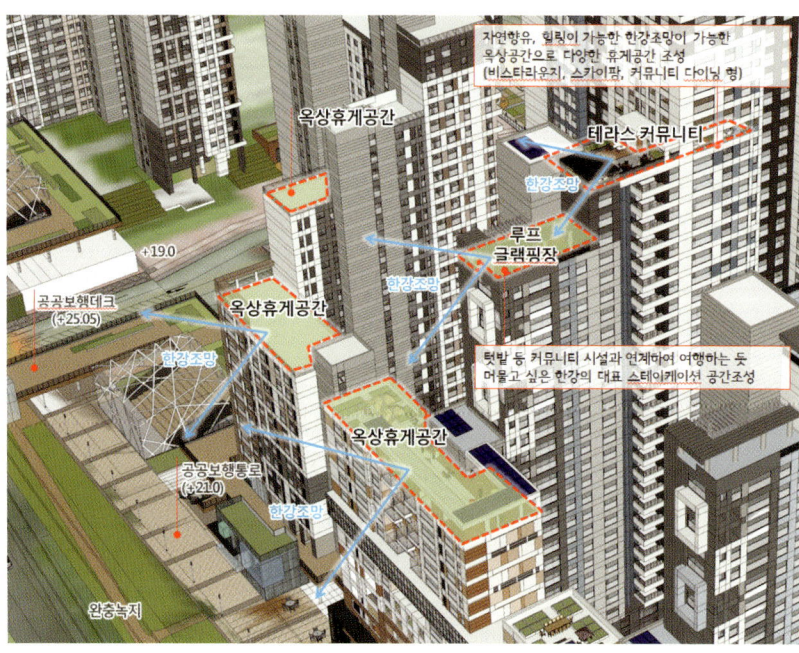

한강 및 도심경관 조망이 가능한 라운지형

한강 및 도심경관 조망이 가능한 조망테라스형

이웃과 함께 텃밭을 가꿀 수 있는 스카이팜형

함께 가꾼 유기농 작물로 요리와 모임이 가능한 커뮤니티 다이닝형

특별건축구역의 특별한 건축, 도시를 바꾸다

지속가능한 전인적 평생교육을 지향하는 LIFE-RARY
'학교 변 평생교육 커뮤니티'

학교 및 상업지구와 인접한 생활가로변에 평생교육을 위한 커뮤니티시설을 배치하였습니다.

옥외공간과 연계하여 학습-체험-휴식-취업을 위한 프로그램 도입으로 교육문화 거리를 조성합니다.

공공 보행통로 변에 별채형 어린이집을 배치하여 자연감시 및 안전한 보행통학이 가능한 환경을 조성하였습니다.
키즈카페 - 어린이집 - 옥상 놀이터를 연계하여 동선의 효율성 증대 및 다양한 프로그램 활용을 극대화합니다.
영·유아 전용 보육공간을 층별 조닝하여 놀이 공간을 공유하고 공간마다 특징을 가진 교육공간을 조성합니다.

'별채형 어린이집'

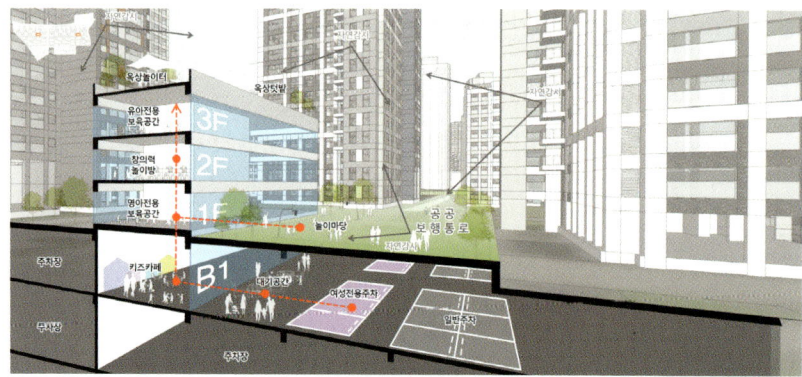

한강과 도심을 이어주는 지역주민을 위한 REGION COMMUNITY
'연도형 지역 커뮤니티'

한강과 구반포를 잇는 지구 커뮤니티 가로변에 지역주민 이용이 가능한 커뮤니티 시설을 배치하였습니다.

지역주민 모두에게 열린 공공커뮤니티를 배치하여 생활의 질적 향상을 위한 프로그램을 제시합니다.

도시와 한강을 연계하는 주요위치에 자전거이용객을 위한 토탈케어 바이크 스테이션을 설치하였습니다.

지구커뮤니티가로

주동의 중간층 오픈 공간을 활용한 주민 공유 커뮤니티
총 21개소 '테라스 커뮤니티'

주동의 중간층 오픈 공간을 활용한 주민 교류공간 계획으로 슬럼화 방지 및 단지 주민 공동체 향상을 도모합니다.

한강변 단지의 장점을 공유하는 라운지형, 키친형, 팜형 등 다양한 성격의 테라스 커뮤니티 공간을 계획합니다.

비스타 라운지형

스카이 팜형

커뮤니티 키친형

한강의 다양한 즐거움 Play-Fun
'스포츠·레저·문화 커뮤니티'

건강한 몸과 마음을 가꾸고 다양한 즐거움을 공유
하는 스포츠 중심 커뮤니티 공간입니다.
레저 및 문화커뮤니티가 공존하는 복합커뮤니티을
조성하였습니다.

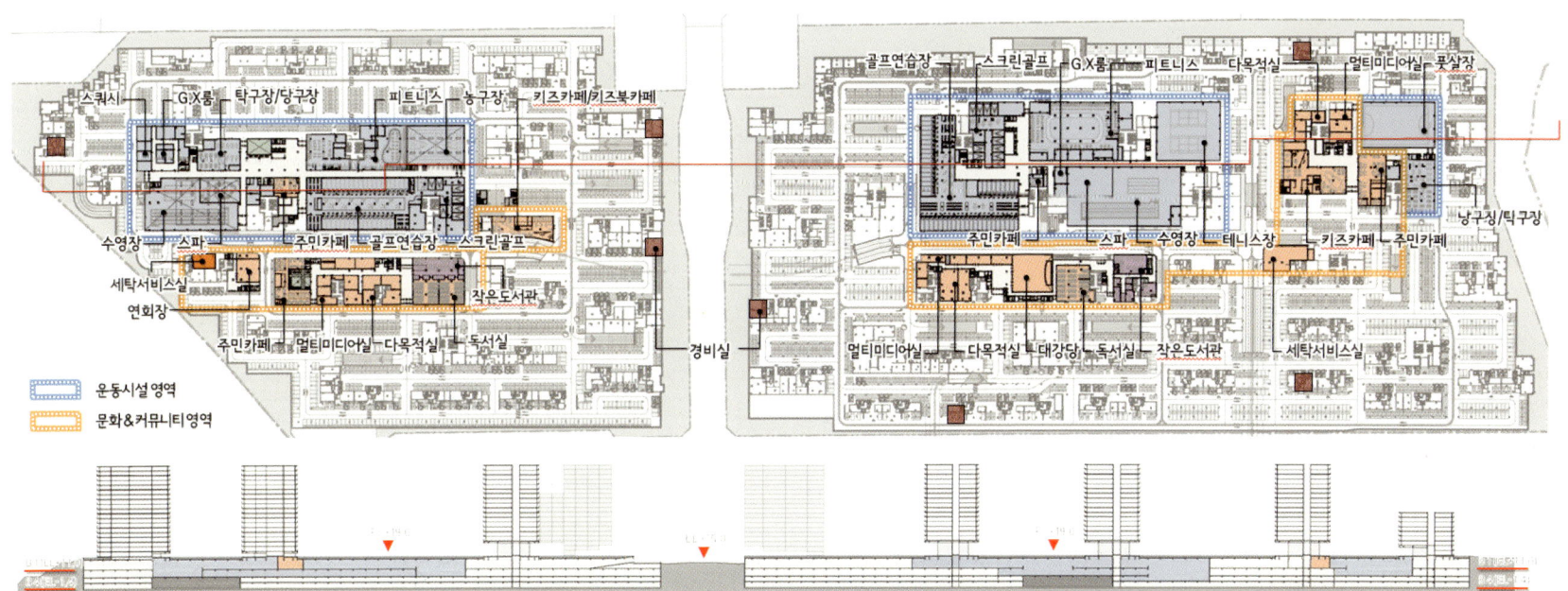

특별건축구역의 특별한 건축, 도시를 바꾸다

주민 간 차별없는 공동주택

다양한 주거유형의 혼합배치를 통한
주민 간 차별 없는 주거단지 형성

하나의 주동에 다양한 주거유형의 혼합배치를 통해 수요자의 생애주기 변화 및 개성 있는 생활패턴에 대응하며 영역별 특성화한 입면 디자인에 통합적 재료사용으로 통일감을 형성하였습니다.

특별건축구역의 특별한 건축, 도시를 바꾸다

101동 107동 201동 209동

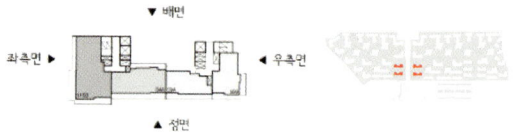

침실3
침실2
침실1
주방/식당
거실
안방
EPS
TPS
SI
AV
PS
침실2
침실1
거실
안방
주방/식당
안방
거실
침실1
침실2
안방
거실
주방/식당
침실2
침실1
18,475
5~6,
9~10층
3~4,
7~8,
11~12층
11,740
15,140
12,740
9,480
115㎡B
84㎡A
59㎡A
59㎡B
축 소 발코니
돌출형 발코니
5,9층
2~4,6~8,10~12층

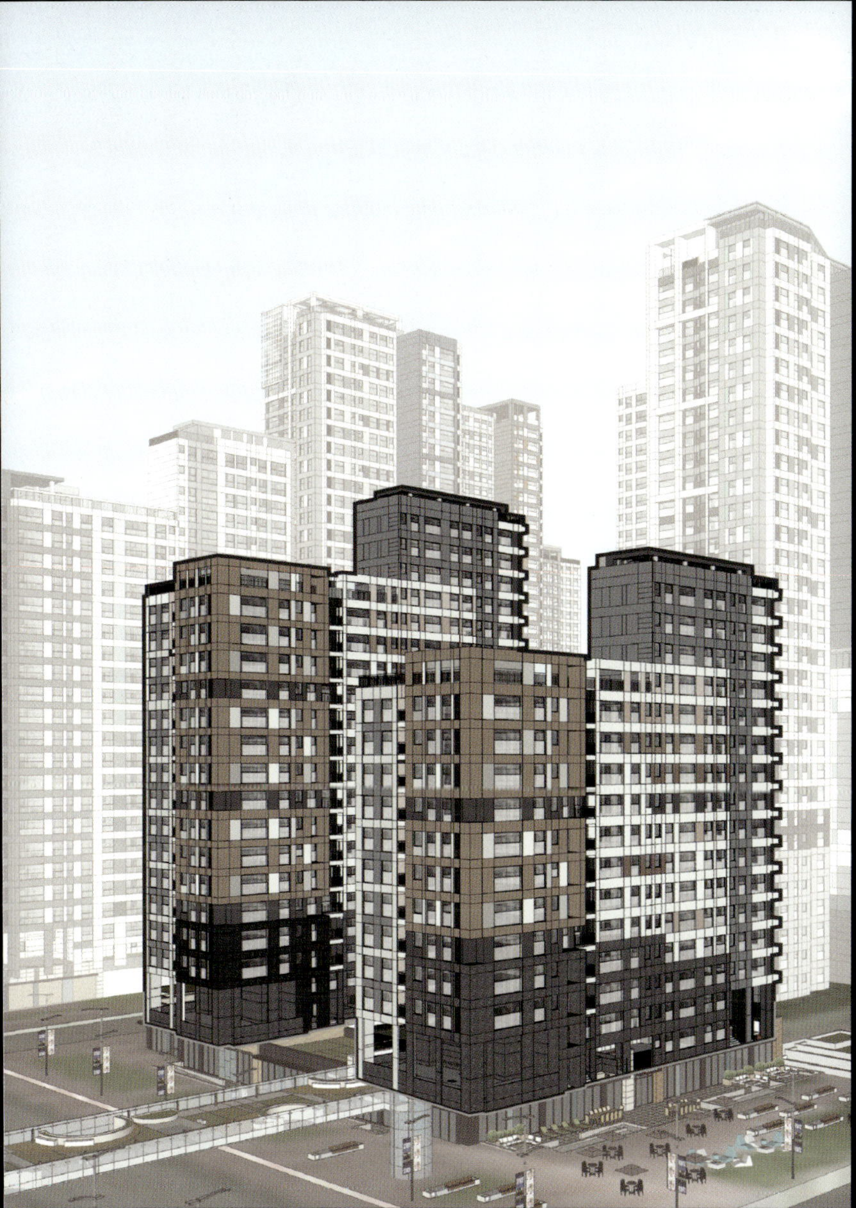

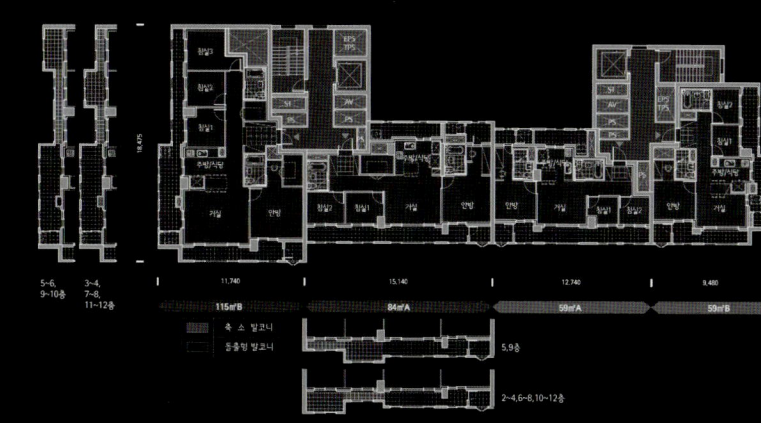

201동 기준층

특별건축구역의 특별한 건축, 도시를 바꾸다

102동 103동 202동 203동 204동 302동

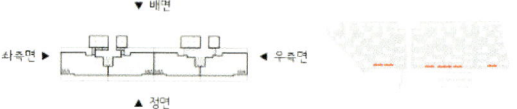

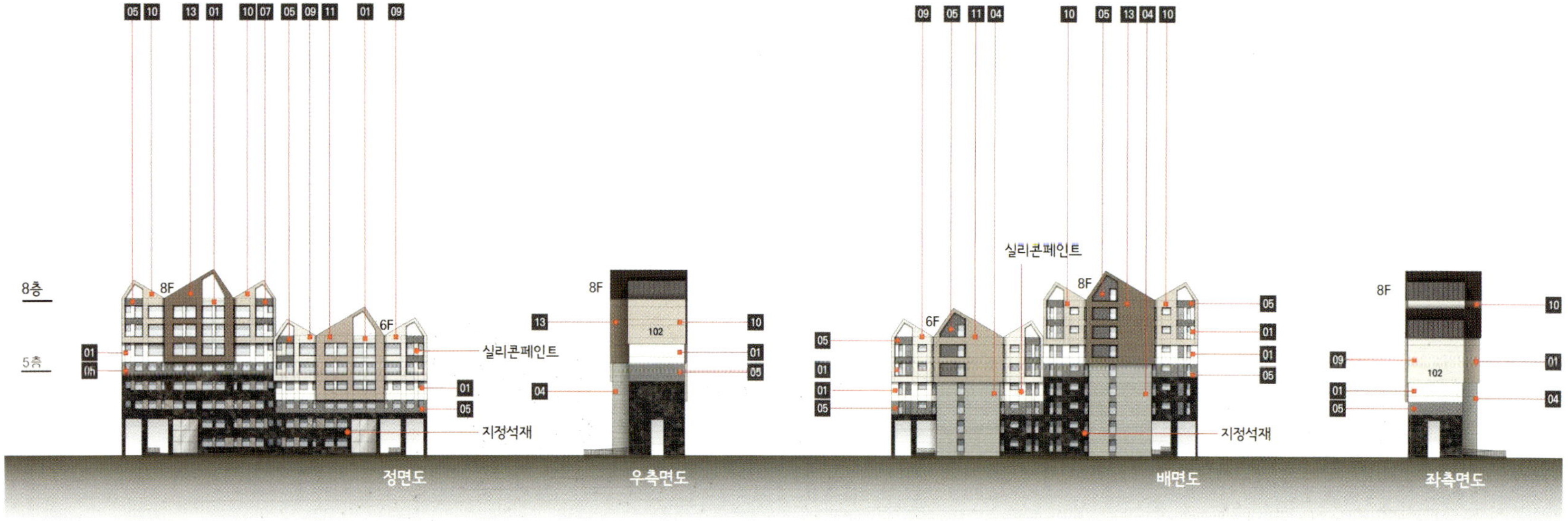

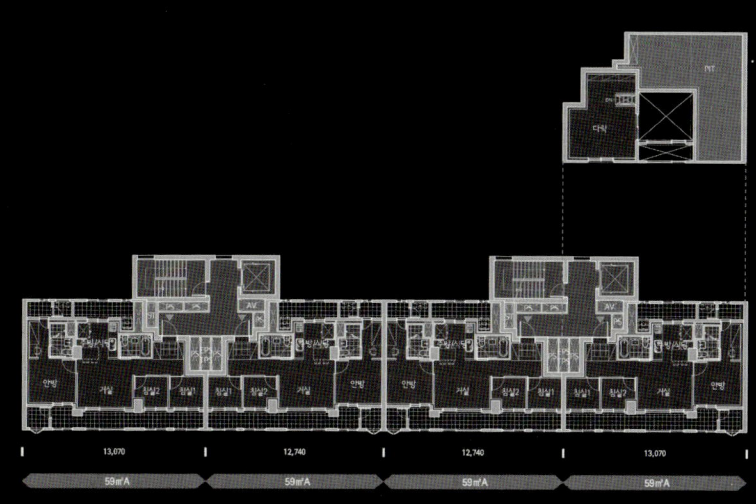

201동 기준층

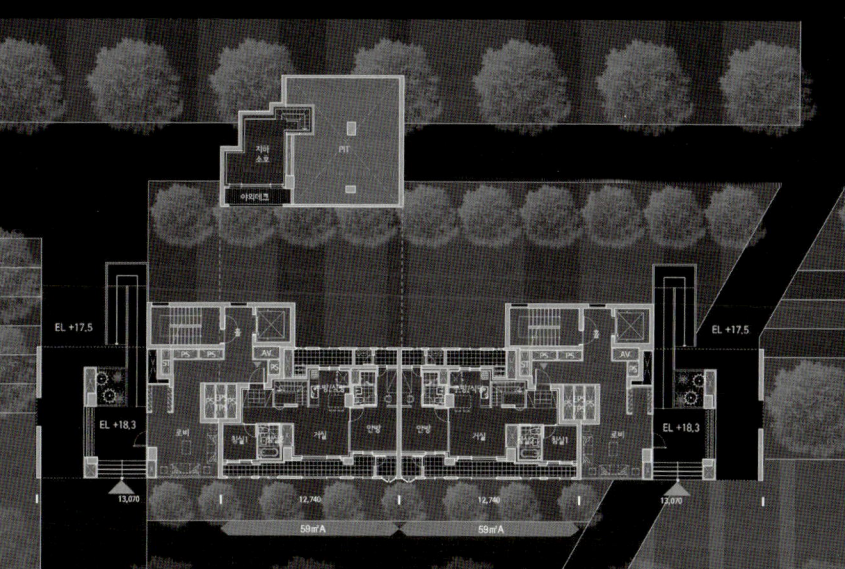

201동 기준층

104동

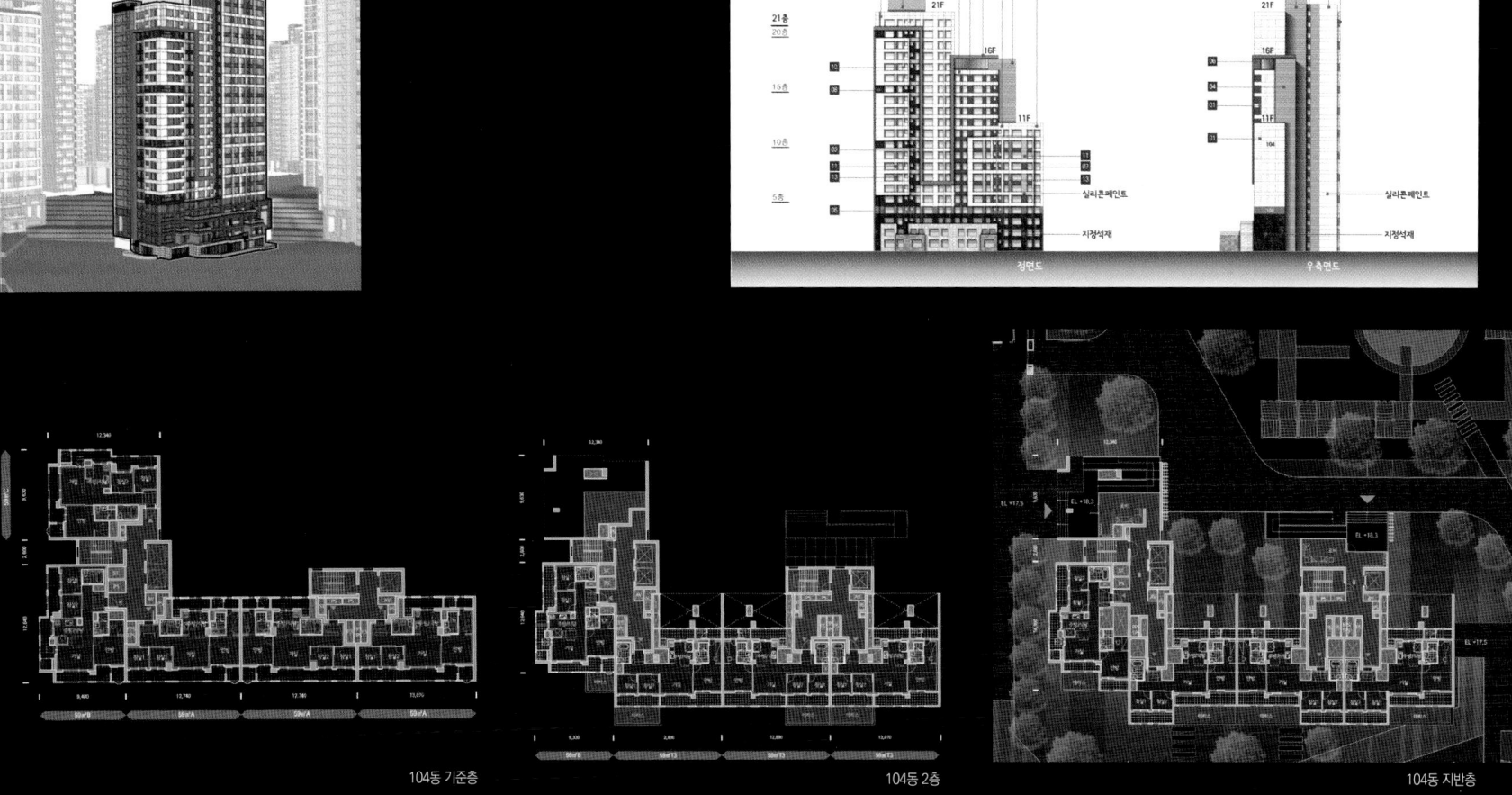

반포주공 1단지(1,2,4주구) 주택재건축 정비사업

106동 207동 208동

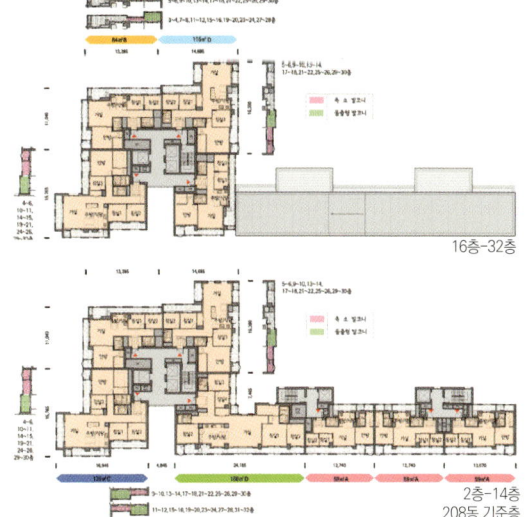

2층-14층
208동 기준층

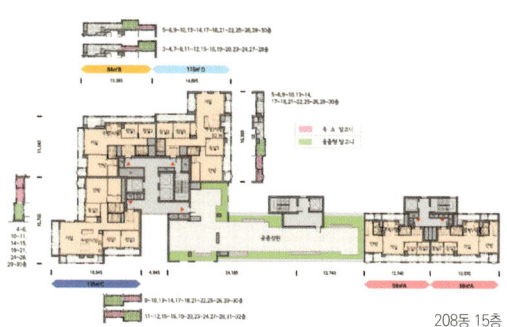

208동 15층

208동 지반층

특별건축구역의 특별한 건축, 도시를 바꾸다

112동 113동 118동 213동 214동 215동 311동

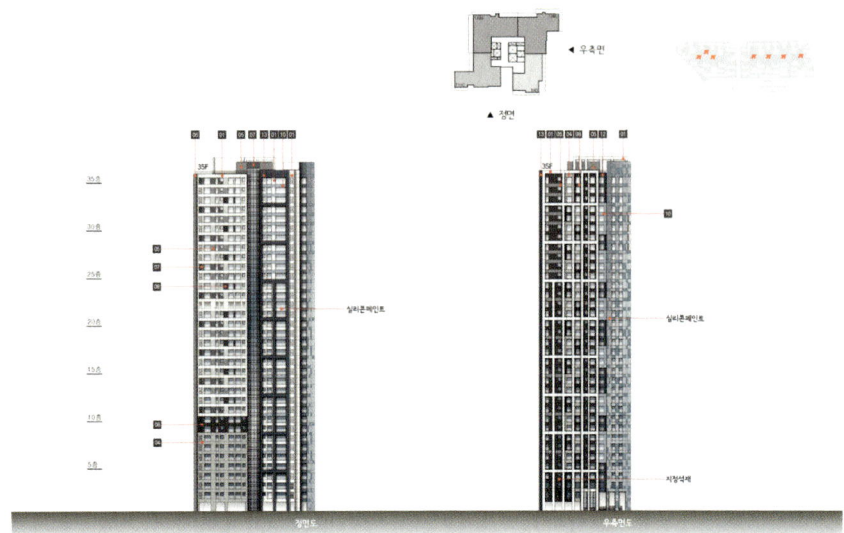

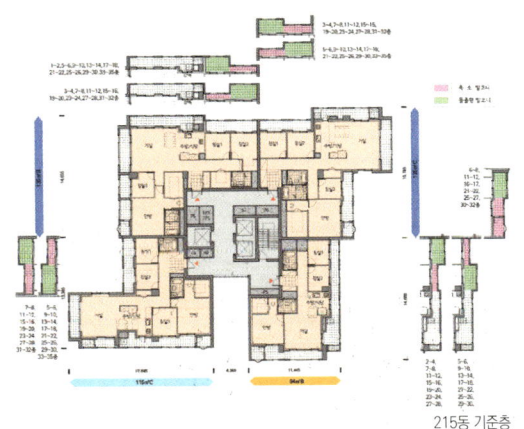

215동 기준층

215동 22층

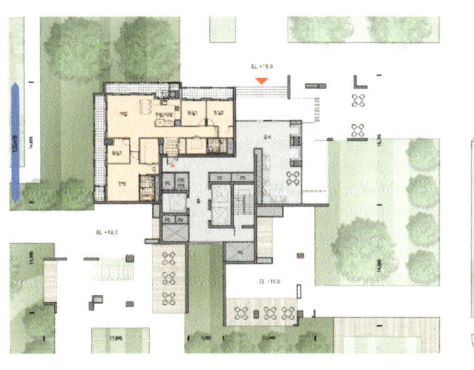

215동 지반층

115동 217동

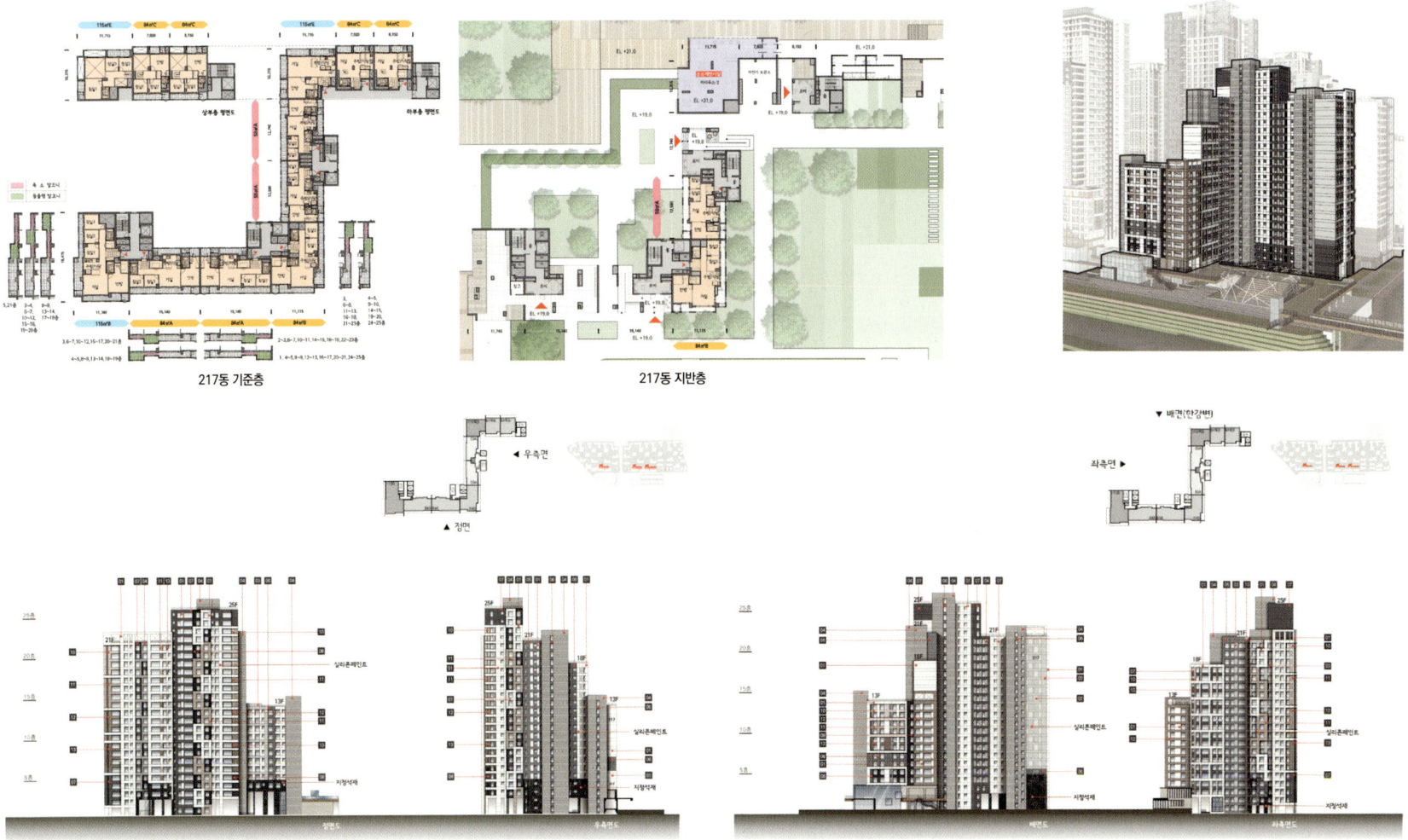

특별건축구역의 특별한 건축, 도시를 바꾸다

116동 120동 220동 312동

120동 입면도

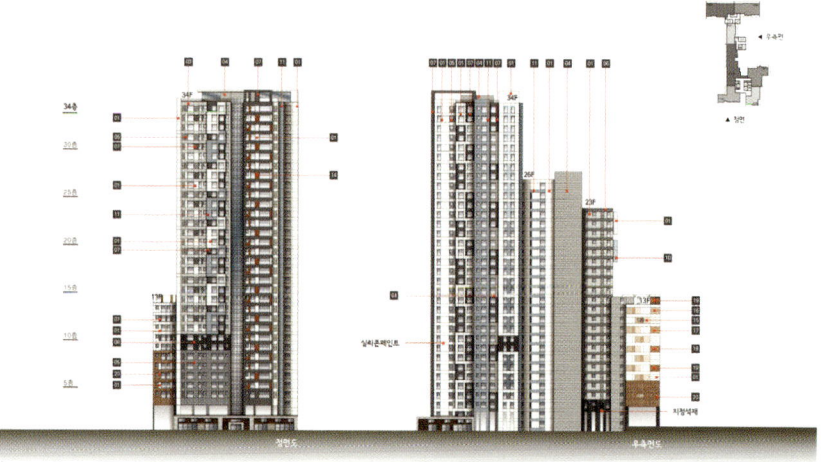

312동 입면도

반포주공 1단지(1,2,4주구) 주택재건축 정비사업

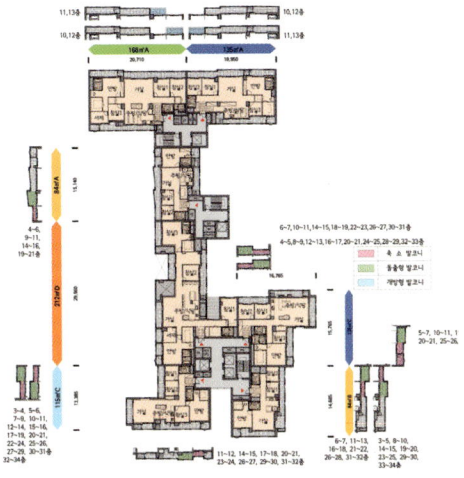

120동 기준층 1층-12층

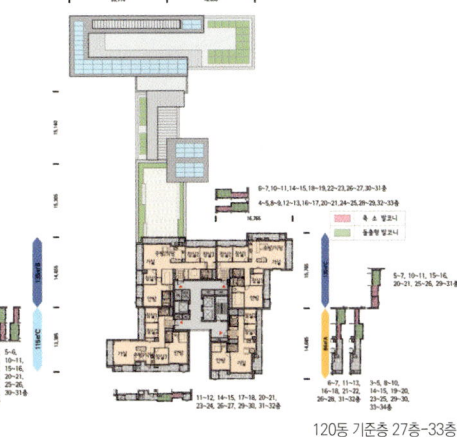

120동 기준층 27층-33층

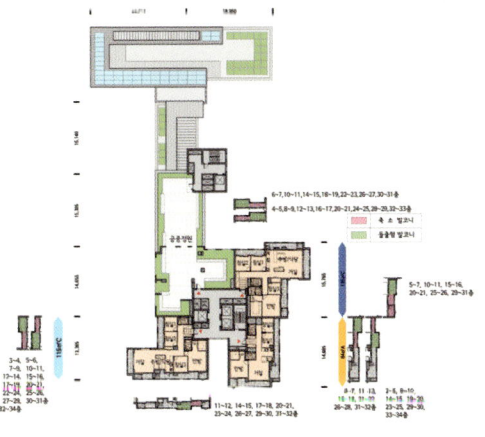

312동 26층

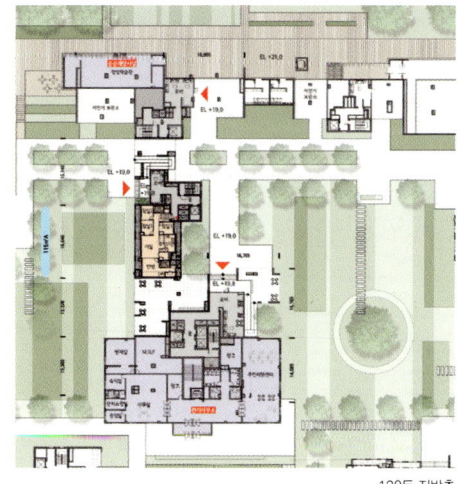

120동 지반층

특별건축구역의 특별한 건축, 도시를 바꾸다

218동

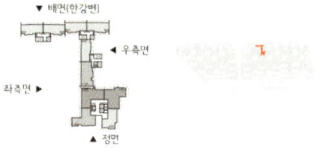

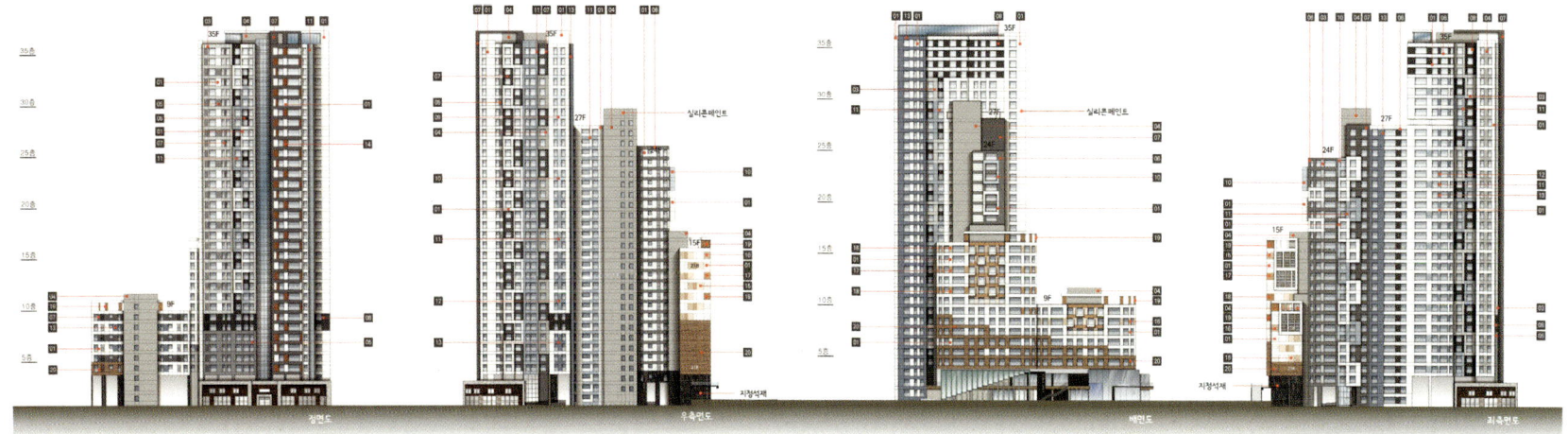

218동 입면도

반포주공 1단지(1,2,4주구) 주택재건축 정비사업

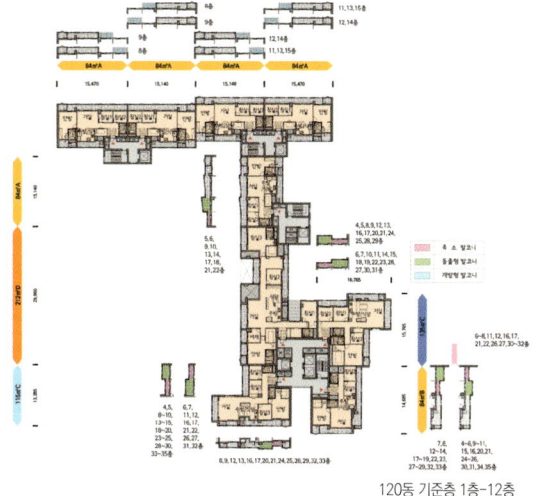

120동 기준층 1층-12층

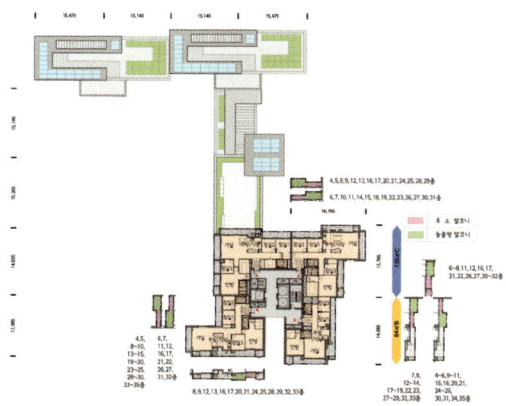

120동 기준층 27층-33층

312동 26층

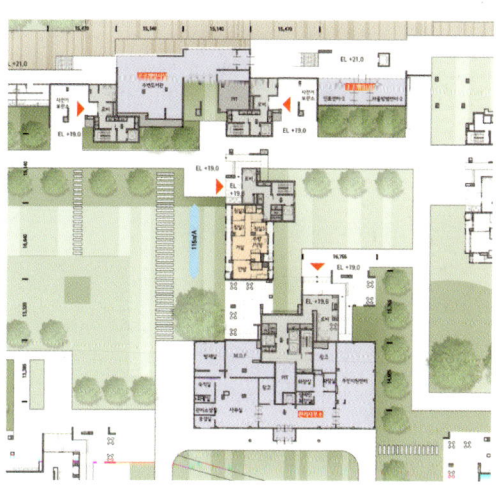

120동 지반층

특별건축구역의 특별한 건축, 도시를 바꾸다

121동

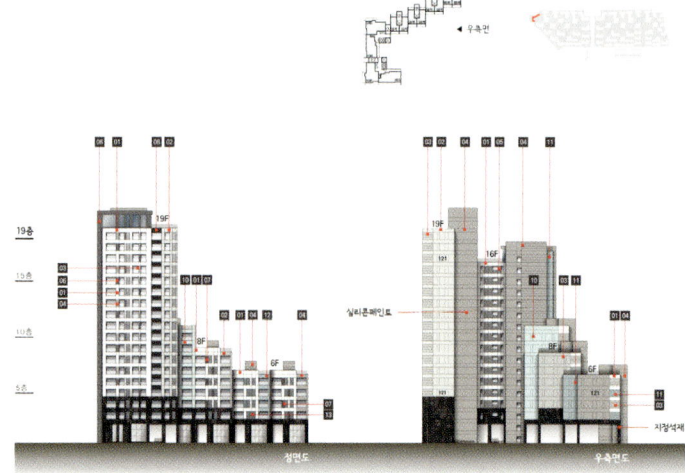

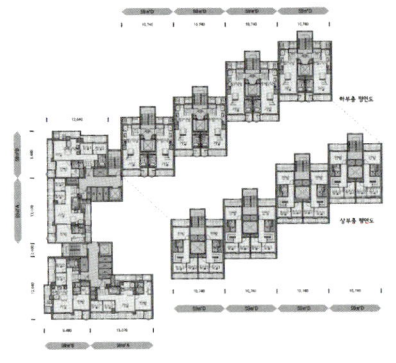

121동 기준층

121동 지반층

313동

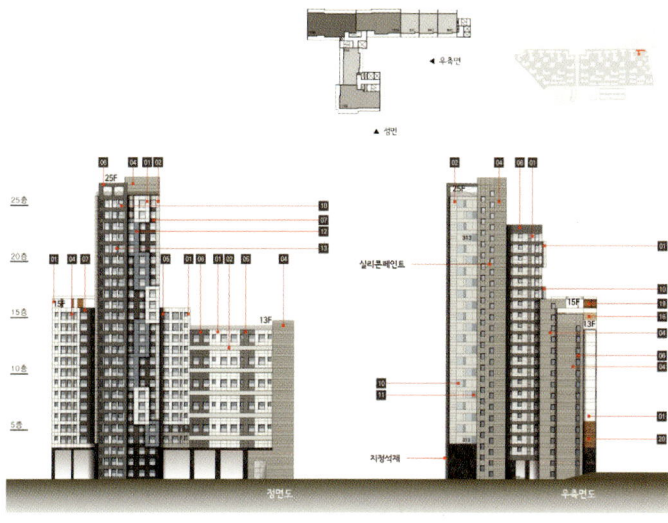

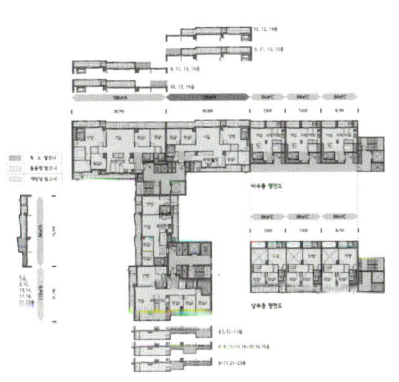
313동 기준층

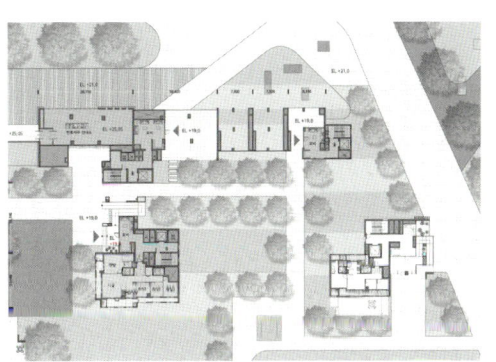
313동 지반층

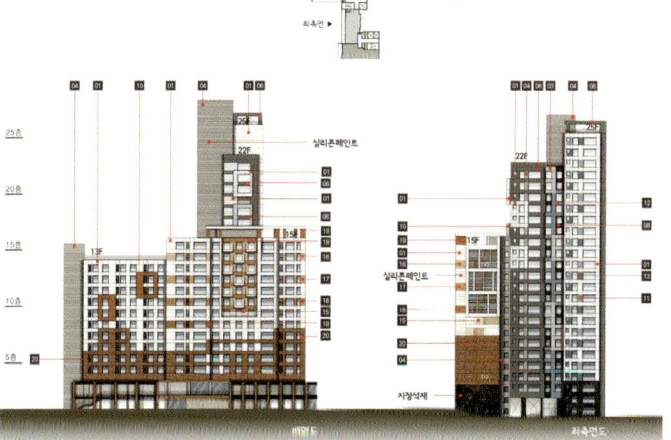

특별건축구역의 특별한 건축, 도시를 바꾸다

주민공동시설

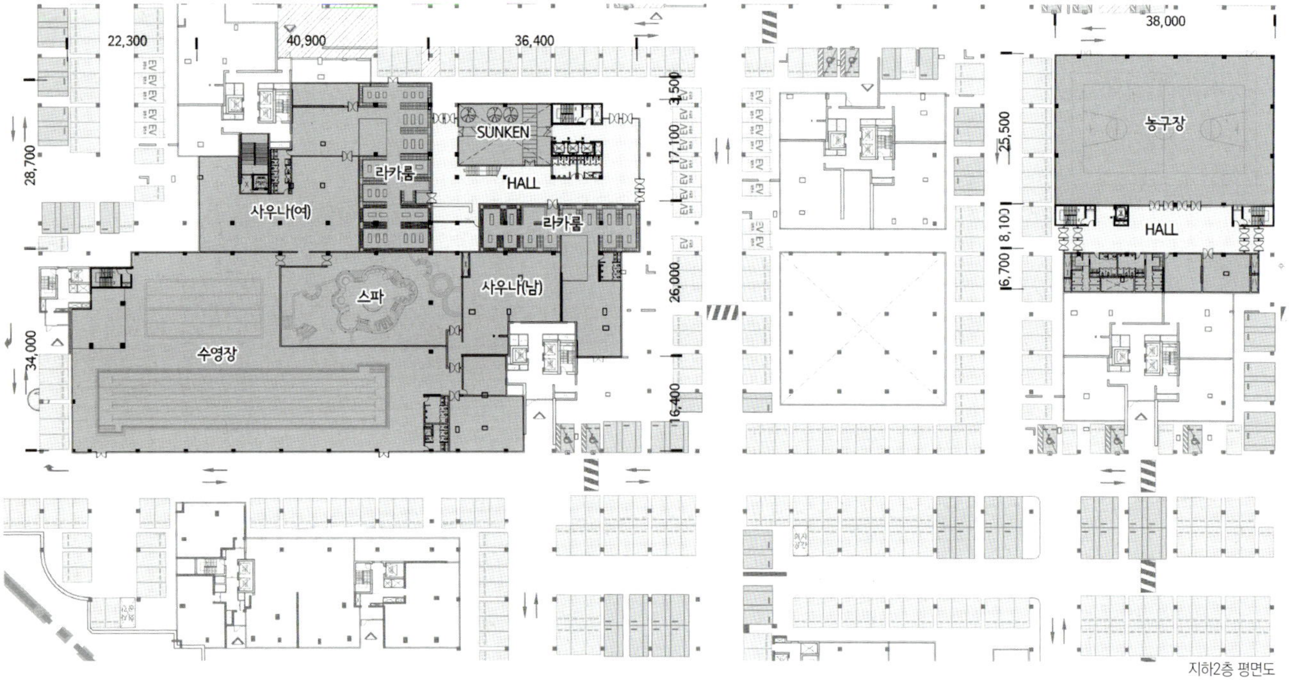

50M×4Lane(천정고 9.0M)

천창을 이용한 자연채광 도입

지하2층 평면도

주민교육시설, 작은도서관

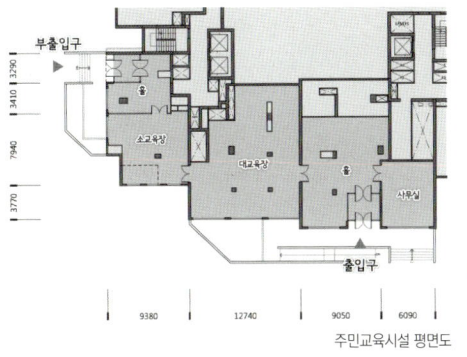
주민교육시설 평면도

주민교육시설 입면도

주민교육시설

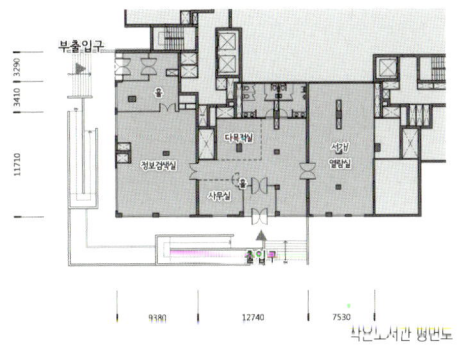
작은도서관 평면도

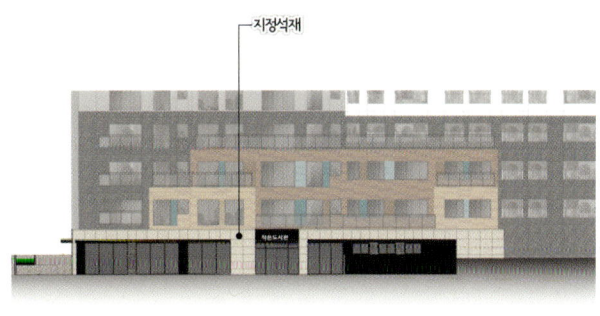
작은도서관 입면도

작은도서관

특별건축구역의 특별한 건축, 도시를 바꾸다

주민교육시설, 작은도서관

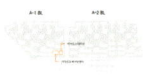

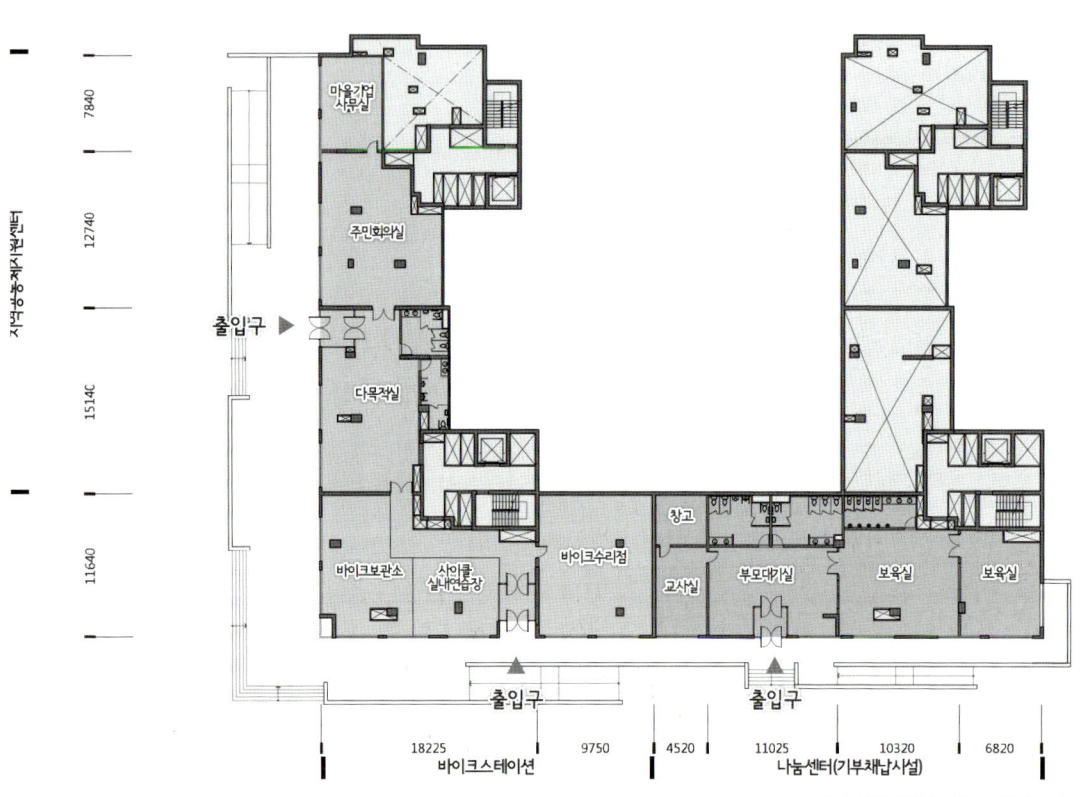

지역공동체지원센터, 바이크스테이션 평면도

지역공동체지원센터

바이크스테이션

지역공동체지원센터, 워킹맘센터

지역공동체지원센터, 워킹맘센터 평면도

지역공동체지원센터

워킹맘센터

특별건축구역의 특별한 건축, 도시를 바꾸다

한강변 공공개방시설

1층 평면도

2층 평면도

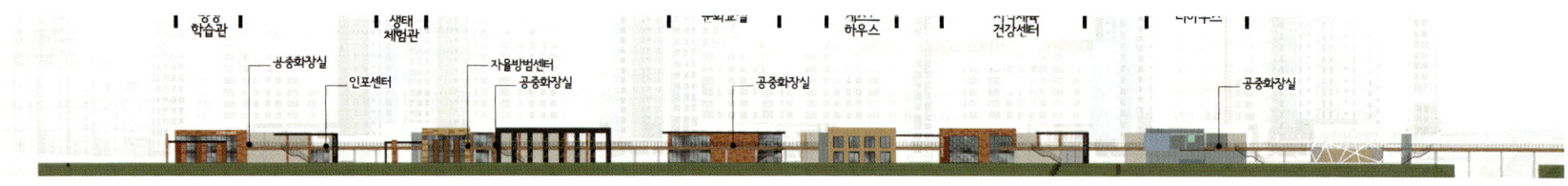

입면도

한강변 공공개방시설

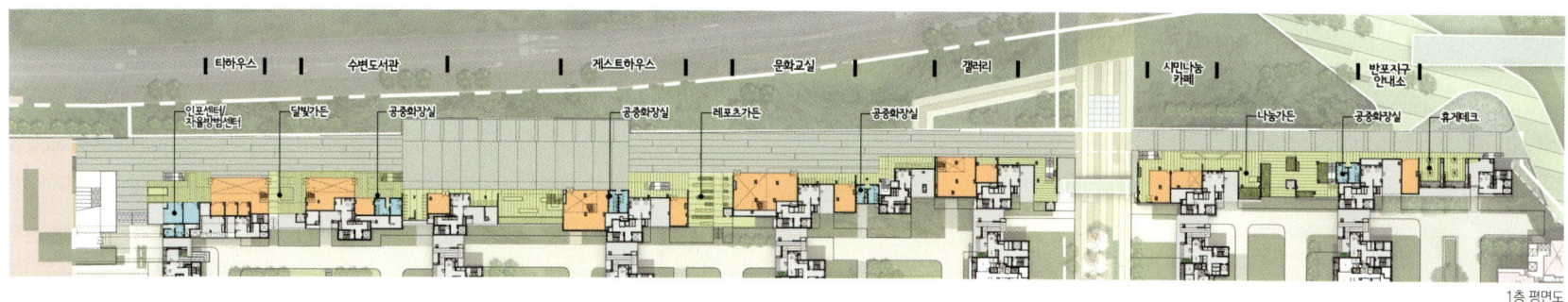

1층 평면도

2층 평면도

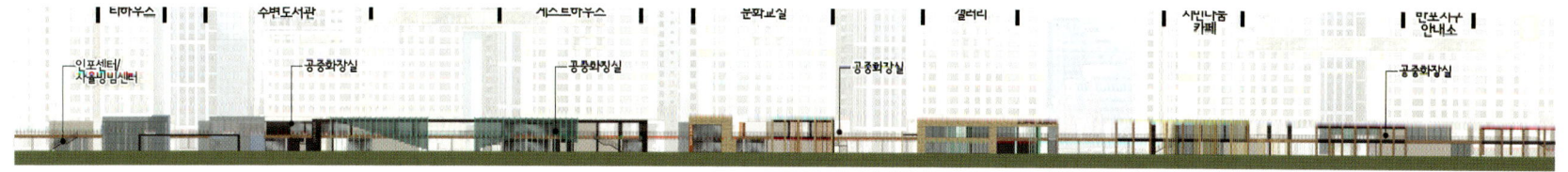

입면도

특별건축구역의 특별한 건축, 도시를 바꾸다

작은도서관, 게스트하우스

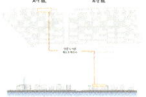

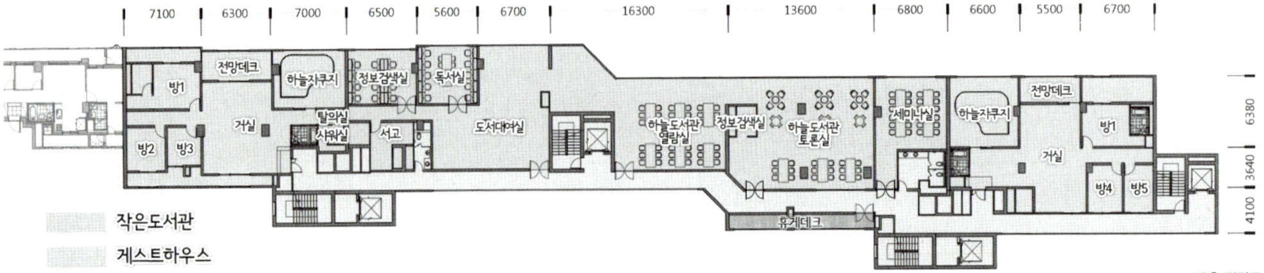

12층 평면도

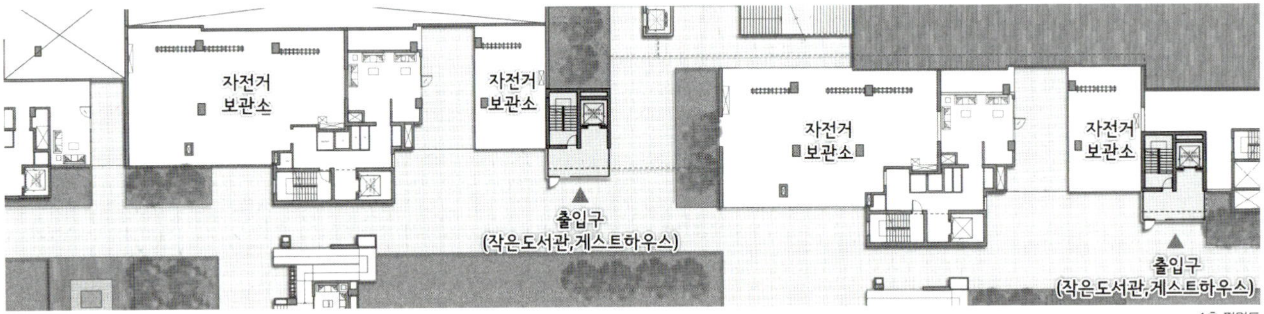

1층 평면도

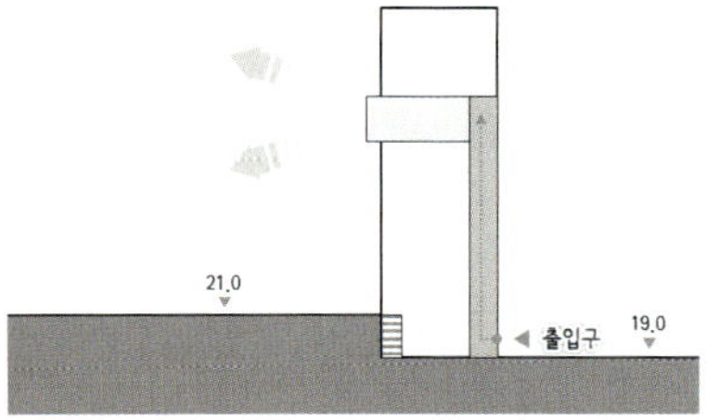

부대시설 수직동선계획

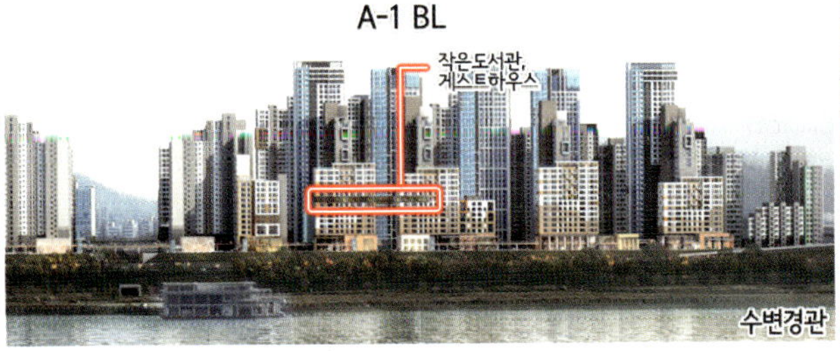

수변경관 · A-1 BL 작은도서관, 게스트하우스

정면도 / 입면도

스카이 라운지

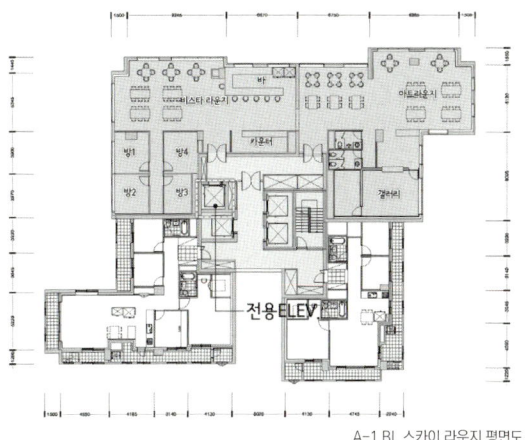

A-1 BL 스카이 라운지 평면도

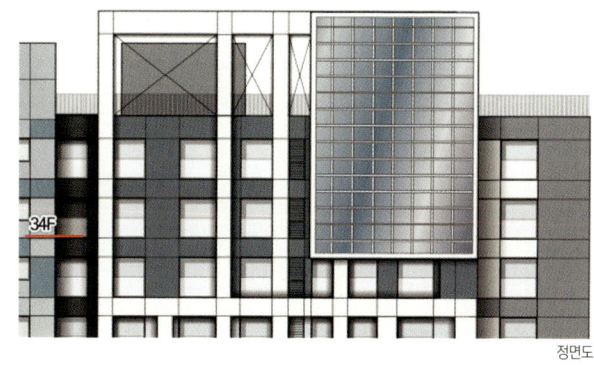

정면도

A-2 BL 스카이 라운지 평면도

좌측면도

스카이 데크 계획

9,800
19,100
8,100
28,400
391,500
65,700
38,000
8,400
20,500
스쿼시
G.X룸
탁구장/당구장
OPEN
HALL
피트니스
농구장
상부 OPEN
25,500
8,100
7,300
스파
상부 OPEN
헬스케어
주민카페
골프연습장
스크린골프
27,700
34,000
수영장
상부 OPEN
키즈
스테이션
HALL
키즈카페/키즈북카페
17,000
62,800
5,900
18,400
16,500
5,600
103,700
16,000
23,300
50,800
23,300
6,700
39,400
21,200
34,100
세탁서비스실
연회장
24,700
HALL
30,100
다목적실
HALL
작은도서관
5,450
SUNKEN
멀티
미디어실
다목적실
주민카페
독서실
19,000
23,300
4,200
13,200
4,300
41,400
8,000
34,100

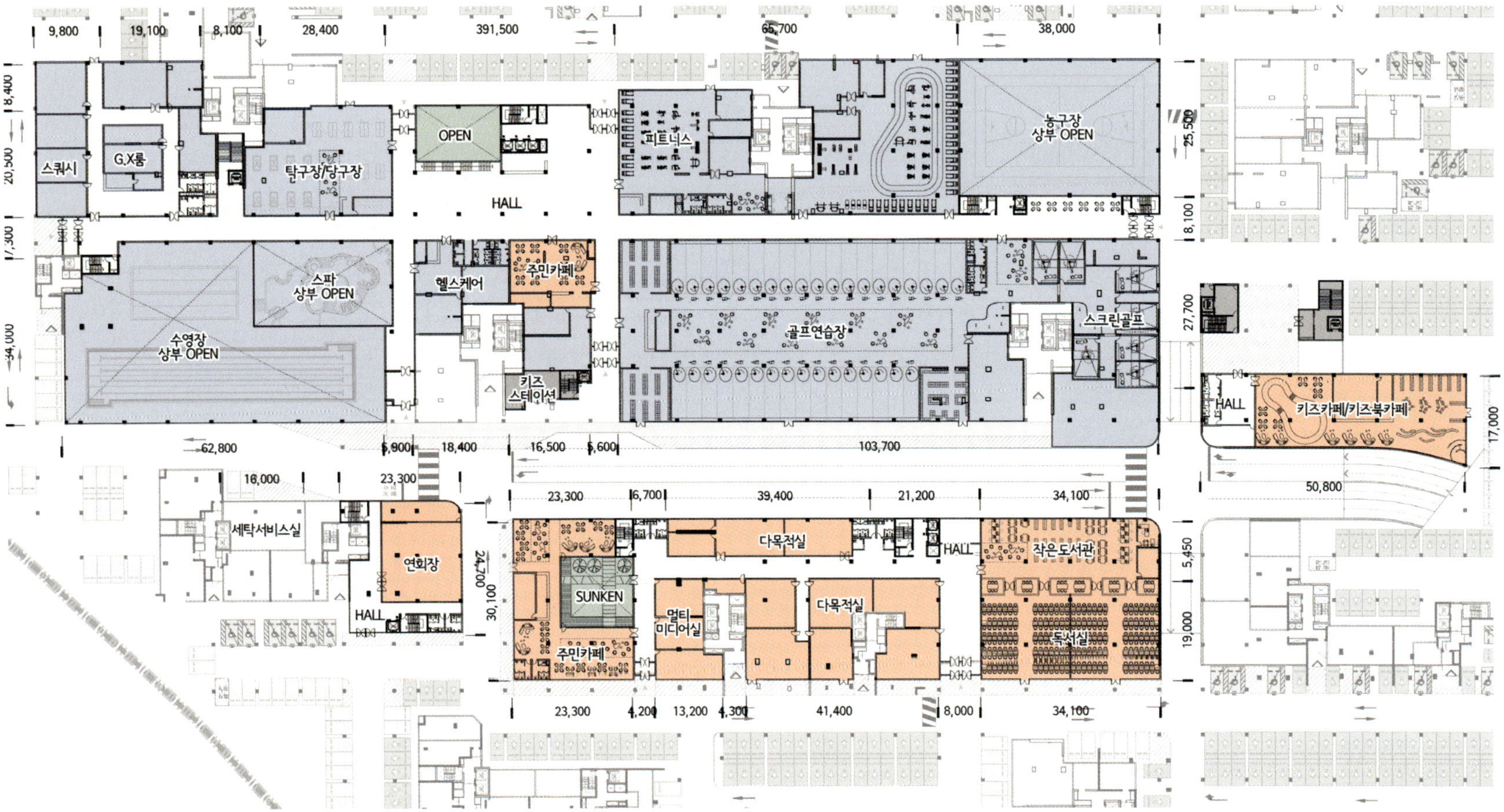

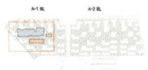

지하1층 평면도

120, 119, 117, 116, 218, 219, 220, 221, 312, 313 동

반포주공 1단지(1,2,4주구) 주택재건축 정비사업

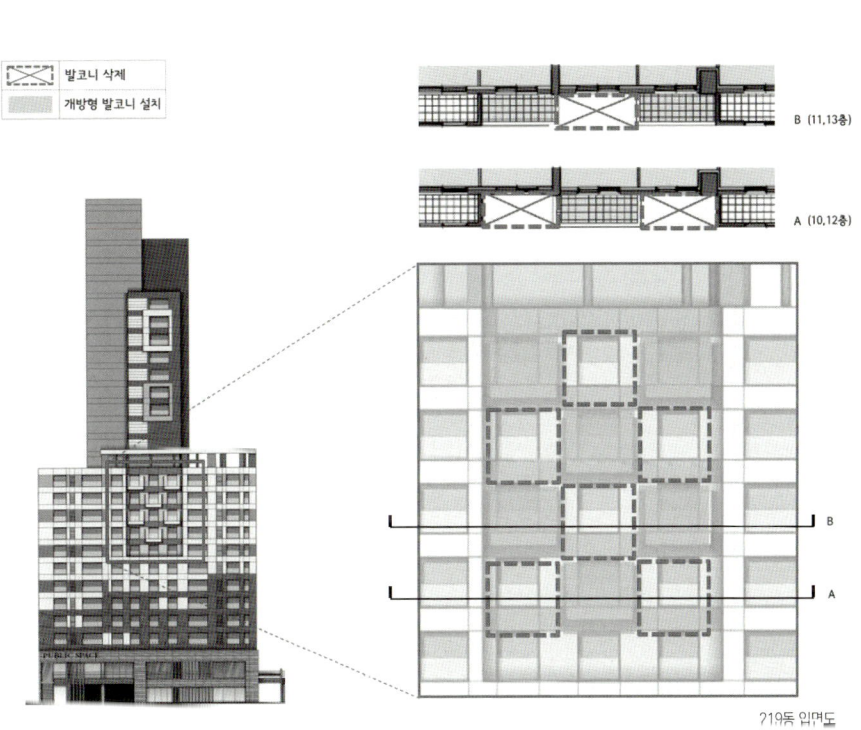

219동 입면도

220동 입면도

조경종합계획도

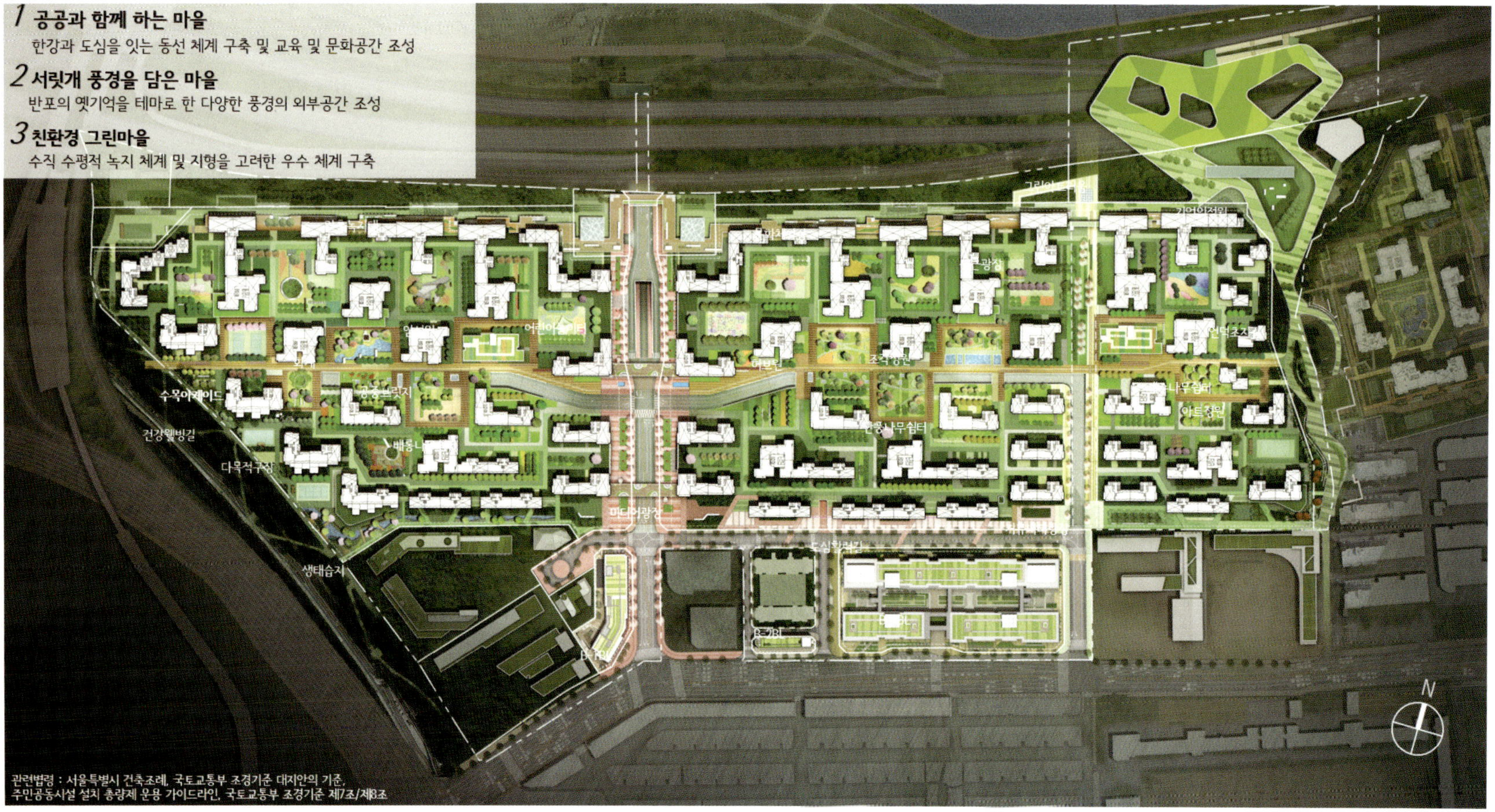

1 공공과 함께 하는 마을
한강과 도심을 잇는 동선 체계 구축 및 교육 및 문화공간 조성
2 서릿개 풍경을 담은 마을
반포의 옛기억을 테마로 한 다양한 풍경의 외부공간 조성
3 친환경 그린마을
수직 수평적 녹지 체계 및 지형을 고려한 우수 체계 구축
기억의정원
수목아케이드
건강웰빙길
다목적구장
생태습지
미디어광장
한평나무쉼터
아트정원
N
관련법령 : 서울특별시 건축조례, 국토교통부 조경기준 대지안의 기준,
주민공동시설 설치 총량제 운용 가이드라인, 국토교통부 조경기준 제7조/제8조

1. AXIS(축)
- 도시와 한강을 잇는 4개의 축 조성
- 단지를 가로지르는 공공의 문화공간이자 도심 속 생태축

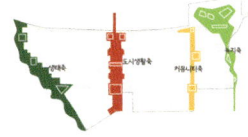

2. PROMENADE(커뮤니티 길)
- 한강변, 단지 내, 도시 생활가로변을 따라 테마길 조성
- 공공과 주거가 공존하는 커뮤니티 가로 조성

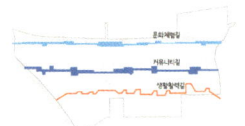

3. COMMUNITY GARDEN(정원)
- 존에 따라 다양한 테마로 다양한 역할을 하는 마당과 뜰
- 단계별 공간 위계설정에 따른 다양한 커뮤니티 공간 조성

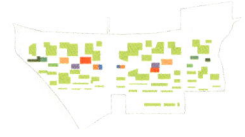

4. NODE(마당)
- 길이 만나는 Node에 중심경관요소 도입
- 테마에 따른 경관 요소 차별화

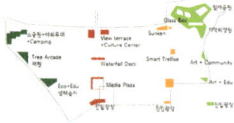

식재계획도

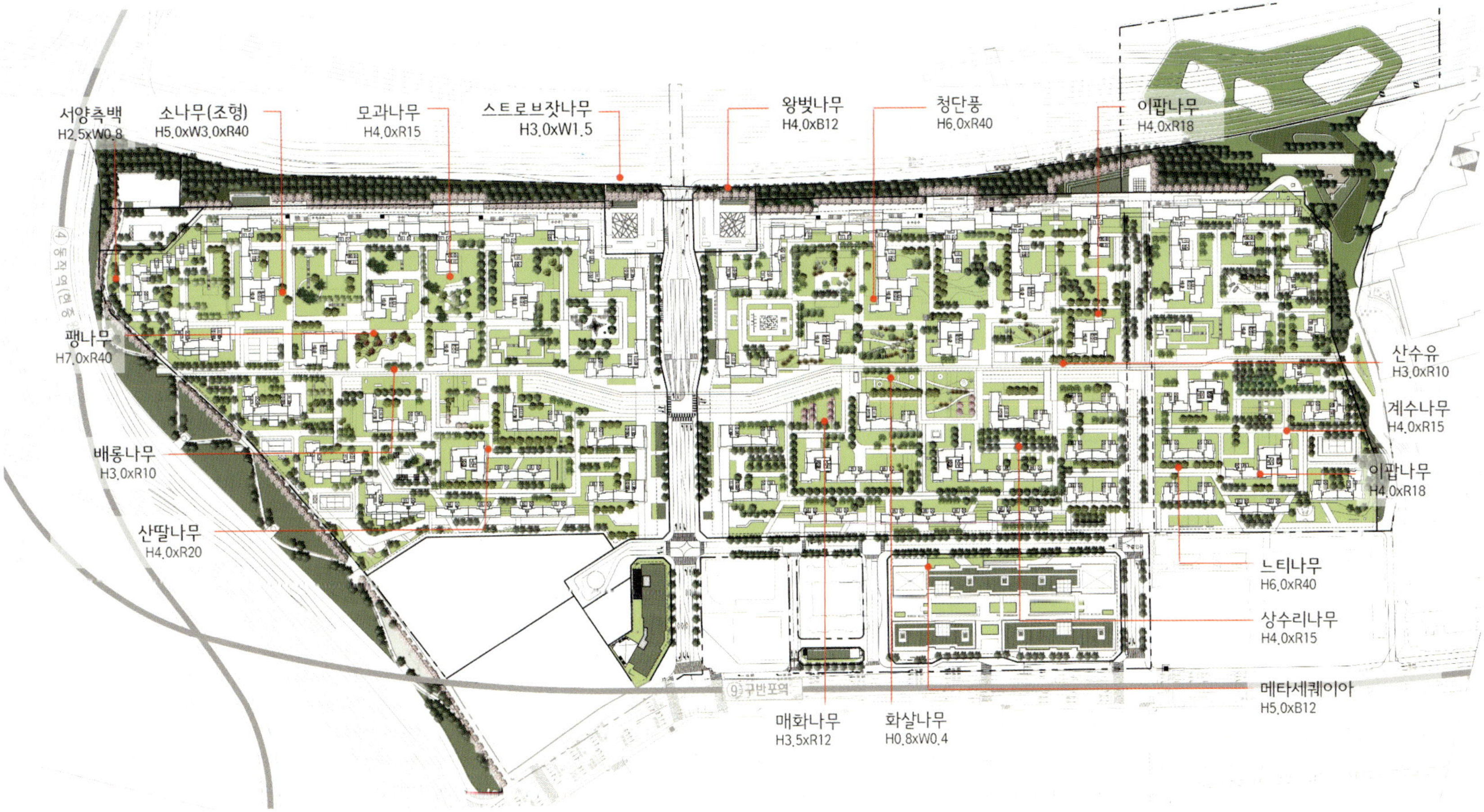

반포주공 1단지(1,2,4주구) 주택재건축 정비사업

제3장

건축 도시 전문가 좌담회

건축 도시 전문가 좌담회

아파트 단지, 새로운 도시 풍경을 담다.

일 시 : 2017. 10.17 10:00~13:00
장 소 : ANU디자인그룹 건축사사무소

강병근(건국대 교수), 김광현 교수(서울대 교수),
김기호 교수(서울시립대 교수), 주신하 교수(서울여대 교수),
윤혁경(ANU 도시부문 대표)

[윤혁경]
지난 5년 동안 반포 한강변 1.8km 길이에 접한 3개 재건축 아파트 단지를 설계하면서 설계자로서 여러 가지 고민이 많았습니다. 그중의 하나가 아파트 단지를 어떻게 이해해야 하느냐 하는 것인데, 아파트 단지도 새로 조성되는 작은 도시로 보아서, 기존의 도시와 어떻게 접목해야 할 것인지, 그 접점 부분은 어떤 역할을 할 것인지에 대한 생각이 많이 했습니다.
도시의 갇힌 섬으로 남지 않도록 방음벽과 담장을 설치하지 않도록 하면서, 기존의 도시와 연접하는 부분을 상업시설과 다양한 공공 개방형 커뮤니티 시설 등을 배치하고, 한강·관악산·현충원 등의 자연경관과 어떻게 하면 어울릴 수 있을까 하는 경관계획도 고민의 대상이었습니다.
이를 위해「경관법」에 따른 사전경관계획을 수립하고「건축법」에 의한 특별건축구역의 특별건축설계를 통한 새로운 시도해 본 것입니다. 교수님들의 생각을 듣고 싶습니다. 먼저 '한강변 관리 기본계획'과 '반포 1·2·4단지 재건축설계'의 총괄 MP였던 강병근 교수님께서 시작의 문을 열어주시죠.

[강병근]
ANU의 설계는 '한강변 관리 기본계획'에서 정한 가이드라인을 준수하려고 최대한 노력을 했다는 점은 인정해야 합니다.
당시 '한강변 관리 기본계획' 수립과정에서 반포 1·2·4단지를 스터디 모델로 정하고, 다양한 검토를 했는데, 3개의 기능을 어떻게 녹여 넣을 것인지 생각을 했습니다.

현 대상지는 다양한 형태의 커뮤니티 에어리어가 있고 시설이 있고 장소가 있는데 원래 처음에 3개의 기능으로 분류해서 넣자 하는 원칙을 만들었습니다.

첫째가 도시와의 커뮤니티를 어떻게 조성할 것이냐는 문제였습니다. 전체도시적인 차원에서 이 단지가 어떻게 소통할 것이냐 하는 그 소통의 방법에 관한 것입니다. 지금 현재의 단지는 한강과 단절되어있으나 새롭게 만들어질 주거지가 경계를 허물고 한강 수변에 모두가 공유 가능한 공공영역을 배치하고 이를 한강변의 서래섬이 있고 우회하는 수로가 있는 지역과 연결하면 도시와 주거지가 가장 확실하게 연결될 수 있을 것으로 판단하였습니다.

둘째는 지역과의 소통은 어떻게 할 것인가입니다. 1, 2, 3단지 뒤에 4

단지와 동측의 학교와 주변부의 인접 주거지와의 접점을 어떻게 공유를 하고 커뮤니케이션이 일어나게 할 것이냐 고민을 해서 지역주민이 상호 공유 가능한 개방형 공원, 주민 공동시설 등을 경계부에 집중적으로 배치하여 소통이 일어나도록 하자는 구상을 놓고 조합과 설계사와 시가 함께 공감대를 형성하는 데 성공하였고 현재까지 진행된 계획에는 이 의도가 잘 반영되었고 또 유지되고 있습니다.
그 '시설'과 그 '장소'와 그 '기능'에 대한 애초 생각이 완성되어 주민들에게 넘겨졌을 때 이 소통공간이 어떻게 유지되고 관리되고 그 기능이 지속할 수 있게 유지될 것인가가 가상 우려되는 부분이고 앞으로 관심을 가지고 풀어줘야 하는 숙제가 아닌가 합니다.

세 번째 소통은 주거지 안에서의 소통입니다.
기존 1, 2, 4주구 세 개 단지의 주민 간의 소통입니다. 이는 지역과의 소통과 거의 같은 맥락으로 보아야 합니다.
애초 안은 현재의 메타스퀘어 가로수 길을 그대로 유지하여 생활 가로로 만들기 위하여 도로의 기능을 보행로의 기능을 강화하고 주변에 주민공동시설과 저층 고밀의 주거를 배치하여 주민공동체의 중심공간으로 기능하도록 하자는데 조합원들과의 공감대가 완성되었습니다. 그러나 심의과정에서 이 보행 위주의 생활 가로에 차량 동선이 밀고 들어오고 고층 고밀의 주거동이 배치되어 주거지의 중심공간이 사라져 버렸습니다. 또, 이 가로수 길이 공동주거지의 상징물로 기능하도록 하자는 의도도 지켜지지 못했습니다. 이유는 주차 출입구 확보문제 때문입니다. 주민의 편의를 위해 변경되었지만 아쉬운 부분입니다. 도시와의 소통, 지역과의 소통은 반영되었으나 단지 내 소통을 위한 개념이 유지되지 못한 점은 아쉽습니다. 이러한 과정을 통해 만들어진 커뮤니티를 어떻게 유지할 것인가에 대한 고민이 시작되었습니다.

그 고민 결과로 첫째가 공유 가능한 공공영역을 제도적으로 모두가 자유롭게 이용할 수 있도록 지원하느냐 하는 방법입니다.
단지 내 공공을 위한 커뮤니티 시설이 있다 하더라도 외부인이 찾아가는 문제, 찾아가더라도 자유롭게 활용할 수 있도록 제도적으로 문제가 해결되지 않으면 아크로리버처럼 누구의 공간도 아닌 공간으로 방치될 우려가 있습니다.

또, 관리 주체도 명확하지 않을 수 있습니다. 이렇게 확보된 공공영역과 시설의 공공관리문제는 제도적인 대책이 필요합니다. 공동주거지 내 커뮤니티 공간을 공공재로 인정하는 도시위원회 그리고 관련 부서들의 합의가 중요합니다. 그래야 애초의 목적대로 제대로 기능할 수 있기 때문입니다.

다음은 이 영역에서 일어날 활동이 중요하다고 생각합니다. 지속할 수 있고 잘 짜인 프로그램이 들어가야 합니다. 지금은 프로그램을 기획할 주체도 운영할 주체도 없는 상황입니다.

마지막으로 유지관리비용의 조달 문제도 중요합니다. 아무리 좋은 계획이라도 이 문제가 해결되지 않는다면 모두 소용없기 때문입니다. 어떻게 보면 단지 내 커뮤니티 공간에 대한 공공재로의 인식전환이 가장 시급하다고 생각합니다. 그래야 관리 주체와 자원이 형성되기 때문입니다.

[윤혁경]
도시설계와 도시경관에 많은 관심을 가지시고 대안을 제시해 주셨던 김기호 교수님께서는 저희 계획안에 대해 어떤 조언을 해 주실 수 있겠습니까?

[김기호]

기존의 도시와 새로 만들어지는 아파트단지를 연결한 공유형 커뮤니티 시설은 탁월한 선택이라 할 수 있는데, 저는 단계적인 커뮤니티시설의 공유 시스템에 대해 말씀드리고자 합니다.

커뮤니티 시설에 대해 대하여는 단지를 넘어서 신/구반포 지구 차원의 계획이 공공에 의하여 만들어질 필요가 있습니다. 특히나 주변에 많은 재건축(단지) 등이 예정되어 있기 때문에 이를 포함하여 큰 계획에 따라 각각의 단지들이 어떤 시설을 당해 단지밖에 까지 서비스하는 시설로 제공해야 하는지 결정 또는 유도해야 합니다. 물론 단지 내에서 만 사용되는 시설도 있겠지요. 이렇게 위계적인 시설의 설치와 배치, 그리고 공유를 위해서는 전체 사용자의 수요를 파악, 분석해야 합니다. 완성 후 관리 주체의 선정과 역할문제, 회원제냐 또는 단지 내 주민의 공유냐 등 복잡한 문제들이 기다리고 있으며, 이를 염려하여 결국 단지 내 사람들만 사용하도록 하는 결과가 나올 수 있기 때문입니다.

저는 이번 신/구반포에서 ANU의 작업을 크게 3가지 측면에서 살펴볼 수 있다고 생각합니다.

첫째는 도시와 건축과의 관계입니다.
둘째는 단지 내 건물의 배치와 주동의 향에 관한 것입니다.
셋째는 주거동 등의 건축과 관련된 다양한 세부사항입니다.

첫째는 도시와 건축과의 관계입니다. 단지가 주변과 동떨어진 외톨이가 되지 않으려면 단지 내 건물들이 주변의 가로에 대응하는 방식이 필요합니다. 그 컨셉은 가로에 대응한 건물의 배치, 저층부의 용도에 의해 드러납니다. ANU의 작업은 대림 아크로리버의 사례를 통해 볼 때 가로와 인접한 주거동들이 적극적으로 가로에 평행 되게 배치되고, 그 저층부의 용도도 커뮤니티시설과 공간으로 사용하여 단지 외의 도로나 사람들에게 시각적으로 기능적으로 접근의 가능성을 열어 놓고 있습니다. 이런 공간구성과 배치로 인하여 그동안 단지의 경계선에 의례 만들어지던 담장이나 펜스 등은 설치될 이유를 잃어버렸습니다. 그에 따라 도로 등 공공공간으로부터 단지 내의 반 공공적인(semi-public) 공간으로의 흐름은 매우 자연스럽게 처리되고 있습니다. 아쉬운 부분도 있습니다. 아크로리버 아파트를 보면 가로와 녹지에 잘 대응하고 있지만, 외부인은 가로에서 바로 접근할 수 있는 동기가 별로 없어 결국 아파트 단지 사람들만을 위한 아파트 단지로 보입니다. 1층에 작은 상가나 커뮤니티 공간을 쉽게 접근하게 배치하여 가로 활성화를 기대해볼 수도 있었는데, 아직은 미흡한 것으로 보입니다. 구반포 등에서의 향후의 과제는 과연 이렇게 물리적으로 의도를 가지고 제공된 장치인 커뮤니티 등의 공간들이 과연 단지 외부의 사람들에게도 적극적으로 개방되고 사용되어 새로 만들어진 주거단지가 주변과 단절된 것이 아니라 주변 도시의 한 부분으로 실제로 통합되도록 운영을 통하여 노력하는 것일 겁니다.

둘째는 주거지로서 건축물의 향도 매우 중요한 고려 사항이 됩니다. 주민들에게 아주 민감한 문제이고, 비용적인 측면에서도 그렇고, 특히 개인의 생활에서도 아파트 배치문제는 큰 이슈가 됩니다. 계획된 아파트는 맞통풍이 가능한 동서 배치하고 있어서, 대체로 도시에 대응하는 방식에서는 원칙을 잘 지켜지고 있습니다. 아파트 단지가 가져야 할 자세라고 보이며, 도시적인 차원에서도 바람직한 모습이라 생각됩니다.

아쉬운 부분도 있습니다. 아크로리버 아파트를 보면 가로와 녹지에 잘 대응하고 있지만, 가로에서 바로 접근할 수 없게 되어 결국 아파트 단지 사람들만을 위한 아파트 단지로 보입니다. 1층에 작은 상가나 커뮤니티 공간을 배치하여 가로 활성화를 기대해볼 수도 있었는데, 그런 점이 덧 미흡한 것이 흠이 아닌가 합니다.

셋째는 아파트의 배치계획에서 향의 대응방식인데, 남향으로 단조롭게 배치하는 것을 왜 두려워하는지 모르겠습니다. 거주자의 처지에서 보면 남향배치가 매우 바람직한데, 현재 계획안은 상당수가 동서향 배치가 되어 있어서 아쉬운 부분이 많습니다. 전통적으로 우리는 가로변을 따라 연도형 건축을 해왔음을 기억할 필요가 있습니다. 가로변에는 대개 5층 정도의 근린생활 건축물이 들어서고, 그 안쪽으로는 2~3층 건축물이 들어서 있는 게 자연스러운 현상이었습니다.
유럽에서도 이런 것들이 있었습니다. cinn을 비롯한 근대 건축가들은 블록의 해체를 주장했습니다. 2차 대전 후 복구사업을 진행하면서 전통적인 시가지를 단지화해서 채광과 일조가 좋은 판상형배치를 주장했습니다. 연도형 건축형에서 비 연도건축형, 판상형으로 변해온 것입니다. 그 이후 1960년대부터 다시 연도형으로 돌아가고 있습니다.

[윤혁경]

아크로리버 아파트단지를 설계할 당시, 교수님께서 지적한 것처럼 고민하지 않은 것은 아닙니다. 2013년 당시의 상황을 돌아보면, 기존 도시와 아파트 단지의 접점 공간개방을 위해 담장 대신에 공유 커뮤니티 시설을 도로변에 배치한 것은 큰 모험이었고 실험이 아닐 수 없었습니다. 조합을 설득하기가 결코 쉽지 않았습니다. 그러나 준공 후의 모습은 애초 의도와 달리 입주민들의 보안 등 안전성 문제를 이유로 일반인에게 개방하지 못하고 있는 점은 아쉽긴 한데, 그동안 이런 일을 경험하지 못한 서울시와 서초구가 사후 유지·관리에 대한 고민과 준비가 없었기 때문에 어쩌면 당연한 결과가 아닌가 합니다.

[강병근]

한강 변에 대한 접근성 확보를 위해 첫발을 내디딘 것이 한강 변의 토지이용을 공공지로 용도를 변경하고 공공의 기능으로 변경하는 것이었습니다.
애초 구상안은 한강을 공공재로 만들기 위해 모든 역량을 부여하여 한강 변에 두꺼운 공원을 만드는 것이었습니다. 이 구상이 현재 한강 변에 긴 완충녹지로 일부 남아있습니다.
아쉬운 점은 그쪽이 공원으로 좀 더 강하게 묶었으면 하는 점입니다. 현재 한강 수변 전체의 85%인 사유지에서 실 같은 공공용지인 공원이라도 이어졌더라면 한강을 좌우로 소통할 수 있는 공공성의 연결고리가 만들어졌을 겁니다.
지금처럼 완충녹지로 쓰고자 한다면 현 대상지부터 계속 이어지는 모든 수거시의 완충녹지기 공공재로 활용되고 또한 네트워크로 연결되어야 하지 않을까 생각합니다.

시각적으로 한강과 이 완충녹지를 막힘없이 연결하는 방법으로 보행 네트워크에서의 보행자 눈높이를 높여 한강이 직접 내려다보일 수 있도록 기준 높이를 조정해 주는 방법을 생각할 수 있습니다.

올림픽 대로를 넘어서 강이 보이도록 공공영역의 아이레벨이 이어져 조성되면 한강은 다시 시민과 주민의 품으로 돌아올 수 있기 때문입니다. 아크로리버는 불행하게도 공공의 눈높이 기준이 낮게 조성되어서 한강 조망이 어려워 아쉽습니다.

[윤혁경]
김광현 교수님께서는 앞의 두 분 교수님과 조금 다른 관점을 가지고 계실 것 같은데, 건축을 전공하신 분이 입장에서 한 말씀 해 주시죠.

[김광현]
계획안을 보면 전반적으로 도시적인 측면을 강조한 나머지 외부 주민에 대한 배려를 너무 강조한 것이 아닌가 하는 염려가 됩니다. 아파트 단지란 점에서 공공성을 지나치게 강조하면 문제가 생깁니다. 사유지 개발과정에서 생긴 이익을 공공을 위해 기부하도록 하는, 도시를 더욱 잘 만들고자 하는 바는 모르는 바는 아니지만, 정말 공공이 의도한 대로 그 공간과 시설들이 사용될 것인지에 대해서는 의문이 듭니다.

완충녹지와 공유공간, 공원 등을 연계한 것이 정말 공유역할이 가능하다고 생각됩니까? 한강변을 따라 1.8km 길이의 완충녹지를 그렇게 선으로 이을 필요가 있을까요? 그 구간을 누가 얼마나 이용할 수 있을지 모르겠습니다. 단순히 녹지기능만 한다면 달리 생각해 볼 필요가 있습니다. 이곳을 이용하는 사람들은 누굴까? 어떤 목적을 가지고 와서 어떻게 사용할 것인가를 먼저 생각해야 합니다. 버스 타고 택시 타고 이곳까지 올 수 있는 특별한 기능이 필요한데, 그만한 임펙트를 확보하기가 절대 쉽지 않을 것 같고, 단순히 지역 주민들의 산책만을 위한 기능이라면 규모나 조성방법 등에 있어서 다른 접근도 필요할 것 같습니다.

방음벽 대신에 조성될 완충녹지의 중요성은 충분히 인정합니다. 적절히 조성된 마운딩과 울창한 숲은 88도로의 소음도 차단하고, 아파트 단지에서 한강으로 바라보는 주민들의 조망 풍경도 한창 풍요롭게 할 것이기 때문입니다. 아파트 단지마다 적절히 단절된 완충녹지를 통해 숲과 숲이 연결되는 정도면 가능하지 않을까 합니다.

아크로리버 아파트 단지를 비롯하여 커뮤니티 시설, 특히 공유 커뮤니티 시설을 설치하여 외부 사람이 사용할 수 있도록 하는 전략은 완전한 개방보다는 일부만 개방하도록 방향을 수정할 필요가 있습니다. 아파트주민은 주민으로서의 거주 정온성과 방법 등에 대한 안전성이 확보되어야 하는데, 모든 커뮤니티 공간을 일반인이 다 사용할 수 있다면, 이에 대한 문제가 생길 수밖에 없습니다. 공공이 모든 것을 개입하여 관리한다는 것은 다소 회의적이라 생각이 듭니다. 아예 주민들에 운영과 관리를 맡기는 것도 생각해 볼 필요가 있습니다.

[윤혁경]
주신하 교수님은 조경과 경관 분야에 오랫동안 활동하신 분입니다. 또 다른 시각에서 저희 설계안에 대한 생각이 조금 다를 것 같은데요. 어떤 시각을 갖고 계실지가 궁금합니다.

[주신하]
저는 보내주신 자료를 보고 다른 단지가 가진 특징이 무엇일까 생각해 보았습니다. 제가 생각하기에 이 단지는 2가지 측면에서 인상적이었습니다. 첫째는 단지의 규모가 매우 크다는 점과 3개의 단지가 모두 한강에 연접하고 있다는 점입니다.

큰 단지는 다른 작은 단지와 어떻게 달라야 할까 고민하는데 보내주신 책의 제목이 눈에 띄었습니다. '특별한 건축, 도시를 바꾸다'라는 제목

이었는데, 이것은 독립적인 단지보다는 도시적인 특징을 반영하고 주변을 함께 보려고 하시는구나 라는 생각이 들었습니다. 지금까지 기존 아파트단지가 갖고 있었던 문제 중의 하나가 길고 높은 담장으로 외부를 둘러싸고 있어서 가로 활성화에 매우 불리한 상태라는 점입니다. 이런 높고 긴 담장과 만나는 거리공간은 마치 걸어 다니면 안 되는 곳이라는 인상을 줄 수 있습니다. 큰 단지를 계획할 때에는 이런 부분을 반드시 해결해야 합니다. 그런 차원에서 현재 적용하시는 방음벽이나 담장, 울타리를 없애는 것은 매우 좋은 시도 같습니다. 다만, 걱정되는 것은 담장을 없앴을 때 주민들이 어떻게 반응할 것인지는 걱정이 됩니다. 프라이버시 침해와 방범안전의 확보 차원에선 문제가 될 수 있기 때문입니다. 이러한 점을 보완한다면 가로친화형 단지의 설계는 큰 단지로서 가져야 하는 매우 중요한 임무라고 생각합니다.

가로친화형으로 조성하기 위해서는 가로변에 커뮤니티 시설이나 근린생활시설 등을 배치하는 방법을 사용할 수 있는데, 문제는 1.8km나 되는 긴 거리를 충분히 채울 수 있는 용량이 될 수 있을까 하는 우려가 있습니다. 그리고 앞에서 여러분이 지적한 것처럼 유지·관리에 대한 근본적인 대책이 마련되지 않는다면 또 다른 문제가 될 수 있을 것입니다. 단지의 외부 담장을 없애고 단지 내 녹지의 일부를 공개하는 방안도 큰

단지라면 시도해 볼 방법일 것입니다. 서울시의 공공적 측면에서 공원과 녹지의 총량보다 아파트 단지 내부의 조경면적이 더 크다고 합니다. 그런 차원에서 본다면 거대한 단지가 주는 조경공간과 완충녹지 공간은 서울의 부족한 녹지를 채우는 공공적인 차원에서 긍정적으로 작용할 수 있다고 생각합니다. 물론 담장을 없애면 방범이나 프라이버시의 생길 수 있겠습니다만, 저는 도시에서의 또 다른 기회가 될 거로 생각합니다. 좌담회에 참석하기 전에 ANU 사무실 근처에 있는 파크하비오 단지를 둘러보았습니다. 송파대로에서 접속하고 있는 측면도로에 상당히 넓은 폭으로 공원이 조성되어 있었는데, 이쪽에도 단지 내 녹지를 추가로 설치하면 더 좋은 공간이 만들어질 수 있지 않을까요?

반포 아파트 단지는 지금도 상가가 도로에 연속적으로 면하여 배치되어 있습니다. 이런 특징은 반포라는 지역을 인식하는 특징이라고 할 수 있고 또 보행 측면에서도 걸어볼 만한 도시라는 생각을 하게 합니다. 새로 조성하는 아파트 단지에서도 원래 이 지역의 특징을 살리면서 가로 활성화에 도움이 되는 가로형 배치를 참고하였으면 좋겠습니다.

다음은 한강변에 위치한 특징과 관련된 이야기입니다. 예전에 남산 관련된 일에 관여했었는데, 남산이 서울의 한 중앙에 위치하면서도 실제 도심부에서 남산을 인지하기 쉽지 않았습니다. 남산을 볼 수 있는 장소, 즉 남산 조망 점이 별로 남아 있지 않고 또 남산으로의 접근성도 그리 좋지 않습니다. 매우 가까운 곳에 있지만 잘 볼 수 없는 구조인 셈이지요. 한강도 그런 점에선 마찬가지입니다. 한강 변으로 고층건물들로 둘러싸여 있어서 실제 한강을 잘 조망할 기회는 전철이나 교량을 통해 한강을 넘어갈 때 정도입니다. 보행 측면에서도 접근성은 매우 떨어지는데, 특히 한강변에 있는 88도로나 강변도로가 한강으로 향하는 보행접근을 막고 있습니다. 도시와 한강이 단절된 이 문제 해결을 위해 그동안 여러 가지 시도를 했지만, 토끼굴이나 몇 개의 보행교가 있을 뿐입니다.

이러한 상황에서 반포 1·2·4단지에서 제시하는 덮개 공원은 한강뿐만 아니라 남산까지 직접 조망할 기회가 될 수 있습니다. 경관적인 측면에서 매우 잘한 선택인 것 같습니다. 특히 차량 전용도로를 보행로 넘어가면서 한강과 남산을 보는 기회는 매우 매력적으로 보입니다. 그러나 덮개 공원의 위치와 규모는 조금 더 신중하게 고민을 해 볼 필요가 있습니다. 큰 공원 하나가 있는 게 좋은 것인지 아니면 작은 공원을 여러 곳에 배치하는 것이 좋을지 말입니다. 거대한 구조물은 디자인을 어떻게 하는지에 따라서 시각적인 부담이 될 수도 있습니다. 특히 88도로의 운전자에게는 위압적으로 보일 우려도 있습니다. 지금의 계획안은 덮개 공원이 서울을 대표하는 랜드마크가 되기 위한 전략

에 가깝다고 보이는데, 실제 서울의 대표 랜드마크가 필요한 것인지, 지역 주민들이 편리하게 한강으로 접근을 하게 하는 것이 중요한 것인지 판단할 필요가 있습니다. 개인적인 의견으로는 반포에서는 후자가 바람직하지 않을까 생각합니다.

[윤혁경]
교수님께서는 덮개 공원을 위주로 한 거대한 공간을 하나로 조성하기보다는 여러 곳으로 작게 작게 분산 배치하는 의견을 주셨네요.

[김기호]
현재의 조감도로 본 덮개 공원은 그림과 달리 실제 크기는 굉장할 것입니다. 큰 오픈스페이스가 한강 변 고수부지에 있는데 여기 다시 구조물로 만든 상부에 큰 오픈 스페이스를 만들 필요는 없다고 봅니다. 오히려 구조물을 줄여 넘어가는 정도의 다리를 만드는 것이, 간단한 브릿지를 여러 개 만드는 것이 바람직합니다. 심플하면서 산뜻한 보행교 정도만으로도 그 기능을 충분히 하지 않을까 생각합니다.

[김광현]
국제공모를 통해 디자인 안을 선정하겠다고 하는데, 되도록 거대하지 않게, 그리고 딱딱한 게 아니라 부드럽게 접근할 수 있도록 만들어야 합니다.

[주신하]
또 한 가지 아쉬운 점은 30~40년 된 기존 수목을 어떻게 활용할 것인지에 대한 배려가 부족한 것 같습니다. 잠실 아파트단지 재건축 시에도 고민했었던 일인데, 당시 나무은행에 기이식했다가 다시 옮겨 심는 방법도 생각했었지만, 새로 심는 것보다 2~3배의 비용이 들어서 포기한 적이 있습니다. 여기서도 기존 수목을 최대한 활용할 수 있는 방안을 찾았으면 합니다. 수목을 활용한다는 것이 생태적인 측면에서만 중요한 것이 아니라 장소성, 즉 그 지역의 이야기를 담아내는 데에도 큰 역할을 할 것으로 생각합니다.

[윤혁경]
기존 오래된 수목을 보존하는 것은 말씀하신 것처럼 쉽지 않습니다. 나무은행에 한시적으로 이식했다가 나중에 다시 옮겨 심는 것에 대한 비용부담이 2~3배가 더 들기 때문에 이를 강제하기가 어려울 것입니다. 현재 보존하려고 하는 108동 주변의 나무만이라도 제자리에 살려서 반포단지의 오랜 기억으로 남도록 하려고 합니다.

[윤혁경]
지금까지 도시적인 관점에서 말씀해 주셨는데, 건축적인 부분에 대한 여러분의 생각을 듣고 싶습니다. 단지의 배치에서부터 텐트형 스카이라인과 다양한 입면 요소의 개발 등 변화를 시도해 보았습니다. 저희로선 과감한 모험을 감행했다고 말씀드릴 수 있습니다.

[강병근]
의견이 왜곡되지 않으면 해서 덮개 공원에 대한 이야기 하나를 추가하자면 덮개 공원은 이동통로 차원에서 만들어진 것은 아닙니다. 이동보다는 한강의 새로운 명소화를 위해서 만들어진 것입니다. 그 원칙이 무너지면 안 됩니다. 어떤 규모로 어떤 형태로 또 무엇으로 명소화할 것이냐의 고민이 필요합니다. 축소되는 건 우려 점입니다. 제일 중요한 건 한강을 도시에서 조망할 수 있는 접점이고 강에서 도시를 바라보는 경관이며, 두 영역이 만나는 소통의 공간으로 기능할 수 있도록 만들어 한강에 모두가 자랑스러워할 명소를 만들어 달리는 요청으로 받아들여 졌으면 좋겠습니다.

[윤혁경]
서울시 도시계획위원회의 최종 덮개공원면적을 1만㎡ 이상으로 하도록 결정했기 때문에 조정이 쉽지 않을 겁니다. 변경을 위해선 다시 도시계획위원회의 결정이 필요하기 때문입니다. 다양한 걱정과 대안을 주셨는데, 국제공모 과정에서 그 숙제를 풀기 위한 가이드라인을 만들 때 충분히 고려하겠습니다.

저희도 토목구조물의 과도함을 우려해서, 덮개 공원 하부에 유리 상자로 만든 조망카페를 매달고, 한강 변으로 직접 접근이 가능한 엘리베이터와 경사로를 계획하는 등 토목구조물 그 자체를 숨길 수 있도록 배려했습니다. 저희도 심플한 구조가 되었으면 합니다. 치수관리를 담당하는 서울지방국토관리청에서도 거대한 토목 구소불에 대해 우려를 하고 있습니다.

덮개 공원과 연접된 중앙공원에 역사 흔적 남기기 일환으로 현재의 108동 아파트를 남겨서, 리모델링하여 '강남 주거사 박물관'으로 사용할 것입니다. 그렇게 된다면 서래섬과 세빛섬을 잇는 큰 그림이 그려져서 새로운 볼거리 놀거리가 생길 것이고, 한강과 단지를 잇는 중요한 사항이 될 것이고, 어느 정도 활성화는 기대하고 있습니다.

건축물 동수는 일반 아파트 단지보다 2~3배가 더 많습니다. 탑상형이나 V(갈매기)형이나 탑상형으로 단순하게 설계할 경우 설계 기간은 물론이고, 설계의 양과 설계의 품도 절반 이상으로 줄일 수 있을 겁니다. 그렇지만 우리는 어렵고 험난한 길을 선택했습니다. 아크로리버 아파트 단지의 평면 타입이 32개입니다. 1,600여 세대일 경우 평면 타입은 10개를 넘지 않습니다. 반포 1·2·4단지 5,300세대는 82개 평면 타입을, 경남+한신3차 아파트단지는 3,000세대 62개 평면 타입을 만들었습니다.
각기 다른 평면 타입의 조합을 통해서 입면을 더욱 자유롭고 창의적인 설계가 가능할 뿐 아니라 한강에 대한 조망이나 남향 세대수를 최대한 확보할 수가 있게 됩니다. 설계는 엄청 복잡하고 까다롭습니다. 시공도 그만큼 힘들고 만만치가 않고, 건축공사비도 3~7% 이상 더 부담됩니다. 시공도면이 다른 아파트보다 2~3배를 더 많이 작성되기 때문입니다.

[주신하]
대형 건설사가 개입되면 현재의 설계 의도가 변질될 것에 대한 고민도 있습니다. 여름방학 때 대학원생들과 혁신도시를 돌아볼 기회가 있었는데, 세종시 등 여러 혁신도시를 둘러본 학생들 의견이 '도시들이 너무 똑같다'는 의견이었습니다. 지역적인 차이가 거의 나지 않는다는 것이지요. 다른 특징을 찾아본다고 하면 오히려 지역이 아니라 건축 시기가 90년대냐 2000년대냐에 따른 차이였습니다. 지역적으로도 차이가 나지 않고 심지어 건설사별로도 차이가 없는 이런 개성이 부족한 건축 형태는 문제가 아닐 수 없습니다. 대형 프랜차이즈 간판들로 인해서 가로경관이 획일화되는 것처럼 아파트도 단순화, 획일화가 되는 것 같아서 아쉬웠습니다. 그런데 오늘 여기서 본 아파트 설계는 상당히 다른 모습을 보여서 다행스럽게 생각합니다. 설계안이 시공되기까지 잘 유지되었으면 하는 바람도 있습니다.

[김광현]
ANU가 설계한 아파트의 배치형태나 입면의 다양성 확보를 위한 평면의 다변화는 옳은 방향이라 생각합니다. 많은 아파트 단지가 갈매기형이나 합바지형의 획일적인 형태와 배치를 선호하는 데에 비해 ANU가 선택한 계획은 매우 바람직하다 할 것입니다. 건설회사는 갈매기형이나 합바지형을 유도하면서, 풍수이론과 일조 남향의 우수성을 강조하지만, 현실적으로는 공사의 편의성, 공기와 공사비의 절약 등이 숨겨진 이유가 아닌가 생각됩니다.
일반적으로 향은 V자 갈매기형 배치가 좋을 수도 있습니다. 현세 계획된 배치를 V자 갈매기형 배치로 바꾸면 동작 묘지, 현충원을 바라보게 됩니다. 한강조망과 남향을 강조한 현재의 설계안이 결코 나쁜 것은 아닙니다. 끝까지 건설사의 유혹을 물리쳐서 설계 의도가 충실하게 지켜졌으면 합니다.

[김기호]
앞에 말씀드리다가 남겨 놓은 세 번째 주동의 건축 등과 관련된 세부사항을 말씀드리고 싶습니다. 몇 가지가 있습니다.
첫째, 아파트 주거에서 일조, 채광, 통풍은 매우 중요한 설계요소입니다. 이들은 유럽에서 산업혁명 후 19세기의 도시 주거지의 비참한 현실을 목도하면서 근대 건축가들이 20세기 초 근대건축운동을 전개하면서(특히 CIAM, Congres Internationaux d'Architecture Moderne) 열악한 주거환경 극복을 위해 가장 기본적으로 필요한 사항으로 주장한 원칙입니다. 도시의 주거환경이 초고밀도로 치달으며 악화하고 있는 우리나라의 현 상황에서도 적용될 수 있는 중요한 원칙이라고 생각합니다. 그러나 일조와 통풍을 고려하다 보니 천편일률적으로 일자형 판상형 주거동이 발생하기에 이를 극복하기 위해 동서향으로 된 아파트를 도입하게 됩니다. 아마도 피할 수 없는 선택일 수 있습니다. 그러나, 서향으로 배치된 주동의 거주환경을 개선하기 위한 구체적인 건축적 설계 보완도 필요합니다. 서향집은 이론적으로 생각하는 깃보다 우리나라의 경우 여름 오전과 오후 햇살로 인한 거주의 질 악화가 엄청납니다. 남향집이 왜 그렇게 1억 이상이나 비싼지 건축가들이 심각히 생각해 봐야 합니다. 통풍만 하더라도 서향집은 매우 불리합니다.
어쩔 수 없이 서향집이 생길 수밖에 없다면, 오후 햇살에 대한 건축적 대책을 수립해야 합니다. 그냥 집집마다 실내에서 커튼으로 해결하도록 하는 것은 결코 해결책이 아닙니다. 냉방을 더 하라고 하는 것은 건축가로서 비도덕적입니다. 베네치아는 베네치안 블라인드로 과다한 일조를 조절하고 있습니다. 우리는 깊은 처마로 일조 조절을 해온 건축적 전통이 있습니다. 현재는 발코니가 그 역할을 할 수도 있을 것 같습니다만 발코니는 없어지고 있습니다. 햇빛조절 장치를 외부에서 디자인적으로 해결해 주어야만 합니다. 각도나 높이를 조절할 수 있는 차양이나 폴링도어도 한 가지 방법이 될 수 있습니다.

둘째, 아파트단지는 주거지이고 주거지에서는 생활 경관이 드러나는 곳입니다. 깨끗한 건축경관이 아니라 사람 사는 모습이 건물과 외부

공간 등에서 드러나는 것이어야 합니다. 이번 ANU의 아크로리버에서 발견한 신선한 점은 발코니의 부활입니다. 그러나 아직은 사람들이 생활하는 모습이 잘 보이지 않는 것 같습니다. 우리의 기후상 발코니 외벽 난간을 유리로 사용하는 것은 문제가 있는 것 같습니다. 통풍이 막히고, 꽃바구니 걸어 놓기 등의 어려움이 있을 것 같습니다. 유럽 여러 도시의 발코니 파사드를 보면 꽃바구니를 거는 것을 거주자의 중요한 임무라고 생각하고, 그 자체를 자랑스러워하며, 즐거움으로 여깁니다. 발코니에서 빨래 건조하는 장면도 좋은 경관 요소입니다. 호텔도 아니고 오피스텔도 아닌 주거공간이란 점을 고려한다면 생활의 여러 모습이 노출되는 것이 좋을 것 같습니다. 외부공간에 상당한 넓이의 연못, 수로 등을 설치하는 등 과도한 시설을 설치하는 것은 주민들을 현혹하는 보이는 경관을 우선시하는 것이라고 봅니다. 아파트단지 외부공간도 어린이의 놀이, 자전거나 스케이트보드 등, 산책, 벤치 등 생활의 한 단면이 드러나는 공간이어야 합니다. 아파트 경관은 건축작품이 아닙니다. 주민들이 만들어가는 가능성을 제공하는 것이 아파트 경관을 만들어 가는 것입니다.

셋째, 왜 아파트를 점점 오피스처럼 외장을 해결하려는지 이해하기 힘듭니다. 특히 아파트에서 커튼월의 사용은 지양해야 합니다. 한때 주상복합이 크게 유행하면서 아파트보다 주상복합이 더 좋은 주거로서 선전된 적도 있었습니다. 다 지나간 일이고 전혀 사실이 아니라는 것을 사람들이 알게 되었죠. 이제 일반인들도 예전의 아파트처럼 판상형이 디 일조도 잘 되고, 통풍도 잘 된다는 것을 알고 있습니다. 타워형? 이제 사람들이 싫어하죠. 주상복합건물에서 쓰이던 커튼월이 이제는 일반 아파트에서까지 사용되고 있습니다. 건설업자의 입장에선 공사 기간 단축이나 시공성을 고려해서 커튼월을 유도할 것입니다. 주민들이 커튼월이 되어야 아파트가 돋보인다고 착각하게 만들기도 합니다. 커튼월은 창문의 개폐가 불편하여 환기가 어렵습니다. 예를 들어, 거실 창문이 가슴높이 위의 반만 열리고(예전에는 발목 높이나 무릎 높이 위가 시원하게 열렸습니다) 그 외부로는 난간도 없습니다. 그래서 꽃 화분을 걸어 놓을 곳도 없네! IT. 심지어 국경절에 국기를 꽂을 장치도 없습니다. 또, 좌우로 미는 창의 좌측만 열리고 우측은 고정된 창이어서 실내 가구 배치변화에 대응할 수 없습니다. 나아가, 커튼월창의 중간 바의 재질이 메탈(알루미늄)이기 때문에 여름에 열을 받아 내부에서도 만지지 못할 정도로 뜨거워져 실내 더위에 영향을 끼칩니다. 그런 차원에서 ANU가 설계한 내용엔 커튼월이 없어서 다행이라 생각합니다.

넷째, 1층 주거를 특화할 때 1평짜리 땅이라도 괜찮으니 정원 가꾸기의 기회를 줄 수 있으면 좋을 것 같습니다. 1층의 단점을 상쇄할 수 있는 아이디어라고 생각합니다. 나아가 단지 내에 녹지 관리를 조경관리회사에 맡길 것이 아니라 텃밭처럼 주민들에게 나누어서 가꾸는 게 좋을 것 같습니다. 현재 조경은 천편일률적으로 단조롭습니다. 텃밭으로 나누어 주면 다양한 것을 키울 것이고 다양한 조경과 외부공간경관이 만들어질 것입니다.

[김광현]
지금의 ㄷ자, ㄱ자 배치가 다소 딱딱해 보이지만 거주자 입장에서는 그렇지 않습니다. 일자형 배치에 대해 반대를 하는 분도 많지만 저는 개인적으로 선호하는 편입니다. 우리 건축하는 사람들이 잘못 알고 있다는 생각이 듭니다.

저는 한 동네에서 20년 살았는데, 주차장과 주차 동선 등으로 온통 위험이 도사리고 있어서 마을에 아이들이 없었습니다. 아이 소리가 하나도 안 들렸습니다. 그런데 지난여름에 아크로리버 아파트로 이사 와서 1년이 조금 지났는데, 여기선 아이들 소리가 들린다는 것입니다. 저는 나무도 좋지만, 아이들 소리가 더 좋습니다. 제가 사는 아파트 앞에 어린이집이 하나 있는데 싱싱 카를 타고 정글짐에서 노는 아이들이 아파트를 풍성하게 하는 너무 아름다운 경치라고 생각합니다. 차는 지하도로를 이용해서 주차하고, 아이들은 마당에서 놀이터에서 마음껏 즐겁게 놀 수 있게끔 하는 아파트가 좋은 아파트라고 생각합니다. 아이를 키우는 가족을 염두에 둔, 실제 거주자가 어떤 동선으로 이동하고 있는지를 고민한 설계가 좋은 설계라고 봅니다.

[윤혁경]
저는 아파트 단지가 동네이고 마을이어야 한다고 생각하는 사람입니다. 그래서 운동시설(수영장, 헬스장, 골프연습장 등)을 제외한 모든 커뮤니티 시설(어린이집, 도서관, 맘스 카페, 공작실, 세미나실, 게스트 룸 등)은 지상 1층에 배치했습니다. 그 사이 사이에 작은 단지를 만들고 각각 다른 조경공간과 어린이 놀이터를 적절하게 조합함으로 엄마와 아이가 함께 놀 수 있는 공간을 만들려고 했던 것입니다. 참고로 아크로리버 아파트엔 240명을 수용할 수 있는 어린이집을 만들었고, 반포1·2·4 단지에는 각 300명을 수용할 수 어린이집을 2개소에 계획했습니다.

조금 특이한 것은 고층 아파트와 중·저층 아파트가 만나는 부분에는 1개 세대를 피난 공간으로 계획하고, 평상시에는 위층과 아래층 입주민들이 모여서 커피를 마시거나 바비큐 파티가 가능하도록 디자인을 하고, 중·저층 아파트의 옥상이 그 피난 공간의 정원이 되도록 하여, 중간층에서도 소통할 수 있도록 계획한 것입니다.
하늘 도서관도 만들고, 조망 좋은 곳에 계획한 게스트 하우스, 최상층 스카이라운지 등 수직 도시에 조성한 커뮤니티 시설에도 많은 신경을 썼답니다.

노령인구가 다른 지역보다 많은 반포지역의 특성을 살려서 전용 정원이 있는 테라스 하우스, 1층 아파트를 상당 부분 계획했고, 그곳에 텃밭을 둔다면 유용하게 활용될 수 있을 것 같습니다. 현행 서울시 건축조례에선 텃밭도 조경공간으로 인정해 주고 있어서 문제가 없을 것 같습니다. 그 텃밭을 통해서 소통의 장이 되지 않을까 생각합니다.

[윤혁경]
긴 시간 동안 좋은 의견 나누어 주신 교수님께 감사드립니다. 마지막으로 저희에게 남기고 싶은 한 말씀을 부탁드립니다. 특히 김광현 교수님은 저희가 설계한 반포 아크로리버 입주민이신데, 지난 1년간 살아보신 느낌이 어떠신가요? 전문가가 아닌 입주민의 한 사람으로서 말입니다.

[김광현]
아침에 일어나서 잘 때까지 아내가 '아 좋다'는 말을 20번을 합니다. 아내는 단지 여기저기 걸어 다니면서 느끼는 환경이 그저 좋은 것입니다. 여러 전문용어로 설명할 수 없는 좋은 부분이 있는데 그걸 아내가 느끼는 것 같습니다.
소통을 위한 커뮤니티 공간을 많이 만들었지만, 실질적인 소통은 잘 일어나지 않는 것 같습니다. 엘리베이터에서 만나는 사람들에게 2달 동안 먼저 인사했는데 저를 이상한 사람처럼 쳐다보는 것 같아 아직도 어색합니다. 그만큼 소통이 어렵다는 것이지요. 그러나 아이들과는 잘 통합니다. 인사를 하면 받아주고 방긋 웃고, 사람 사는 공간인 것 같습니다. 아파트의 설비는 좋은 편이고, 건축재료도 나무랄 것이 없습니다. 창문을 통해 바깥 경치를 구경하는 것이 너무 좋습니다. 앞으로 설계를 함에 있어 그 부분에 관심을 두었으면 합니다.

담장이 없는 아파트 단지이지만, 사실 물리적인 담장만 없을 뿐 외부인이 쉽게 접근할 수 없는 구조입니다. 담장이 없는 척하는 것뿐이지요. 설계기법으로 부드럽게 차단을 하는 그것만으로도, 큰 단지 옆을 지나는 보행자가 심리적으로 내가 막혀있지 않다는 인상만 줘도 성공한 것으로 생각합니다.

[강병근]
현재 우리의 공통된 사회적 과제이기도 하지만 인적, 사회적, 공간적 소통의 단절을 어떻게 도시와 건축에서 이어줄 것인가가 가장 중요하다고 생각합니다. 현 설계안은 소통의 장소, 시설, 생각들이 녹아 들어가 있습니다. 그것을 어떻게 지속할 수 있도록 유지할 것인가에 대한 고민이 그걸 만들어내는 고민보다 큽니다. 어떤 아이를 낳느냐보다 어떻게 기르고 교육할 것인가가 더 어렵듯이 설계안으로 태어난 소통의 공간과 시설들 그리고 생각들을 어떻게 잘 관리할 것인지 고민을 계속해야 할 것입니다.

[주신하]
한강은 이 단지에서 가장 중요한 자원입니다. 한강을 잘 활용할 수 있도록 보다 적극적으로 계획을 진행해 주셨으면 좋겠습니다. 한강으로 쉽게 접근할 방법을 실질적인 측면에서 고민해 주셨으면 합니다. 그리고 기존 수목의 활용에 대한 부분도 고민해 주시길 부탁드립니다. 특히 건물 주변의 수목은 잘 활용해서 지역의 이야기가 남는 단지가 되었으면 좋겠습니다. 마지막으로 건설사의 논리에 휘둘리지 않고 현재 설계된 대로 완공될 수 있도록 노력해 주시길 부탁드립니다.

[김기호]
지하 주차장을 계획할 때 주차 동선과 보행 동선을 구분했으면 합니다. 환기나 채광도 신경을 써야 하고, 쾌적성에 신경을 써 주시기 바랍니다. 현재 반포 1·2·4의 상가건축물 배치를 보면 두 줄로 길게 해두었는데, 가로변에서 보행자 접근이 쉽게, 가로변에서 상업행위가 이뤄질 수 있도록 했으면 합니다.
전반적으로 지금까지 경험하지 못한 새로운 아파트 단지가 조정될 것 같아서 기대됩니다. 수고하셨습니다.

[윤혁경]
감사합니다. 앞으로 더욱 좋은 설계를 하도록 노력하겠습니다. 반포지역의 설계는 애초 설계 의도가 훼손되지 않도록 노력해서 새로운 도시 풍경을 만들 그날까지 관심을 두고 지켜봐 주시길 바랍니다.

강병근 교수
현재 건국대학교 건축학과 교수,
 장애물 없는 생활환경 연구원장,
 서울특별시 도시계획위원회 위원
저서 장애인 편의시설 설치 매뉴얼(화영사, 2004.)
 편의증진법 해설(화영사, 2004)
학력 건국대학교 건축학과 졸업,
 독일 베를린공과대학 건축학과 졸업(Dr.-Ing.)

김광현 교수
현재 서울대학교 건축학과 교수,
 중국 절강대학교 건축공학과 건축학부 객원교수
저서 건축강의 5권(곧 출간 예정)
 건축이전의 건축, 공동성(공간서가, 2014)
학력 서울대학교 건축학과 졸업,
 일본 도쿄대학(東京大學) 졸업(공학박사)

김기호 교수
현재 서울시립대학교 명예교수,
 (사) 걷고싶은 도시만들기 시민연대(도시연대) 대표,
 서울특별시 도시계획위원회 위원
저서 역사도심 서울: 개발에서 재생으로(한울, 2015.)
 역사도심기본계획(서울특별시, 2015, 연구책임)
학력 서울대학교 건축학과 졸업,
 독일 아헨공대 건축대학(Dr.-Ing.)

주신하 교수
현재 서울여자대학교 원예생명조경학과 교수,
 (사)한국경관학회 수석부회장,
 (재)환경조경나눔연구원 상임운영위원
저서 알기쉬운 경관법 해설(보문당, 2015. 공저),
 조경관(나무도시, 2013, 공저)
학력 서울대학교 농과대학 졸업,
 서울대학교 환경대학원 협동과정 조경학전공 (공학박사)

[못 다한 말]

제4장

[못 다한 말]

[못 다한 말]

할 말이 너무 많습니다.

지난 4~5년 동안 이 프로젝트를 수행하면서 끝까지 참고 견뎌 준 우리 ANU 도시디자인부문 직원 모두에게 감사하다는 말씀을 먼저 드립니다. 괴팍스러운 대표의 주문을 소화하기가 절대 쉽지 않았으리라는 것을, 그래서 견딜 수 없어 퇴사한 직원들도 있습니다. 그분들에게 미안하고 죄송하다는 것 말씀 드립니다. 함께한 시간, 고마움은 오래 기억할 것입니다.

저는 이 프로젝트에 직접 관여하기 전부터 이와 관련된 법과 제도를 만드는 일에서부터 기획과 설계, 그리고 사업승인(허가)에 이르기까지 무려 10년이란 시간을 일관되게 관여를 할 수 있었다는 것, 결코 우연이라고 할 수 없을 것 같습니다. 아무나 할 수 있는 일은 아닌 것 같습니다. 오직 저에게만 허락된, 그래서 너무나 축복 된 일이라 생각됩니다.

서울시는 2010년 이후 「건축법」 기준이 너무 규제적이어서 창의적인 건축물의 건축을 방해하는 모순에 대한 문제 인식을 하게 되었고, 오죽하면 '건축기준 적용을 제외하는 지역'까지 도입하자고 국토교통부에 건의하기도 한 사실도 있습니다.

「건축법」에 특별건축구역 제도가 도입되어 있었고, 이 제도만으로도 서울시가 구상했던 창의적인 건축설계가 가능하다는 것을 서울시 관계자들에게 알리고 다녔던, 전도사 역할도 했습니다.
그러나 막상 이 제도를 시행하려 하니 '특별건축구역'을 '특혜건축구역'으로 이해한 공무원들의 용기 부족, 두려움, 기준과 운영방법이나 절차가 마련되지 않은 상황에선 쉽게 받아들일 수가 없었던 것 같습니다. 서울시는 이 제도의 실행을 위한 연구용역을 발주, '창조적 도시 공간을 창출하는 정비모델 개발'이란 부고서를 작성하게 되었습니다.
그 후에도 그 보고서는 사장되기에 이르고 맙니다. 이해하기를 꺼릴 뿐만 아니라 새로운 제도의 도입에 따른 부담을 지고 싶지 않았을지도 모릅니다. 어쩌면 '특별'을 '특혜'로 오해할 수도 있었고, 그러니 건축주(사업주)나 설계자(건축사)도 이 제도를 이해할 수가 없었던 것입니다.

반포주공 1단지(1·2·4주구) 아파트의 재건축시업 설계권을 딴 저희 ANU는 설계팀을 꾸려서 싱가폴, 홍콩, 일본의 주요 주거지를 탐방하면서 많은 것을 배울 수 있었습니다. 특별히 싱가폴의 다양한 형태의 아파트를 우리나라에 건축할 수 있을 것을 꿈꾸며 돌아왔습니다.

건축주(조합원과 분양성을 염두에 둔 건설시공자)를 어떻게 설득할 수 있을 것인지, 그들이 가진 아파트와 다른 아파트를 이해시키고 설득시킨다는 것에 대해 두려움(설득시킬 자신이 없었다는 것이 솔직한 표현일 것임), 공무원이나 건축심의위원의 장벽을 넘을 수 없다는 점, 건축기준의 배제나 높이 기준의 완화에 대한 서울시가 과연 허용할 것인지에 대한 불안감 등의 이유로 과감하게 접근할 수 없었던 것이 아쉬움으로 남습니다.
물론 그 중엔 설계의 수준이나 설계량보다 설계비가 너무나 저다는 것, 복잡한 설계를 시공하기 위해 증가하는 공사비를 건축주(조합)가 감내할 수 있는 범위를 초과하는 이유도 파격적인 디자인을 할 수 없게 한 요인이 아닌가 합니다. 언젠가 우리나라에서 그런 독특하게 디자인된 아파트를 설계해 보는 것이 저의 소원이자 꿈입니다.

2015년 세계건축박람회 '올해의 건물'로 선정된 인터레이스(Interlace) 아파트
독일인 건축가 올레 스히렌(Ole Scheeren)가 설계

싱가폴의 케펠베이(Keppel Bay) 아파트 단지
독일인 건축가인 다니엘 니베스킨트(Daniel Libeskind)가 설계

싱가폴의 스카이 헤비타트(Sky Habitat) 아파트 단지
이스라엘 건축가 모쉐 사프디(Moshe Safdie)가 설계

[한신1차 아파트 주택재건축정비사업]

한신1차 아파트는 2005년, 278.9%의 용적률, 35층 11개 타워동 1,037세대로 사업시행인가를 받았던 단지였지만, 사업성이 없다는 이유로 중단된 사업장이었습니다.

법정 상한 용적률(300%)까지 개발할 수 있도록 「도시 및 주거환경 정비법」이 개정됨에 따라, 278.9%의 용적률을 300%로 변경하는 내용을 서울시 도시계획위원회 심의를 신청하여 4번(2011.3.16.~2012.6.27.)의 과정을 거쳐 용적률 완화를 받았습니다. 그 후 건축심의 과정도 절대 순탄하지만은 않았습니다. 처음 접하는 특별건축구역에 따른 특별한 설계에 대해 이해를 하기가 쉽지 않았고, 심의를 받아야 할 도면 또한 너무 복잡해서 한 번에 결정할 수가 없어서 결국 건축위원회 건축심의도 5번(2012.9.25.~2013.4.23.) 만에 통과합니다. 2013.5.30. 특별건축구역 지정 고시를 하게 됩니다.

그리고 2013.8.23. 사업시행 변경인가를 받게 되었고, 공사가 진행되는 과정에 당시 사업장에서 빠진 20동과 21동이 포함되는 바람에 다시 한번 더 설계변경을 하게 되었고, 우여곡절 끝에 2016.8.30. 사용승인을 받고 지금은 입주한 상태입니다. 대림산업이 시공자로 지정되어 있었는데, 어렵고 까나로운 공사임에도 불구하고 설계자의 의도에 반하지 않도록 잘 협조해 주었고, 설계변경도 최소 부분만 이루어진 사례로 기억에 남습니다.

당시 서울시는 서울시 주거지에 대한 높이관리계획을 발표, 주거지역에선 35층을 넘지 못한다고 하여, 특히 높이에 민감한 시절이었지만, 특별건축설계를 하면서 애초 11개 동 35층과 전혀 다른 풍경의 아파트 설계(10~18층, 20~25층, 25~35층 등 모두 24개 동으로 텐트형의 스카이라인 경관 형성)에 대하여 서울시 도시계획위원회에선 특별건축구역으로 설계할 경우 몇 개 동에 대해선 2~3개 층을 더 올릴 수 있다는 조건을 부여해 줌에 따라, 18·35층 21개 동과 38층 3개 동으로 배치한 텐트형 스카이라인으로 계획할 수 있었습니다.

애초 7개에 불과하던 단위평면을 다양한 입면 변화를 유도하기 위해 32개의 평면 타입으로 구성함으로써 지금까지 볼 수 없었던 입면 변화를 구현할 수 있었습니다. 한마디로 복잡하고 까다로운 설계 과정을 거쳐야 했는데, 최종 시공도면을 확인해 보니 지금까지의 일반 아파트단지 도면보다 2.5배나 더 많았고, 결국 시공과정도 그만큼 품이 많이 들어가는, 공사비의 증가가 따를 수밖에 없는 참으로 험난하고 복잡한 설계라 할 수 있습니다.

물론 설계비는 일반 아파트 단지보다 조금 더 받았지만, 우리가 들인 노력과 수고에 따른 보상과는 거리가 한참 멀었지만, 서울시에 민간 제1호 특별건축구역 설계를 했다는 점에서는 오래 기억에 남을 것 같습니다.

더구나 2017.11.7. 국토교통부와 대한건축사협회, 서울경제신문이 공동주최한 「2017 건축문화대상」에서 아크로리버 반포가 대통령상(설계자인 ANU는 국토교통부장관상)을 수상하게 된 것, 그것으로 지난 모든 힘든 과정에 대한 보상으로 받아들일 수 있어서 다행이라 생각합니다.

[못 다한 말]

[신반포 3차·경남아파트 주택재건축정비사업]

신반포3차·경남 아파트의 경우는 이미 다른 지역의 특별건축구역에 대한 이해가 학습된 상태에서 진행되었기 때문에 조금 쉽게 진행된 것 같습니다.

2016.6.2. 서울시에 처음 요청한 이후에 도시계획위원회가 6번(2016.7.20.~2017.2.21.)이나 거쳐야 했고, 그 심의과정에서 특별건축구역으로 설계하도록 하여, 교통 영향평가위원회 심의와 서울시 건축위원회 심의를 거쳐 2017.9.12. 사업승인을 받게 됩니다.

시공은 오래전에 삼성물산으로 선정, 설계과정에 일부 참여를 하고 싶어 했지만, 저희 팀이 고집을 꺾지 않고 설계 의도를 나름대로 구현했다는 점에선 다행스럽게 생각합니다. 다만, 중앙에 있는 2개의 타워동에 대해서는 삼성물산에서 추천한 미국의 SMDP 설계사무소의 아이디어 도움을 받았지만, 조합 측에선 다소 미흡한 점을 가지고 있는 것 같습니다.

대지 형태가 단순하고, 이미 반포 1·2·4단지에서 문제점으로 거론되었던 부분을 사전에 반영한 계획이었기 때문에 심의과정에서 특별한 이슈는 없었던 것 같습니다. 15%의 공공기부채납을 조건으로 최고 35층, 300%의 용적률로 3000세대를 건립하게 될 것입니다.

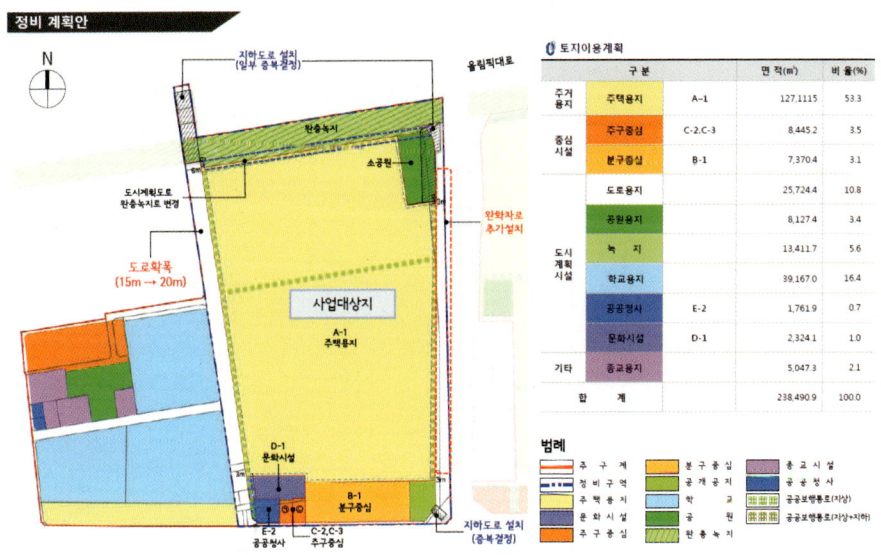

[반포주공 1단지(1·2·4주구) 주택재건축정비사업]

참으로 험난한, 중도에 몇 번이나 포기하고 싶었던, 우울증과 불면증에 시달리고, 분노와 절망, 한마디로 다시는 수행하고 싶지 않았을 만큼 힘든 프로젝트라 할 수 있습니다.

2012.12.6. 제출한 정비계획 변경안에 대하여 1년 5개월간 숱한 논의결과 서울시 도시계획위원회 사전자문에서, 당시 용역계획 중이던 '한강변 관리 기본계획'을 반영하고, '사전경관 시뮬레이션'을 하는 조건으로 2014.5.29. 자문을 결정하게 됩니다. 자문결과를 반영하여 전면적인 수정을 할 수밖에 없었고, '한강변 관리 기본계획'을 수립하는 과정에 본 사업지를 스터디모델로 선정, 무려 9번의 한강변 MP 교수단의 자문을 받게 됩니다. 그런데도 서울시 도시계획위원회에서는 2년 8개월 동안 9번이나 심의를 받아야 했고, 우여곡절 끝에 2017.2.21. 최종 수정 가결을 하게 됩니다. 그 이후 교통영향평가 심의와 서울시 건축위원회 건축심의를 거친 다음에 2017.9.27. 서초구청으로부터 사업승인을 받게 되었습니다. 최근 시공자로 현대건설이 공동사업자로 선정되었습니다.

그동안 이 프로젝트를 수행하면서 서울시와 서초구에 보고만 100여 번 넘게 했답니다. 시장 3회(15.4.21~15.8.24) 보고, 부시장(2명)에게 9회(13.7.12,·16.11.11) 보고, 서울시 주택정책실장, 수택국장, 도시계획국장, 총괄건축가 등 그동안 숱하게 바뀐 국장급에게 26회(13.7.10~16.7.7) 보고를 했고, 서초구청장 4회(15.4.3~16.3.21) 보고, 한강변 관리 기본계획을 수립과정에 한강 MP 자문 교수단에게 9번(14.2.13~15.2.5) 보고를 했습니다. 그뿐만 아니라 실무부서인 서울시 공동 주택과에선 담당자가 4번, 팀장이 4번, 과장이 4번, 국장이 3번, 부시장이 3번 바뀌었고, 구청과 다른 협조부서까지 합치면 50~60명도 넘는 직원이 수시로 교체됨에 따라, 그때마다 팀장과 과장은 물론이고 국장, 부시장 등에게 일일이 보고·설명한 것을 생각하면, 다시는 기억하고 싶지 않은 일입니다. 그 보고의 70~80%를 회사 대표인 제가 직접 할 수밖에 없었는데, 그때마다 느낀 것은 저의 무능함이었습니다. 보고 때마다 새로운 수정계획을 만들고, 우리 식원들은 스치로폼 모델 작업만 무려 70번이 넘는 끝도 보이지 않는 작업에 스트레스를 받은 상당수 직원은 직장을 떠나야만 했었던, 그런 프로젝트였습니다.

처음엔 35층과 45층 2개 안을 제안했지만, 2014.5.29 서울시 도시계획위원회 사전자문 결정 이후 39층의 중재안을 수립, 2015.2. 서울시에 제안하게 됩니다.

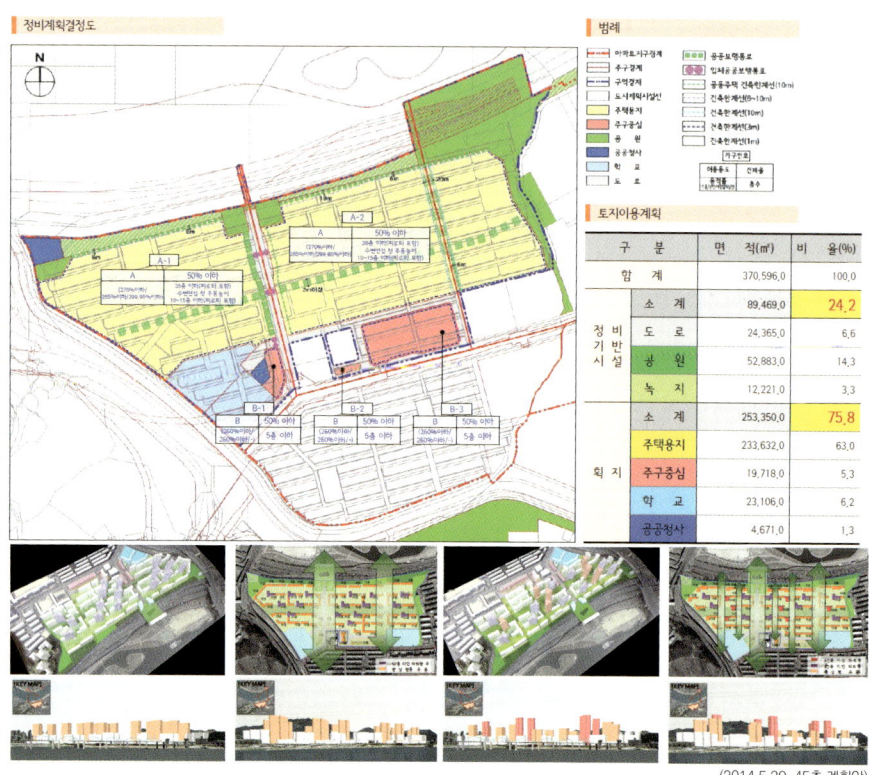

(2014.5.29. 45층 계획안)

서울시의 검토과정에서 당시 부시장을 비롯하여 관련 국장은 따로 조성하려던 공원을 반포 아크로리버 단지와의 사이에 집중적으로 배치하여, 서래섬으로 건너갈 수 있는 덮개 공원까지 제안함에 따라, 당시 그 공원의 폭이 150~200m 가 됨에 따라, 그곳에 애초 배치했던 아파트 동을 다른 곳으로 옮길 수밖에 없게 됩니다. 주어진 용적률을 채우기 위해선 어쩔 수 없이 45층을 제안했고, 당시 서울시 주요 책임자들도 확장된 공원과 거대한 조밍 동강축 확보가 더 중요하다는 판단에 높이는 다소 유연하게 접근할 수 있다는 판단을 하게 되었고, 저희 설계팀은 그에 따라 계획을 수정 보완하게 됩니다

어느 정도 계획안이 다듬어진 이후에 45층 계획안을 2015.4.21. 시장님께 보고하게 되었고, 그 과정에서 일부 자문 교수는 한강변 고층화로 인하여 특정 세대가 한강 경관을 사유 독점함에 대한 부정적인 의견과 배면의 관악산 조망저해에 대한 우려를 제기함에 따라 저희는 원점에서 다시 검토할 수밖에 없었습니다.

15.2. '39층으로 서울시에 제안한 계획안

[못 다한 말]

서울시의 주요 간부에게 보고할 때마다 만들었던 주요한 모델

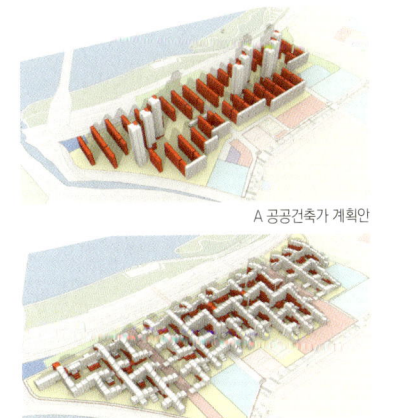

A 공공건축가 계획안

B 공공건축가 계획안

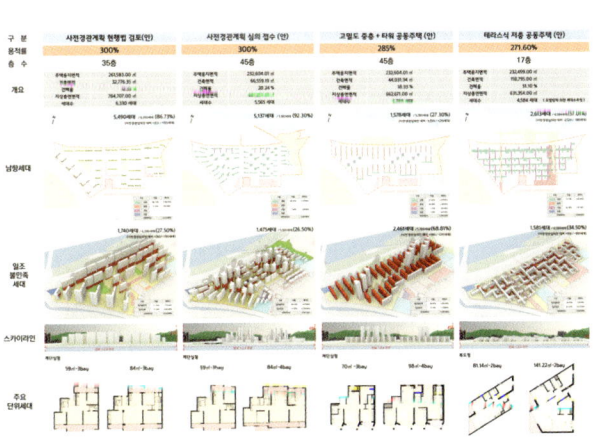

우리가 제안한 계획과 공공건축가가 제안한 계획안의 비교

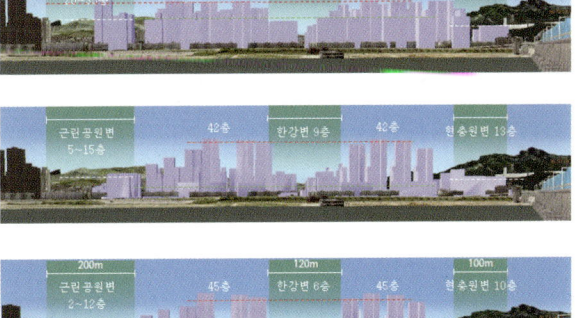

2015.9.16. 도시계획위원회에서 최고높이를 결정하기 위한 비교

한편 서울시(주택건축국)는 2명의 공공건축가를 지정하여 그들에게 아이디어를 받았는데, A 공공건축가는 모든 주동을 15층 높이로 동·서향으로 일렬 배치하고, 중앙에 45층과 60층의 탑상형을 분산 배치하는 2개의 계획안을 제시했지만, B 공공건축가의 계획안은 아파트 단지를 5~17층의 바둑판(와플) 모양으로 배치한 피라미드 형태의 계획안을 제출했습니다. 서울시 고위간부는 A 공공건축가 안보다는 B 공공건축가가 수립한 아이디어를 선호하여, 우리 설계팀에게 그것을 바탕으로 한 대안 설계를 요구했습니다. 애초 건립하려던 세대수의 70%만을 가지고 계획안을 들여다보면, 모든 세대의 평면이 1bay, 2bay일 뿐만 아니라 모든 세대를 복도로 연결한 그야말로 우리나라 정서상 도저히 받아들일 수 없는 그런 계획안이었습니다. 시장성도 없고, 주민들도 선호하지 않는 것을 가지고 대안을 마련한다는 것은 시간 낭비분만 아니라 아무 의미가 없다고 서울시에 의사를 전달했습니다.

서울시(주택건축국)는 곤혹스러워했지만, 나름대로 B 공공건축가 계획안을 가지고 4명의 건축 관련 전문가를 초청, 자체 토론회를 개최하게 됩니다. 그 토론회에서도 4명의 전문가 모두가 실현 불가능한 계획안이라 결론을 내리게 됩니다.

저희 설계팀은 그사이 5~6개월 동안 허송세월할 수밖에 없었고, 결국, 그동안 서울시와 협의한 45층 계획안으로 2015.9.16. 서울시 도시계획위원회에 상정하게 됩니다. 도시계획위원회에서도 높이에 관한 논의가 처음부터 쟁점이 되었고, 45층, 42층, 35층에 대한 경관비교를 통해 결국 35층 이하로 계획하되, 한강변에는 10~20층, 가로변으로는 20~25층, 단지 중앙은 25~35층으로 영역별 높이계획을 수립하면서, 「도시 및 주거환경 정비법」에 따른 정비계획과 「경관법」에 따른 사전경관계획을 동시에 수립하는 조건을 다시 제시하게 됩니다.

저희 설계팀은 도시계획위원회에서 주문 의결한 내용에 따라 전면적인 계획변경 과정을 거쳐 2016.7.20. 도시계획위원회 및 경관위원회 통합심의위원회에 상정하게 됩니다. 그때부터 6번의 도시계획위원회 심의를 받아야 했고, 결국 2017.2.21. 도시계획위원회 수권 소위원회에서 최종 결정을 하게 됩니다.
정비계획을 변경 결정하는 데에만 무려 4년 2개월, 건축심의까지 장장 4년 6개월이 소요된, 엄청난 프로젝트를 경험했습니다. 가만히 들여다보면 애초 신청한 사항과 그동안 9번의 도시계획위원회 심의 결과가 크게 달라진 것이 없다는 점입니다. 사실 제한된 공간에서 달라지면 얼마나 달라지겠습니까. 그런데도 4년 2개월이나 걸리면서 서울시는 무엇을 얻으려고 했는지, 선뜻 이해가 가지 않습니다.

지난 과정을 이렇게 기록으로 남기는 것은, 다시는 이런 일이 반복되지 않았으면 하는 기대 때문입니다. 저는 서울시에서 31년을 근무한 전직 건축공무원입니다. 서울시의 5개 저밀도 아파트 기본계획, 고밀도 아파트 기본계획을 수립했고, 남산 르네상스 프로젝트, 서울시 디자인 기본계획, 경관관리 기본계획, 디자인 서울거리 조성사업 등을 총괄하면서 재개발 과장, 도시관리과장, 도시경관 담당관 등 도시 관련 업무를 오랫동안 담당했습니다. 서울시의 지구단위계획 기초를 정립했고, 도시·건축공동위원회 운영 경험만 10년이 넘습니다. 서울시의 도시·건축·주택 행정 경험을 통해 도시의 맥락도 읽을 줄 알고, 어떤 것이 공익이고, 사익과의 조율을 위한 협상경험도 풍부한 사람입니다. 그런 한 사람으로서 이 과정은 어떤 식으로도 이해가 어렵습니다.

[못 다한 말]

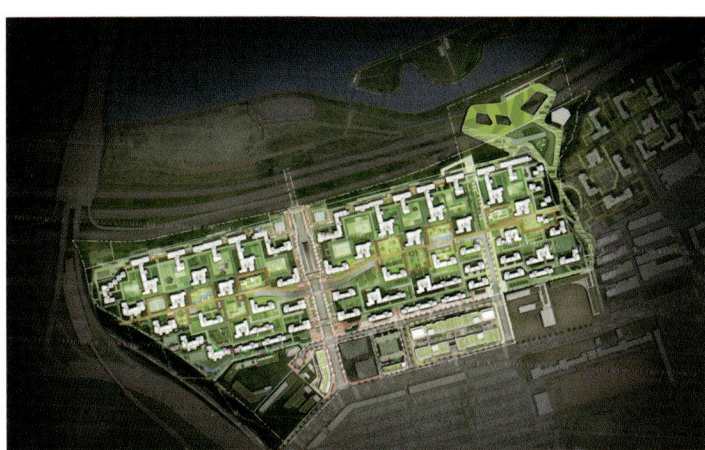

2017.7.4. 서울시 건축위원회 최종 심의완료 배치도 정면도 조감도

2015.1.30. 부시장, 15.2.3 도시계획국장 보고안 alt-1 39층, alt-2 39층

2015.2.11. 주택국장, 공공건축가 보고안 alt-2 39층, alt-4 39층

2015.3.10. 주택국장, 도시계획국장, 총괄건축가 공공건축가 보고안 alt-1 45층, alt-2 39층

2015.4.17. 부시장, 2015.4.21. 시장, 2015.9.16. 도시계획위원회 상정안 45층

도시문제 최소화를 위해 여러 절차를 통해 다양한 의견수렴을 하는 것은 공공의 당연한 역할입니다. 도시계획위원회, 건축심의위원회, 환경 영향평가위원회, 교통 영향평가위원회 등 각종 관련 위원회를 둔 이유이기도 합니다. 그와 관련된 업무를 수행함에 따른 수십 개의 관련 부서에서도 각각의 검토를 통해 짚어 보는 것, 꼭 필요한 제도입니다. 그러나 아무리 생각해도 한 위원회에서 4년 6개월을 검토한다는 것은 이해할 수가 없습니다.

2016.7.20. 도시계획위원회 상정안 35층   2017.2.20. 도시계획위원회 결정안 35층

대단위 아파트 단지라는 점에 있어서, 다른 경우보다 신중히 처리해야 하는 것은 옳습니다. 그렇지만 누군가 필요할 때 가부 결정을 제때에 해 주어야 합니다. 최종 결정을 하는 사람은 힘들고 두려울 수도 있습니다. 그 결정을 기다리는 당사자인 신청인(시민)의 입장에선 미루어질 때마다 입는 정신적 재산적인 피해가 말로 표현할 수 없을 정도라면 다른 문제가 생길 수밖에 없습니다. 부시장을 비롯한 최종 의사결정을 해야 할 책임자가 바뀔 때마다 종전에 검토하고 협의한 내용을 깡그리 부정해 버리는 것도 이번 프로젝트에서 경험한 중대한 문제점의 하나라고 할 수 있습니다.

서울시가 수립한 '한강변 관리 기본계획'의 용역 과정에서 반포주공 1단지(1·2·4주구) 아파트 단지를 스터디 모델로 삼았던 것은 '한강변 관리 기본계획'의 관리 방향을 결정하기 위한 시범사업으로 생각했었는데, 그 자문단에서 9번의 보고·검토 과정을 거치는 과정에 엄청난 논의와 방향 설정에 도움을 주었습니다. 한강변 관리 기본계획의 최종 보고서를 보면 얼마나 많은 영향을 주었는지 금방 알 수 있을 겁니다.

본 단지를 중심으로 한강변으로의 접근성 증대와 한강으로 접근 가능한 덮개 공원의 설치, 한강변으로의 공공개방 커뮤니티시설의 집중 배치, 관악산으로의 조망통로 확보 및 한강변의 다양한 스카이라인의 구현 등에 대한 구체적인 실현방안을 제시했고, 이를 가이드라인으로 구체화 시켰던 것입니다.

문제는 도시계획위원회 초기 심의과정에서 '한강변 관리 기본계획'에 대한 논의가 제대로 이루어지지 않은 상태에서 논의를 계속하는 우를 범했고, 나중에 이를 항의(?)한 덕분에 '한강변 관리 기본계획'을 제대로 설명하는 기회를 얻게 되어, 본 사업지에 대한 이해도를 높일 수가 있었습니다.

그렇지 않다면 도시계획위원회에서 제안자가 계획안을 설명하는 기회를 부여하는 것이 바람직하다 할 것입니다. 대개는 주무 담당과장이 설명하는데, 몇 년을 걸쳐 만든 계획안을 몇 시간 공부해서 발표하는 주무 담당과장이 알면 얼마나 알겠습니까. 도시계획위원들의 질문에 대응할 수도 없고, 대안도 제시할 수 없기 때문에 이런 비효율적인 제도는 반드시 개선되기를 바랍니다.

한강변 관리기본계획에서 정한 반포권역에 대한 관리원칙

행정 프로세스에 대한 문제도 적지 않습니다.

재건축 조합이 최초로 해당 구청에 접수하여 서울시의 도시계획위원회에 올리면, 이에 대한 부완이나 재심 과정의 행정절차를 살펴보면 불필요한 절차가 너무나도 많습니다. 이를 조금만 손볼 수 있다면 4년 6개월이 걸렸던 과정이 2~3년 안에 결정 날 수도 있었을 것입니다.

위원회 심의 결과(보완 등)를 신청인이 통보받기까지 수직적인 행정 프로세스로 인해 1개월 가량이 소요되고, 보완과 재접수를 통한 위원회 재심의 상정까지 빨라야 3~5개월, 이것을 몇 번만 반복하면 2~3년은 훌쩍 지나고 맙니다.

한강변 관리기본계획에서 정한 반포1.2.4단지의 경관구조도

[못 다한 말]

다음 도표를 보면 도시계획위원회 심의를 한 번 보완 받아야 한다고 했을 때, 신청인이 최종 통보받는 것은 24번의 단계를 거치게 되어 있지만, 절차만 몇 개 통합하면 신청단계로부터 15단계로 축소할 수 있게 됩니다.

절차 간소화가 서울시가 집중적으로 검토해야 할 사항을 소홀히 다루라는 것은 아닙니다. 충분한 협의와 논의는 해야 하고, 다만, 심의 후 통보하는 과정에서 몇 개의 절차만 조정한다면 충분히 검토 목적을 달성할 수 있을 것이라 기대합니다. 다음 행정 프로세스를 확인 보시고, 서울시가 적극적으로 개선·반영해 주었으면 합니다.

현행 도시계획위원회 심의 절차

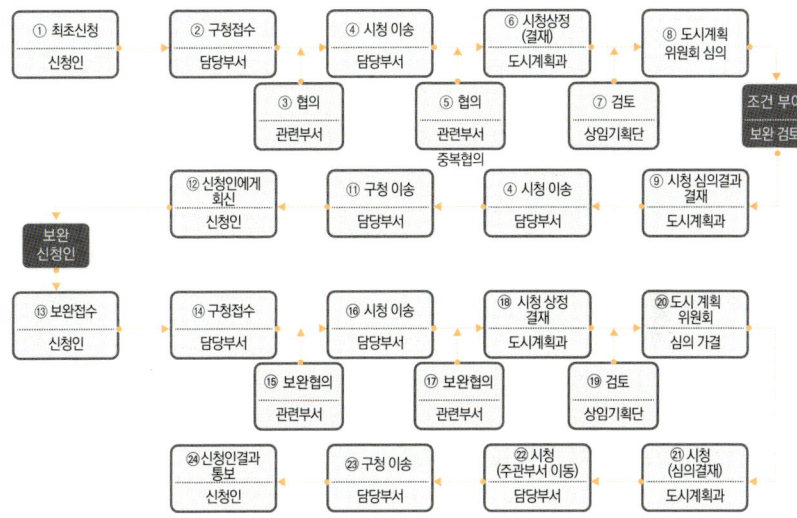

도시계획위원회 심의 절차 개선안

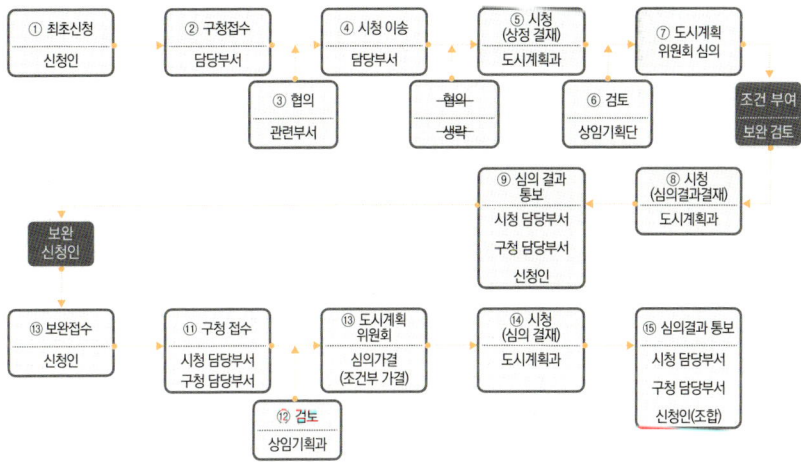

ANU DESIGN GROUP CO. LTD
서울시 송파구 충민로 52길(문정동, 가든파이브 웍스 4층
T 02 2047 3000 / FAX 82 2 2047 3009 / http://anudg.com

"to create value of urban design
with creativeness"

창의적인 디자인을 통한 풍요로운 도시공간의 가치창출

에이앤유디자인그룹
건축사사무소

ARCHITECTURE
& URBANISM
DESIGN GROUP

ANU

HISTORY

ARCHITECTURE
& URBANISM
DESIGN GROUP

2016.12   창립 10주년

2016.08   대한민국 명품하우징 대상 수상(천왕연지타운2단지)

2016.06   한경 주거문화 대상 수상 (LH안양덕천 주택재개발사업)

2015.10   CM전문 에이앤유건축사사무소(주) 설립

2013.11   경기도건축문화상 동상 수상(구리문화예술회관)

2012.02   ATIS(ANU Total Information System)도입

2009.12   가든파이브 웍스 사옥 이전

2009.08   에이앤유디자인그룹 건축사사무소(주)사명변경

2009.08   엔지니어링 활동주체 신고

2009.04   기술연구소 설립인가

2008.12   도시부문신설

2007.06   해외건설신고필증 획득

2006.12   에이앤유건축사사무소(주) 설립

ARCHITECTURE
& URBANISM
DESIGN GROUP

ABOUT ANU

특별건축구역의 **특별한 건축**, 도시를 바꾸다

ABOUT ANU
에이앤유 소개

ANU Design Group은 창조와 열정, 그리고 혁신의 정신을 바탕으로 출발한 건축설계전문회사로서 『창의적인 디자인을 통한 풍요로운 도시공간의 가치창출』을 지향하는 건축·도시 디자인 전문가그룹으로 성장하고 있습니다. ANU Design Group은 전문분야별 최고의 인적구성을 통해 독창적 디자인의 우월성을 확보하고 통합디자인 Solution을 통해 『독창적 디자인과 차원 높은 문제 해결능력을 통한 고객 무한 감동』의 결과를 확신합니다. ANU Design Group은 건축문화를 선도하는 리더그룹으로서의 사회적 책임을 완수하고, 성공적인 사업의 완성을 위하여 『끊임없는 자기혁신과 실천을 통해 고객과의 약속을 성실히 수행』해 나아갈 것입니다.

ANU Design Group is a professional group in architecture and urban design, based on creativity, passion, and spirit of innovation. Our aim is "to create value of urban design with creativeness". As professionals, we have served large-scale national projects, Project-Financing projects, international projects, public facilities, offices, and etc. Our priority of creative design makes ourselves competitive with international peer groups.

With excellence in design and successful practice, ANU Design Group hope to make innovations in this period of design transition and its new world market. We assure that high quality of integral design solution makes "creative design, high class of design solution, and full satisfaction for clients." As a leader group in architectural culture, ANU Design Group will commit on social responsibilities, and keep our promises to clients doing incessant self-development and execution of successful business.

VISION

비전

"to create value of urban design with creativeness"

CREATE VALUE
창의적인 디자인을 통한
풍요로운 도시공간의
가치창출

SOCIAL RESPONSIBILITY
건축문화를 선도하는
리더그룹으로서의
사회적 책임 완수

DESIGN SOLUTION
독창적 디자인과
차원 높은 문제해결의 통합
디자인 솔루션 제공

특별건축구역의 특별한 건축, 도시를 바꾸다

SERVICE
사업영역

PLANNING　기획설계
사업초기 기획단계에서의 입지, 시설, 문화, 사업환경에 따른 수요조사와 관련법규 등에 대한 정확한 분석을 통해 고부가가치를 창출할 수 있는 사업화 전략을 제안합니다.

URBAN DESIGN　도시설계
지역의 도시적 특성을 반영하여 지속가능하고 친환경적이며 친인간적인 정주환경을 구현합니다.

CONSTRUCTION MANAGEMENT　CM
사업초기의 기획 및 타당성 검토 등, 건설사업 전체를 관리하며 발주자의 이익을 극대화하여 드립니다.

CONSTRUCTION SUPERVISION　감리
시공상의 전과정을 관리함으로써 발주자의 감독권한과 의무를 대행함으로써 이익과 권리를 최대한 제공하고자 합니다.

ARCHITECTURE　건축설계
풍부한 인적자원과 사업수행경험을 바탕으로 성기획설계부터 사후관리까지 통합 디자인 솔루션을 제공합니다.

DEVELOPMENT　개발
사업주의 개발의도와 목적을 확인하고 사업환경의 현재와 미래를 예측하여 구체적인 전략과 실행계획 등 토탈 솔루션을 제공하고 있습니다.

VALUE ENGINEERING　VE
가장 경제적이고 효율적인 원가절감과 제품가치의 향상을 동시에 추구하고자하는 목표를 달성하여 발주자의 이익과 거주환경을 극대화 시켜드립니다.

RESEARCH & DEVELOPMENT　기술연구소
환경 친화적이며 미래지향적인 차별화된 도시건설을 위해 분야별 연구시스템을 구축하였고, 지식경영 시스템을 운영하고 있습니다.

ORGANI-ZATION
조직도

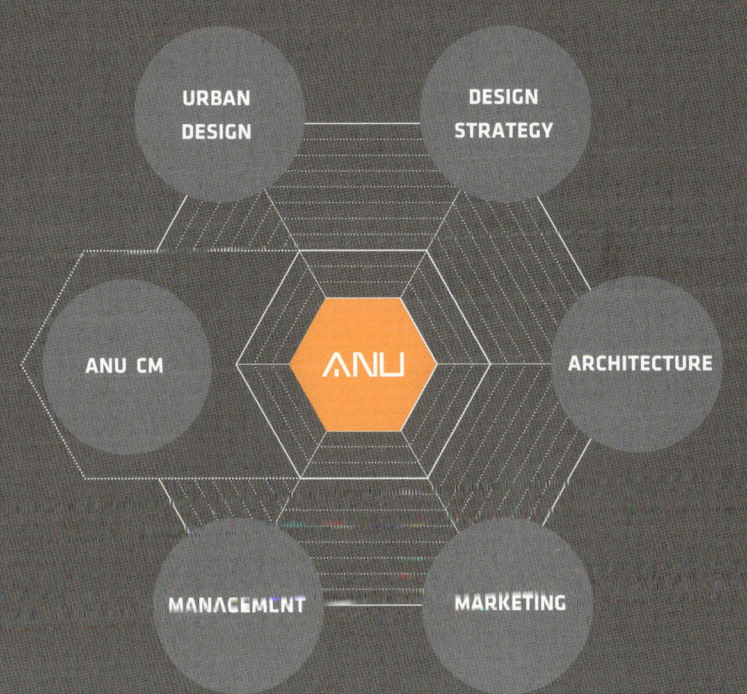

특별건축구역의 **특별한** 건축, 도시를 바꾸다

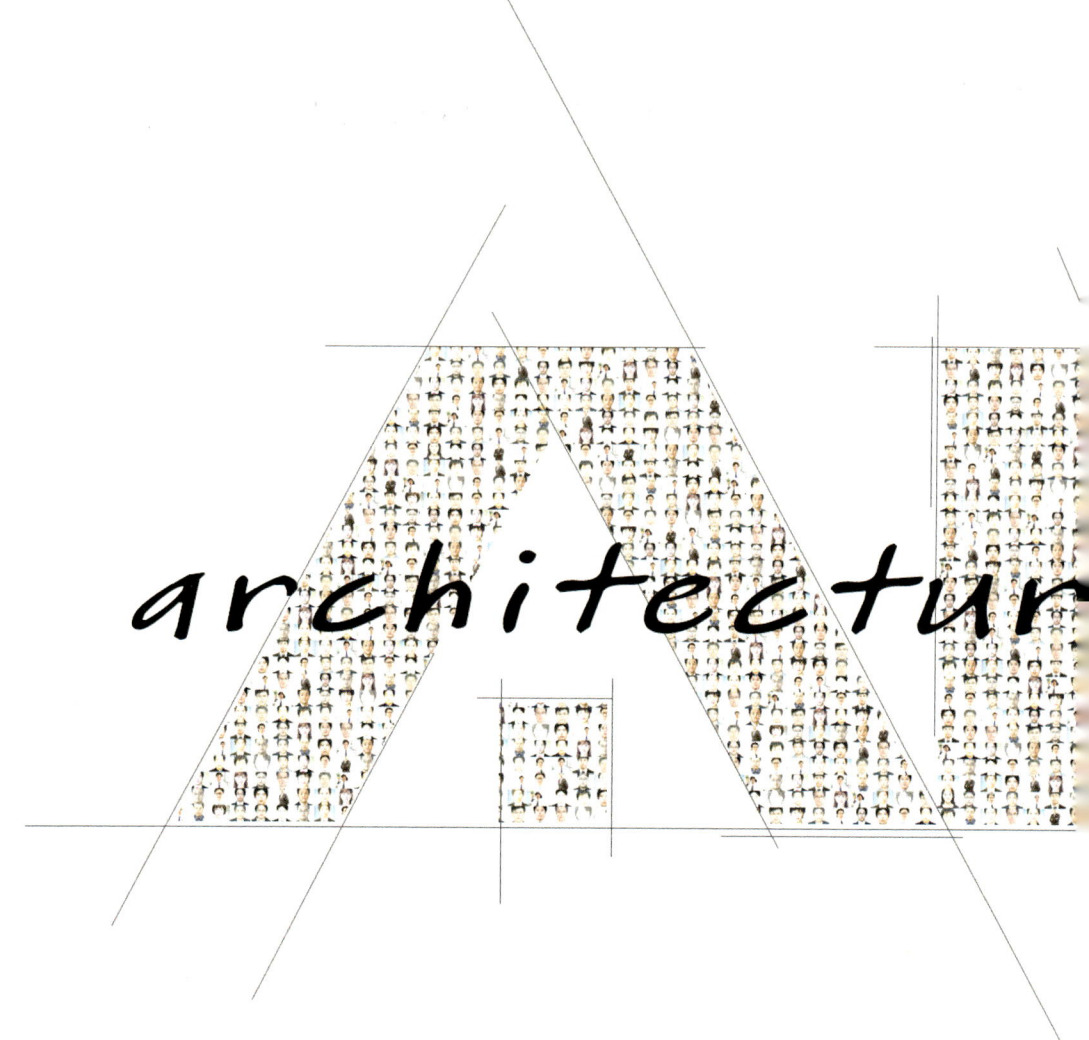

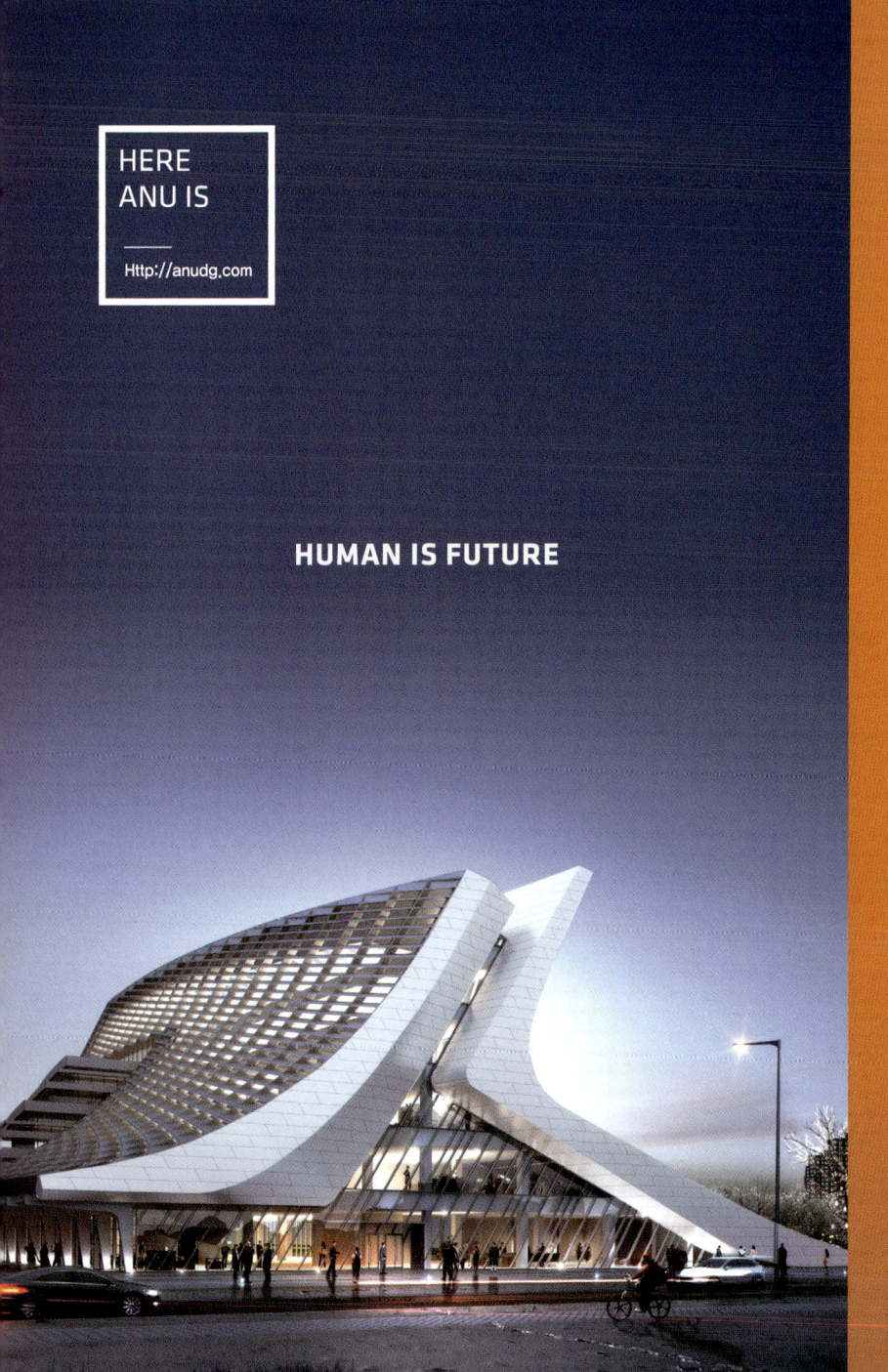

HERE ANU IS
Http://anudg.com

HUMAN IS FUTURE

ARCHITECTURE
& URBANISM
DESIGN GROUP

ANU PROJECTS

SINBANPO APARTMENT RECONSTRUCTION PROJECT

신반포 1차 재건축 아파트 건설공사

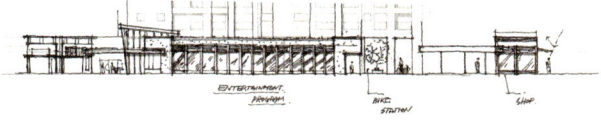

위치: 서울특별시 서초구 반포동 2-1번지외 2필지 대지면적: 61,998.39㎡ 건축면적: 13,577.64㎡ 연면적: 302,679.23㎡
용적률: 299.86% 규모: 지하3층/지상38층 연도: 2011.12 발주처: 신반포1차 재건축주택조합

GURI CULTURE & ART CENTER TK

구리문화예술회관 건립공사

위치: 경기도 구리시 교문동 389-2번지
대지면적: 23,449.00㎡ 연면적: 10,202.04㎡
용적률: 34.49% 규모: 지하1층/지상4층
연도: 2009.12 발주처: 구리시/쌍용건설

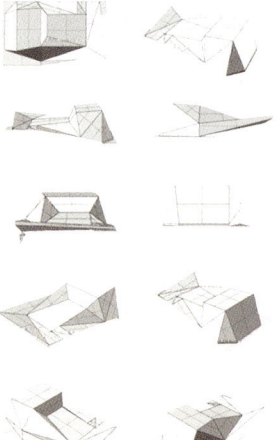

경기도건축문화상 동상

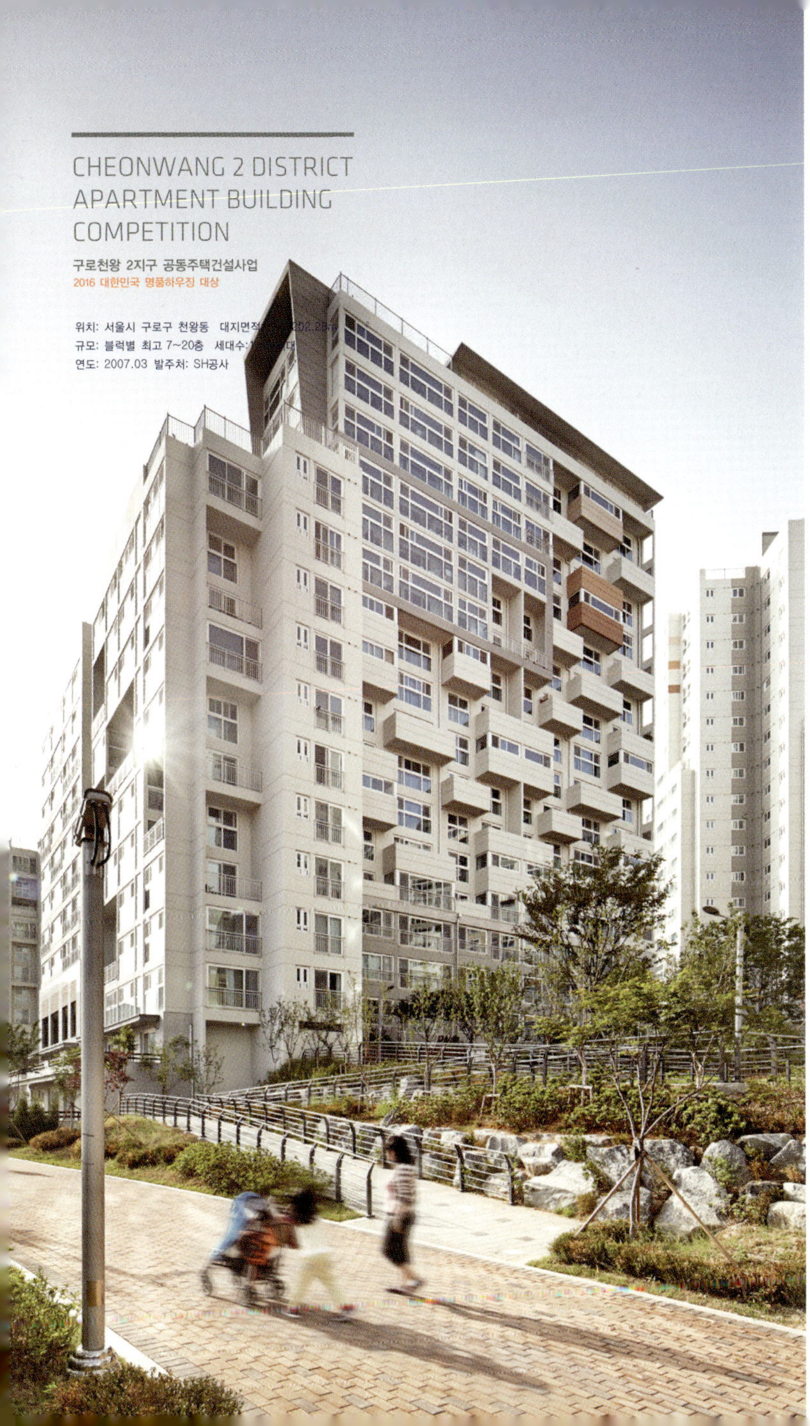

CHEONWANG 2 DISTRICT APARTMENT BUILDING COMPETITION

구로천왕 2지구 공동주택건설사업
2016 대한민국 명품하우징 대상

위치: 서울시 구로구 천왕동 대지면적:
규모: 블록별 최고 7~20층 세대수:
연도: 2007.03 발주처: SH공사

THE 4-1ST COMPLEX COMMUNITY CENTER

4-1생활권복합커뮤니티센터설계공모

위치: 세종시 반곡동 4-1 생활권
대지면적: 7,917.0㎡ 연면적: 12,262.41㎡
용적률: 77.93% 규모: 지하1층/지상5층
연도: 2017.05
발주처: 행복청

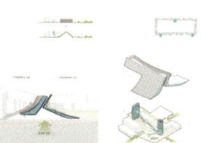

특별건축구역의 특별한 건축, 도시를 바꾸다

SEOUL RIVERFRONT VISION 2030
한강변 관리 기본계획

위치 : 한강 주변지역(한강 양안500m~1km)   대지면적 : 39.9㎢   길이 : 41.5km   연도 : 2013.07   발주처 : 서울시

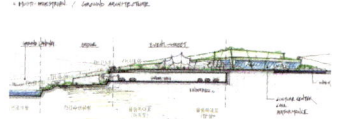
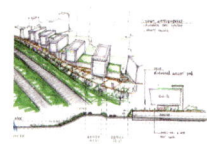
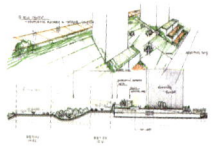

ILSAN TANHYEON APARTMENT & STORES
일산탄현 복합시설 개발사업

위치: 경기도 고양시 일산서구 탄현동 대지면적: 660,502.4㎡ 규모: 지하3층/지상59층(2,700세대) 연도: 2008.06 발주처: I&TDC

JUNGJADONG 16-1 OFFICETEL COMPETITION
분당 정자동 16-1 오피스텔

위치: 경기도 성남시 분당구 정자동 16-1 대지면적: 4,961.90㎡ 연면적: 35,904.96㎡ 용적률: 482.93%
건축면적: 2,899.97㎡ 규모: 지하3층/지상32층 연도: 2012.05 발주처: 에이엠플러스자산개발(주)

LADOMUS ART CENTER
라도무스 문화시설 설계용역

OLYMPIC HANDBALL ARENA
REMODELING COMPETITION

핸드볼전용경기장 리모델링공사

특별건축구역의 특별한 건축, 도시를 바꾸다

about
**Architecture & Urbanism
Design Group**

CEO's Message

With excellence in design and successful practice, ANU Design Group hope to make innovations in this period of design transition and its new world market. We assure that high quality of integral design solution makes "creative design, high class of design solution, and full satisfaction for clients." As a leader group in architectural culture, ANU Design Group will commit on social responsibilities, and keep our promises to clients doing incessant self-development and execution of successful business.

> "독창적 디자인의 우월성을
> 확보하고 국제적 경쟁력을 갖춘
>
> 디자인 전문가 그룹으로
> 성장하고 있습니다,,

ANU Design Group은 디자인시장 개방과 신구교체 변혁시점에서 최고의 경쟁력을 확보하고, 차별화된 디자인리더로서의 역량과 위상을 구축하고자 합니다. 또한 최상의 통합디자인 Solution을 제공하여 "독창적 디자인과 차원 높은 문제 해결능력 그리고 고객 무한 감동"의 결과를 확신합니다.
ANU Design Group은 건축문화를 선도하는 리더그룹으로서의 사회적 책임을 완수하고, 성공적인 사업의 완성을 위하여 끊임없는 자기혁신과 실천을 통해 고객과의 약속을 성실히 수행해 나아갈 것입니다.

오성제

오성제 Oh, Sung Jae
CEO, KIRA

CEO Profile l 소방방재교복연구단지 기술제안 l 포항터미널복합개발사업마스터플랜 l CJ 수도권택배 허브터미널 l 국립대학원 이전사업 TK l 수원마구등 중축 및 리모델링 TK l 법무연수원 기본설계 기술제안 l 배운지식부화원S 도시개발사업 l 한공사태율리스 l 한전 KDN 분사사옥 건립 l 인천청라지구 국제 금융단지 개발사업 PF l 경기 첫번 과학연구단지역복합JTK l 천안 북합테마파크3단공 개발사업 PF l 구리문화예술회관TK l 하남 ITECO 어학타운센정 l 정산신구 성동주택 개발계획 l 경남도청사행정중앙업무건축복수공시TK l 화순복합농회예육관TK l 제수핵산도시마스터플랜 l 대한건축사협회 정회원 l 대한건축학회 정회원 l 환경중앙생위기장수원 l 한병대학교 환경대학원 l 성균관대학교 종업 l 건축사

ANU
PROJECTS

특별건축구역의
특별한건축, 도시를 바꾸다

1판 1쇄 발행_ 2017년 11월 7일
저자_ 윤혁경+ANU
펴낸이_ 김현선
펴낸곳_ 도서출판 날마다
편집_ 김현선디자인연구소
인쇄_ 삼아기획

전화_ 02-557-5146
이메일_ khsd6789@korea.com
홈페이지_ www.nalmadabook.com
출판등록_ 2007년 9월 19일 제2007-00050호

본서에 사용된 사진들은 작가들의 허락을 받고 게재하였으나 일부 사진은 작가의 주소를 찾을 수 없어 작가의 동의를 구하지 못했음을 밝히며 이에 대해서는 추후 작가가 사진 사용에 대한 비용을 요청할 시 소정의 작품게재료를 지불할 것을 약속드립니다.

We have inserted photographs in this book with the consent of authors. But some of the photographs were inserted without the consent of them because we couldn't search for their address. In this respect, we promise that we will pay the fixed insertion fee when they will request for it to us.

ISBN 979-11-85919-05-8